中国科学院
"率先行动"进行时

率舞潮头 先帆竞发

中国科学院研究所分类改革纪实

● 中国科学报社 / 编

科学出版社
北京

内 容 简 介

为贯彻落实习近平总书记2013年视察中国科学院时提出的"四个率先"要求，中国科学院党组于2014年启动实施"率先行动"计划，以研究所分类改革为着力点和突破口，针对影响和制约改革创新发展的关键性、根本性问题，全面推进深化改革，建设现代科研院所治理体系，努力建设世界一流科研机构。截至2019年3月底，共布局建设了68个四类科研机构（创新研究院、卓越创新中心、大科学研究中心、特色研究所）。

本书选择其中38个正式运行和筹建中的四类科研机构，以纪实性报道的形式，从不同视角展现研究所分类改革的生动实践和阶段性成果，作为案例汇编和改革经验的总结交流，旨在进一步推动深化科技体制改革，探索现代科研院所治理体系建设。

本书可为政府部门、科研院所、高校、企业等的科技决策和改革创新发展提供借鉴与参考。

图书在版编目（CIP）数据

率舞潮头　先帆竞发：中国科学院研究所分类改革纪实 / 中国科学报社编. — 北京：科学出版社，2019.10
ISBN 978-7-03-062548-9

Ⅰ. ①率… Ⅱ. ①中… Ⅲ. ①科技体制改革—研究—中国 Ⅳ. ①G322

中国版本图书馆CIP数据核字（2019）第221166号

责任编辑：朱萍萍　刘巧巧　张　楠 / 责任校对：贾娜娜
责任印制：徐晓晨 / 封面设计：有道文化

科学出版社 出版
北京东黄城根北街16号
邮政编码：100717
http://www.sciencep.com

北京虎彩文化传播有限公司 印刷
科学出版社发行　各地新华书店经销
*
2019年10月第 一 版　　开本：720×1000　1/16
2020年 5 月第二次印刷　　印张：25 3/4　　插页：1
字数：519 000
定价：198.00元
（如有印装质量问题，我社负责调换）

前 言

2013年7月17日，习近平总书记视察中国科学院并发表重要讲话，充分肯定中国科学院是党、国家、人民可以依靠、可以信赖的国家战略科技力量，并对中国科学院未来发展提出了"四个率先"的要求。[①] 为贯彻落实习近平总书记重要讲话精神，中国科学院党组制定并实施《中国科学院"率先行动"计划暨全面深化改革纲要》（简称"率先行动"计划），作为统揽全院改革创新发展的行动纲领，开启了新时代中国科学院发展的新征程。

研究所分类改革是"率先行动"计划提出的重大改革发展举措，也是新时期中国科学院全面深化改革的着力点和突破口，目的是根据不同性质科技创新活动的特点和规律，建设创新研究院、卓越创新中心、大科学研究中心和特色研究所等四类新型科研机构（以下简称四类机构），开辟体制机制改革的"政策特区"和"试验田"，构建分类定位、分类管理、分类配置资源和分类评价的现代科研院所治理体系。

——面向世界科技前沿，建设一批国内领先、国际上有重要影响的卓越创新中心。

——面向国家重大需求和国民经济主战场，组建若干科研任务

---

① 中国科学报编辑部.与国同行　率先跨越——写在中国科学院建院65周年之际.中国科学报，2014-10-31：1版.

与国家战略紧密结合、创新链与产业链有机衔接的创新研究院。

——依托国家重大科技基础设施集群和重大创新平台，建设一批高效率开放共享、高水平国际合作、高质量创新服务的大科学研究中心。

——面向国民经济主战场和社会可持续发展，依托具有鲜明特色的优势学科，建设一批具有核心竞争力的特色研究所。

自2014年"率先行动"计划实施以来，在整合相关研究机构和研究单元的基础上，中国科学院共布局建设了68个四类机构，其中创新研究院23个、卓越创新中心23个、大科学研究中心5个、特色研究所17个。这些四类机构通过分类定位和深化体制机制改革，着力清除各种有形、无形的"栅栏"，打破各种院内、院外的"围墙"，让机构、人才、装置、资金、项目都充分活跃起来，努力形成推进科技创新发展的强大合力。

2019年正值中华人民共和国成立70周年和中国科学院建院70周年，根据中国科学院党组工作部署，中国科学报社选择部分四类机构进行了较系统和深入的采访，对中国科学院研究所分类改革进行了一次全景式扫描和纪实性报道。总体上看，研究所分类改革遵循科技创新的客观规律，主动适应国家深化科技体制改革和建设世界科技强国的战略部署与新要求，既借鉴了国际先进经验，也切合中国科学院实际，取得了积极进展和显著成效。一是强化了面向重大创新领域的整体优势和战略布局，培育了新的创新增长点，提升了科技创新能力。二是凝聚和培养造就了一批高层次科技领军人才，促进了重大原创成果、重大战略性技术与产品、重大示范转化工程等"三重大"成果产出。三是有效整合集聚了中国科学院院内外优质创新资源，促进了跨所、跨学科协同创新，为我国深化科技体制改革探索提供了经验，为国家实验室建设和重大领域、重点区域创新高地建设奠定了基础。

前 言

　　回望过去,是为了更好地走向未来。中国科学院将在认真总结"率先行动"计划第一步发展战略的基础上,深入实施"率先行动"计划,继续深化研究所分类改革,进一步打破"创新孤岛",拆除"创新藩篱",择优支持一批符合"三个面向"要求、科技创新能力强、优势和特色明显、具有良好发展前景的研究机构、研究方向,深入推进四类机构建设,加快实现"四个率先"目标,为建设世界科技强国和实现中华民族伟大复兴的中国梦不断做出国家战略科技力量应有的重大创新贡献。

编　者

2019 年 9 月

目 录

前言 / i

创新研究院

智者先行　不可估量
——中国科学院量子信息与量子科技创新研究院改革纪实 /3

承国家之志　铸时代新星
——中国科学院微小卫星创新研究院改革纪实 /15

创药为民
——中国科学院药物创新研究院改革纪实 /27

碧海寻声
——中国科学院海洋信息技术创新研究院改革纪实 /37

"机"动人心
——中国科学院机器人与智能制造创新研究院改革纪实 /48

擅弈能源之棋
——中国科学院洁净能源创新研究院改革纪实 /60

铸"铁军"　链"天路"
——中国科学院空天信息创新研究院改革纪实 /70

卓越创新中心

以脑启智 融合"慧聚"
　　——中国科学院脑科学与智能技术卓越创新中心改革纪实 /83

只为心中那座高地
　　——中国科学院青藏高原地球科学卓越创新中心改革纪实 /93

碰撞 激荡 加速
　　——中国科学院粒子物理前沿卓越创新中心改革纪实 /103

为卓越而"破茧"
　　——中国科学院分子细胞科学卓越创新中心改革纪实 /115

许超导电子学一个未来
　　——中国科学院超导电子学卓越创新中心改革纪实 /125

采得百花成蜜后
　　——中国科学院分子植物科学卓越创新中心改革纪实 /136

迎"霾"而上
　　——中国科学院区域大气环境研究卓越创新中心改革纪实 /146

见微知著
　　——中国科学院纳米科学卓越创新中心改革纪实 /156

凝才聚智 引领国际"潮流"
　　——中国科学院凝聚态物理卓越创新中心改革纪实 /165

"化"育万物
　　——中国科学院分子科学卓越创新中心改革纪实 /176

怀"材"为国
　　——中国科学院半导体材料与光电子器件卓越创新中心
　　　改革纪实 /186

跃动的"生物大分子"
　　——中国科学院生物大分子卓越创新中心改革纪实 /197

数系天地　卓越未来
　　——中国科学院数学科学卓越创新中心改革纪实 /206

大科学研究中心

光耀"科学城"
　　——中国科学院合肥大科学中心改革纪实 /219

打造中国版"亥姆霍兹"
　　——中国科学院上海大科学中心改革纪实 /229

回眸亿年　遥指千河
　　——中国科学院天文大科学研究中心改革纪实 /237

特色研究所

破"土"而出
　　——中国科学院南京土壤研究所改革纪实 /251

率"心"而行
　　——中国科学院心理研究所改革纪实 /260

用科技引擎　护西北生态
　　——中国科学院西北生态环境资源研究院改革纪实 /270

美丽中国　地所智慧
　　——中国科学院地理科学与资源研究所改革纪实 /280

捧一方土　树万片林
　　——中国科学院沈阳应用生态研究所改革纪实 /291

山川草木　赤诚耕耘
　　——中国科学院昆明植物研究所改革纪实 /301

认知山地　服务国家
　　——中国科学院·水利部成都山地灾害与环境研究所改革纪实 /312

锦绣田野　向美而生
　　——中国科学院东北地理与农业生态研究所改革纪实 /324

上善若水　生生不息
　　——中国科学院水生生物研究所改革纪实 /333

扎根荒漠谱新篇
　　——中国科学院新疆生态与地理研究所改革纪实 /343

引领行业　"电"亮未来
　　——中国科学院电工研究所改革纪实 /354

"应"时而变　顺势而"化"
　　——中国科学院长春应用化学研究所改革纪实 /363

"硅"才大略
　　——中国科学院上海硅酸盐研究所改革纪实 /373

"理"当益壮
　　——中国科学院理化技术研究所改革纪实 /383

把重大产出写进"健康中国"
　　——中国科学院上海营养与健康研究所改革纪实 /392

后记 /401

创新研究院

面向国家重大需求，组建若干科研任务与国家战略紧密结合、创新链与产业链有机衔接的创新研究院。坚持目标导向和需求牵引，选择若干战略必争领域和经济社会发展的重大需求，围绕产业链部署创新链，整合相关科研机构，加强政产学研合作，提升顶层设计、协同攻关和系统集成能力，在牵头承担重大科技任务、突破关键共性核心技术、解决重大科技问题上，做出引领性、系统性重大创新贡献。

智者先行　不可估量
——中国科学院量子信息与量子科技创新研究院改革纪实

具有革命性意义的量子科技近年来成为世界各科技强国投入巨资抢占的高地。值得一提的是，在中国科学院的远见卓识和提前布局之下，中国科学家已然走到这一领域的前列，成为被国际同行追赶的目标。

2014年，中国科学院启动实施"率先行动"计划，依托中国科学技术大学建设的量子信息与量子科技前沿卓越创新中心（以下简称量子卓越创新中心）成为首批成立的卓越创新中心之一，发挥了"尖刀连"的作用。3年后，量子卓越创新中心又正式"转型"为创新研究院，凝聚了更多国家科技力量协同创新，承担起服务国家重大需求的历史使命。

如今，经过多年积累，中国科学院量子信息与量子科技创新研究院（以下简称量子创新研究院）摸索出一套规范且高效的协同创新组织架构和运行管理模式，在不到3年的时间内取得了一系列重大创新成果。

目前，"科技创新2030—重大项目"之"量子通信与量子计算机"呼之欲出。在这一轮量子科技革命的浪潮中，量子创新研究院正乘着改革的东风，奋勇前进，继续领跑。

2016年8月16日凌晨，世界首颗量子科学实验卫星"墨子号"在酒泉升空。从此，浩瀚的星空中多了一颗中国制造的"量子星"。

就在此前几天，另一枚"重磅炸弹"已然释放。2016年8月8日，国务院印发《"十三五"国家科技创新规划》，其中明确提出部署"量子通信与量子计算机"重大项目。

"墨子号"不仅将中国人的名字写进了量子物理学历史，亦如一颗投入水中的小石子，激起层层涟漪。美国、欧洲各国、日本纷纷加速国家级量子科技计划。

智者先行，故从者众。它们追赶的目标只有一个——中国。

搭上改革快车

"以前做梦也想不到我们会来这里。"坐在位于上海浦东的办公室里，中国科学院院士、量子创新研究院院长潘建伟向《中国科学报》记者感慨地说道。

2007年，为了方便同中国科学院上海技术物理研究所（以下简称上海技物所）、中国科学院上海微小卫星工程中心（现中国科学院微小卫星创新研究院）等单位合作开展卫星量子通信的关键技术攻关，潘建伟的团队选择将中国科学技术大学上海研究院作为落脚点。

时至今日，这里仍未被公共交通网络覆盖，距离最近的公交车站、地铁站都在2千米以上。那几年，团队的骨干成员每天去30千米外的上海技物所上班，有时加班太晚，他们干脆就住在附近的宾馆，第二天起来接着干。

为了"墨子号"，中国科学技术大学同中国科学院系统的多家兄弟单位——上海技物所、上海光学精密机械研究所、上海微系统与信息技术研究所、微小卫星创新研究院、光电技术研究所等形成了紧密的合作关系。这样的基础使其日后顺利成为中国科学院首批启动建设的4个卓越创新中心的核心团队。

2014年，中国科学院启动实施"率先行动"计划。作为提纲挈领的一项重要举措，研究所分类改革得以迅速展开。其中，集合优势单位协同创新，发挥"尖刀连"的作用，并在某个方向迅速迈向国际前沿，是卓越创新中心承担的历史使命。彼时，中国科学技术大学的量子信息科技研究正好具备了这样的基础。

量子指的是物质不可再分的基本单元。例如，光量子（即光子）就是光能量的最低单元，不可再分为 1/2 个光子、1/3 个光子了。量子纠缠是奇特的量子力学现象。通俗地说，两个处于量子纠缠状态的粒子就像有"心灵感应"一样，无论相隔多远，对其中一个粒子进行测量得到某一结果，另一个粒子也会瞬时相应塌缩到某一量子状态。因此，由此衍生出来的量子通信技术，是唯一被严格证明的无条件安全通信方式，可以有效保障国防、政务、金融等领域的信息安全传输。

量子信息科技所具有的革命性意义已不言而喻，世界各科技强国都投入巨资抢占制高点。但在 20 世纪 90 年代末，量子信息科技的实验研究还处于早期发展阶段，中国科学技术大学虽然起步较早、在某些方向领先，但几支团队规模都较小。

量子卓越创新中心揭牌仪式

"慢慢地，我们发现要做出高质量原始创新，靠这种单一实验小组的模式不行。"潘建伟回忆道。尤其是 2011 年量子科学实验卫星项目启动，这项原本属于基础研究的工作正式进入追求零失败的航天工程领域，愈发凸显出多学科交叉、各项关键技术集成的必要性。

中国科学院高度重视量子信息科技的布局和发展。2014年1月，量子卓越创新中心正式成立，依托中国科学技术大学建设。

成立之后，国际国内形势风起云涌，量子卓越创新中心很快产生了危机感。在国内，量子信息上升为国家战略，国家层面抓紧部署"科技创新2030—重大项目"之"量子通信与量子计算机"，并积极筹建量子信息领域的国家实验室。国际上，第二次量子革命方兴未艾，美国、欧盟国家等纷纷投入重金部署国家级量子科技计划。

"这意味着我们随时有'起个大早，赶个晚集'的风险。本来我们只把'脑袋'放到量子卓越创新中心，现在则需要部署全链条集成。"潘建伟说。

2016年底，量子卓越创新中心适时向中国科学院党组提出，为了更好地实施国家在量子信息科技领域的战略，将小而精的"尖刀连"拓展为体量更大的"集团军"——量子创新研究院。

这一请求迅速得到响应。2017年7月，量子卓越创新中心正式转为创新研究院，服务于国家重大科技项目，并为筹建国家实验室做积极探索。同年，合肥综合性国家科学中心建设方案得到国家发展和改革委员会与科学技术部的联合批复，而量子创新研究院将作为骨干力量参与建设。

"可能因为我们的方向比较新，总是能幸运地赶上中国科学院改革的第一班车。"潘建伟说。

搭着中国科学院改革顺风车，量子卓越创新中心及之后的量子创新研究院很快取得了一系列重大创新成果："多光子纠缠及干涉度量"研究成果获得2015年度国家自然科学奖一等奖；首次实现多自由度量子隐形传态，被英国物理学会评为2015年度国际物理学十大突破之首；开通首条远距离量子通信干线——"京沪干线"，为探索量子通信干线业务运营模式进行技术验证，在金融、电力等领域初步开展了应用示范并为量子通信的标准制定积累了宝贵经验；实现首次洲际量子通信，构建了天地一体化广域量子通信网络的雏形，被美国物理协会评为2018年度国际物理学重大事件；研制出世界首台针对特定问题的计算能力超越早期经典计算机的光量子计算原型机。

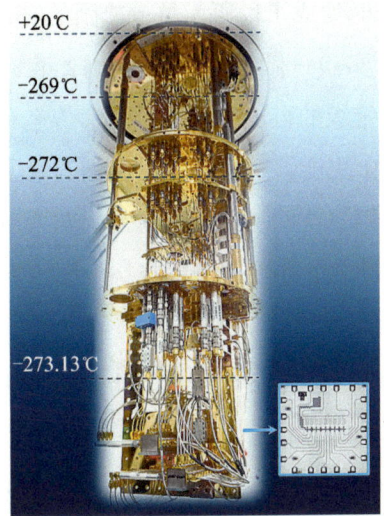

光量子计算机
概念框架图

《自然》（Nature）评价称，在量子通信领域，中国用不到 10 年的时间，由一个不起眼的国家发展成为现在的世界劲旅。

十年磨一剑

如果要用一个词来形容中国科学技术大学和上海技物所在"墨子号"上的合作，他们双方不约而同地选择了"碰撞"这个词。

第一次的"碰撞"发生在 2009 年。

外太空因为几乎真空，光信号损耗非常小。将卫星作为中继器，可以大大扩展量子通信距离，甚至实现全球化的量子通信。为验证这一大胆设想的可行性，中国科学技术大学和上海技物所、微小卫星创新研究院等单位合作，首先在青海湖进行百千米量子通信实验，量子纠缠源则设置于湖中的一座岛上。

这座岛上没水没电，昼夜温差大，冬天湖面结冰，只有一座寺庙和一些僧侣。为了避免日光的影响，量子实验都在晚上进行。于是，几个年轻人夏天上岛，晚上做实验，白天下山挑水，再上山洗衣做饭。帐篷、炉子、发电设备都要自己搭建。青海湖景区保护利用管理局的工作人员每

10 天过来送给养,此时便成了科研人员最热闹的时光。

为了积累数据,实验一做就是 3 年。2012 年 8 月,潘建伟等人在国际上首次实现百千米量级的自由空间量子隐形传态和纠缠分发,这意味着在高损耗的星地链路中也能够实现单光子级别的量子通信。

经过这次碰撞,第二次的"碰撞"更是火花四射。因为这一次,他们不仅要将实验搬出实验室,还要搬上太空。

作为世界首颗空间量子科学实验卫星,"墨子号"没有前人经验可借鉴。做"第一个吃螃蟹的人",难度可想而知。上海技物所研究员、量子科学实验卫星工程常务副总设计师、卫星系统总指挥王建宇告诉《中国科学报》记者:"我们以前做各种各样的卫星一般都有个参考,但量子卫星真的没底,是一个从未有过的巨大挑战。"

关于星地间量子纠缠分发的难度,王建宇有一个令人印象深刻的比喻:就像在天空中往地面的一个存钱罐里扔硬币。不仅如此,天空中的"投掷者"相对于地面上的"存钱罐"还在高速运动。

明知山有虎,偏向虎山行。中国科学家不仅要做出世界第一颗量子卫星,还要做出一颗有实实在在科学影响力的量子卫星。为了实现这一目标,两个团队发生了激烈的"碰撞"。为了实验更出色,"激进"的科学家不断提出新的想法,而"保守"的工程师则希望减少改动,提高稳定性。

"那段时间,我和王建宇也经历了激烈的磨合。事实证明,干大事必须精诚合作。"潘建伟坦言。

"科学家只要提出想法,我们就照着设计。大家都是中国科学院出身,骨子里追求卓越、渴望创新的文化是一脉相承的。"上海技物所研究员、量子科学实验卫星系统副总设计师舒嵘说。虽然课题组间也有自然形成的合作,但和卓越创新中心、创新研究院体制下的合作相比,性质完全不同。

"碰撞"的结果是,"墨子号"各项性能都优于设计指标,原本计划两年完成的科学实验任务不到一年就完成了。2017 年 6 月,《基于卫星的纠缠分发距离超过 1200 千米》以封面文章形式发表在《科学》(Science)上。"墨子号"量子科学实验卫星科研团队也因此获得 2018 年度美国科学促进会纽科姆·克利夫兰奖,这是90余年来,中国科学家在本土完成的科研成果首次获得这一重要荣誉。

"这个时候我们的合作已经体现出了创新研究院的价值,那就是集中力量干大事。"潘建伟认为。

为了卫星上天,团队里的年轻人有的从科学家变成"半个"工程师,有的则从纯粹的工程师进入了前沿科学研究领域。这其中就包括科学应用系统主任设计师、量子创新研究院副研究员任继刚。任继刚记得自己读博士时第一次听潘建伟做报告,感觉仿佛在听一个科幻故事,没想到日后自己竟成了故事中的一个角色。"印象最深的是2014年春节,我们做实验做到大年三十凌晨3点。"他说。直到2017年实验基本完成后,所有人才度过了一个"史上最开心"的春节。

2016年8月16日,经过中国科学技术大学、上海技物所、微小卫星创新研究院、光电技术研究所、国家天文台、紫金山天文台、国家空间科学中心等10余个团队历时5年的合作,"墨子号"成功发射。所有人长舒一口气,但这不是终点。

卫星于凌晨升空后,几位主任设计师立刻从酒泉赶往各地面站。由于卫星在夜晚经过,且在地面站上空的过境时间仅有几百秒,因此一入夜,河北兴隆、青海德令哈、乌鲁木齐南山、西藏阿里、云南丽江5个地面站便忙碌起来。

"8月18日凌晨,我们在青海德令哈地面站第一次将地面的信标光覆盖到'墨子号',为离开地面近48小时的'墨子号'点亮了灯塔,建立了星地互联的第一步。"量子纠缠源载荷主任设计师、中国科学技术大学教授印娟回忆说。

2017年8月,"墨子号"提前一年完成星地量子纠缠分发、星地量子密钥分发、地星量子隐形传态三大既定科学目标,向世界宣告我国在国际上首次完成空间尺度的量子科学实验研究。

中国科学院院长、党组书记白春礼对此评价说:"墨子号"开启了全球化量子通信、空间量子物理学和量子引力实验检验的大门,为中国在国际上抢占了量子科技创新制高点，成为国际同行的标杆，实现了向"领跑者"的转变。

回忆起这次合作，王建宇有四点体会："第一，原创的科学思想是灵魂；第二，决策层下定决心让科学家去闯，才有了今天的成绩；第三，团队协同作战效果显著；第四，科学团队和工程团队必须互补。"

最优最简互补

在人才培养上，潘建伟有一个至今为人称道的做法，那就是将优秀的学生有针对性地送到国际顶尖团队学习和开展合作，再将掌握的关键技术带回国内。

于是，陈宇翱去德国马克斯-普朗克研究所、赵博去奥地利因斯布鲁克大学研究超冷原子量子调控、张强去美国斯坦福大学研究参量上转换探测器、陆朝阳去英国剑桥大学研究量子点光源……

潘建伟回忆说："当时国内实验室很缺人，但不把人送出去学习的话将来这把'火'肯定烧不旺。所以尽管国内对人才极度渴求，但还是把人送走了。"

如今，随着这批年轻人的集体归国，这把量子通信的"火"真正烧起来了，他们也个个成为独当一面的研究室负责人。

量子卓越创新中心升级为量子创新研究院后，改变了过去几个团队各为一个研究室、相互间仍以自发合作为主的组织模式，统筹设置了量子通信、量子计算、量子精密测量、光电子与微电子器件4个研究部，每个研究部下设若干个研究室，整合相关的优势研究力量。例如，量子计算研究部包含光量子计算、超冷原子量子模拟、离子阱量子计算、硅基量子点量子计算等多个研究室。组成每个研究室的各个团队，围绕着研究部的主任务，在各个分系统上开展协同攻关。

如何让这么多人彼此不重复又能相互促进、协同创新呢？"我们的原则是'最优最简互补'。"潘建伟吐露了秘诀，"量子创新研究院每次引进人才时一定要问三个问题：是不是全国最好的？是不是有重复？能否形成互补？"

按照"最优最简互补"的原则，量子创新研究院在建设过程中重新调整了组织架构，根据我国在量子信息科技领域已有的区域集群优势，形成了"合肥总部＋北京分部、上海分部、济南基地＋相关研究单位"的研究队伍布局，各部分朝向一个共同的主任务，既各司其职又相互配合。这种科学组织架构很大程度上避免了"内耗"和"打架"，也让量子创新研究院近年来迎来一个高速发展的阶段。

量子科技涉及物理学、信息学、材料科学、工程技术等众多领域，一家科研机构难以包打天下。为此，量子创新研究院独具特色地联合了清华大学、北京大学、复旦大学、浙江大学等高校的力量，形成全方位的协同合作网络，并通过国家重点研发计划、中国科学院战略性先导科技专项等，积极组织全国力量协同创新、集中攻关。

通过制度改革，量子创新研究院不断加强依托单位与共建单位的协同创新合力，并建立起大型仪器设备、重大科研基础设施等科技资源的统一管理机制，充分提高了已有资源的统筹利用效率。

"通过项目将大家组织起来，协同全国的科研力量，但又不是完成项目后一哄而散。"潘建伟表示，从前每个团队都需要进行全链条创新，现在则可以只做自己擅长的部分，推动各学科协调发展。

同地方共建也是量子创新研究院的一大特色。在引进人才方面，安徽省政府和合肥市政府都提供了力度较大的政策支持。不过，对于量子创新研究院来说，真正能留下人的还是事业。以"墨子号"团队为例，具体负责项目的主任设计师几乎全是"80后"。任继刚、印娟等人都是在国内成长起来的科研骨干。

"青海湖的项目完成后，潘老师提出让我留下继续做卫星，刚博士毕业就能做卫星吗？这让我觉得很不可思议。"任继刚回忆道。

研究超导量子计算的朱晓波则是从兄弟单位中国科学院物理研究所加入量子创新研究院的。不久前，他们刚刚成功实现了12个量子比特的多体真纠缠态"簇态"的制备，刷新了超导量子比特纠缠的世界纪录。

"量子计算机意义重大，我们的目标是做出实际应用。"朱晓波说。超导是目前最受关注的量子计算方案之一，也是谷歌公司、国际商业机器公司（IBM）等商业公司投入最多的方案。

"我们在这一方向上虽然是追赶者，但量子创新研究院可以凝聚力量形成协同攻关，跟世界最前沿的研究组竞争，不管中间有多困难，都不会改变我们的信念。这也是我加入量子创新研究院的原因。"朱晓波说道。据悉，在量子创新研究院，朱晓波除了自己的学术团队，还有一支近30人的团队为他们提供支撑服务。

"量子创新研究院的作用就像土壤。"潘建伟说，"在单个研究小组中，很多种子只能长成花盆中的盆景，但在量子创新研究院多学科交叉融合和协同创新的模式下，我们希望每颗种子都能长成参天大树。"

目前，"科技创新2030—重大项目"之"量子通信与量子计算机"实施方案已形成，专家组一致建议尽快启动。作为我国量子科学领域研究的领军机构，量子创新研究院将牵头肩负起这一重大项目，着力解决量子信息与量子科技领域一系列前沿科学问题，突破一系列关键技术和核心器件，培育形成量子通信等战略性新兴产业。

加速加速再加速

20年前，潘建伟最常被问到的一个问题是：量子信息科学，欧洲、美国都刚刚起步，我们为什么现在要做？每次他都耐心讲解量子科技革命的意义，结果却不尽如人意。"难度太大""不靠谱""做不成"是他最常听到的评价。

潘建伟认为那段时间是自己研究生涯中最困难的一段时期：学科方向不被理解，申请经费四处碰壁。

2002年，潘建伟提出自由空间量子通信的构想，同样遭到了各界质疑。一筹莫展之时，他接连从中国科学院获得了"第一桶金"和"第二桶金"。在一次项目申请会上，面对诸多质疑声，当时中国科学院分管基础研究和人才引进的领导发言强调：潘建伟发过很多高质量文章，得到了国际认可，中国科学院作为支持原始创新的机构，能不能让他试一试？

就这样，潘建伟拿到了中国科学院的经费。他很快在 2004 年底进行了国内第一个自由空间实验，在合肥创造了 13 千米的双向量子纠缠分发世界纪录，而此前的国际纪录是 600 米。由于整个竖直大气层的等效厚度为 10 千米左右的近地面大气，所以实现了 13 千米的量子纠缠分发就意味着光子能够突破大气层，有效地验证了星地量子通信的可行性。

到了 2009 年，当潘建伟向着实现星地量子通信的梦想努力前进时，主要的质疑声依然是那个问题：卫星量子通信，外国都没人做，我们是否太冒失？那时，我国以业务卫星为主，科学卫星渠道很少。关键时刻，又是中国科学院前瞻性地设立了空间科学战略性先导科技专项，"墨子号"幸运地成为专项支持的首批科学实验卫星之一。

潘建伟没有辜负期望。"墨子号"和"京沪干线"引发的"蝴蝶效应"是巨大的——欧美国家明显加快了量子通信领域的布局，这同这两项工程在我国率先成功实施直接相关。

量子科学实验卫星与国家天文台兴隆站星地对准实验

"中国科学院能相信我的科学判断，让我往前走一步，是需要勇气的。而我们能够 20 年来坚持在科学上毫不动摇，也是因为有中国科学院体制的支持。"潘建伟强调说。

支持越大，责任就越重。"墨子号"是一颗低轨卫星，每天经过中国上空两次。王建宇透露，在国家的支持下，量子创新研究院计划再设计一颗高轨卫星，以便未来可以随时随地做实验。"这次的难度就不是扔硬币了，可能比纽扣还要小，但我们已经在准备了。"

印娟则介绍，量子创新研究院正在着手制定相关模式标准并推广到全球，等未来建起一张全球量子卫星通信网时，我国将发挥主导作用。

2017年11月，美国开始禁运量子密码相关设备和器件，12月又扩展到包括整个量子信息和传感等在内的14个领域。随后，欧洲也陆续开始禁运相关设备。

"以前我们能在全世界购买性能好的元器件，后来他们不卖了，我们只好买材料加工。好不容易加工品质提上来了，高品质的原材料又不卖了。现在更糟糕，凡是跟量子信息加工有关的产品都不卖了。"潘建伟说。

做分子束外延的中国科学技术大学教授霍永恒就是在这样的情况下被引进的。他坦言："如果在10年前未必会引进我，但现在不同往日，我们只能自己做。"

2019年以来，潘建伟感到自己的思想转变很大。"以前是集成全球的创新要素做创新，现在就必须考虑：如果别人什么都不给，我们还能不能创新？！"

在他看来，这更说明从量子卓越创新中心转变到量子创新研究院的必要性。量子信息科学有明确的应用导向，量子创新研究院的目标也不仅仅是发表文章，完成转化应用才真正实现了科技创新的价值。"再不加速就真的只能停留在基础研究了。"

目前，量子通信是量子创新研究院四大方向中最接近于实际应用的方向。量子保密通信"京沪干线"全长2000余千米，目前正在国家有关部门的支持下制定标准，为将来量子通信干线的商业运营和规模化应用奠定基础。在面向世界科技前沿和国家重大需求的量子精密测量、量子计算、量子传感等方面，量子创新研究院也将为技术发展做出重要贡献。

"创新研究院一定要领跑，不然就变成了'跟踪研究院'。现在国际上追赶的速度很快，很多方面我们还要向别人学习，丝毫不敢懈怠。"对于未来，潘建伟如是说。

（陈欢欢撰文；原文刊发在《中国科学报》2019年7月12日第4版，有删改）

承国家之志　铸时代新星
——中国科学院微小卫星创新研究院改革纪实

短短几年时间，中国科学院微小卫星创新研究院（以下简称微小卫星创新研究院）先后研制和发射了我国新一代北斗导航卫星、我国第一颗暗物质粒子探测卫星、世界首颗量子科学实验卫星和我国首颗全球二氧化碳监测科学实验卫星（以下简称碳卫星）等多颗卫星，年轻的微小卫星团队屡担重任，创造出中国航天科技领域一个又一个纪录，将"小卫星创造大未来"这句誓言变成了现实。

近年来，他们产出的重大科技成果频频出现在党的十九大报告、国家主席习近平的新年贺词中。卫星发射成功率达到100%，微小卫星创新研究院在中国卫星发展历史上创造了诸多"第一"。

从过去几年才做一颗卫星，到现在一年可以发射15～20颗卫星，从卫星平台研制"跟跑"欧美国家到"领跑"世界。这些奇迹究竟从何而来？

浩浩太空，万物寂寥。一只眼睛，在黑暗中慢慢睁开。

与此同时，在上海张江高科技园区海科路99号的微小卫星创新研究院，科研人员个个屏住呼吸，会议室安静得几乎能听到人们的心跳声。

"数据接收成功！"2015年12月20日8时45分，喀什地面站传来了好消息。

终于，一颗颗悬着的心放了下来。那一刻，那一个个不眠之夜、一根根紧绷的神经，所有的紧张、焦虑都全部释放了。

率舞潮头 先帆竞发 中国科学院研究所分类改革纪实

为了将我国第一颗暗物质粒子探测卫星、中国科学院空间科学战略性先导科技专项的首发星——"悟空号"顺利送上天，他们已经准备了太久、太久。

这样的场景，如今正在越来越频繁地发生。自成立以来，微小卫星创新研究院的发射成功率达100%，在中国卫星发展历史上创造了诸多"第一"，成果被写入党的十九大报告、多次被国家主席习近平在新年贺词中"点名"……今天的微小卫星创新研究院，已然成为中国卫星事业的一张新的"创新名片"。

"小卫星创造大未来"。短短几年时间，微小卫星创新研究院将这句誓言变成了现实。作为中国科学院研究所分类改革试点的第一个创新研究院，它所实现的，不仅仅是科学技术的创新，更有发展理念、管理模式与科研文化的创新，这也让它成为中国科学院新时期全面深化改革的一个范本。

碳卫星发射场

改革破冰 迫在眉睫

21世纪初，世界卫星发展呈现小型化趋势。质量在1吨以下的微小卫星迎来了发展的大好机遇。2014年，《科学》公布全球十大科学突破，

"造价低廉的立方体卫星"入选。作为微小卫星的一种，当年共有超过75颗立方体卫星被送入太空进行科学研究。

与此同时，随着科学试验、导航、对地观测技术的发展，国内低成本的微小卫星需求也日益增多。过去，上海微小卫星工程中心（微小卫星创新研究院前身）几年才做一颗卫星，而现在至未来甚至要满足一年研发和批量生产30颗以上卫星的需求。

随着卫星需求量的增加，从单任务到多任务并行，上海微小卫星工程中心仅2000平方米的总装厂房，也渐渐变得越来越拥挤。

岂能让拥挤的厂房耽误国家卫星事业的发展？可是，站在日夜不停运转的厂房前，上海微小卫星工程中心领导却感觉到，他们所面临的问题绝不仅仅是圈几块地、盖几座楼这么简单。

一直以来，上海微小卫星工程中心采用"总体室+专业室"的组织架构，初期项目相对较少，任务组模式灵活，满足了当时的需求。可随着规模的扩大，一些问题也渐渐浮出水面。

"我们当时是'四部一室'的结构，总体室是技术部门构成的主体，管理路线简洁，沟通效率高，综合性非常强。"上海微小卫星工程中心副主任朱振才坦言，"但是，当我们面对多个卫星研制任务时，这样的管理方式就凸显出短板。"

"过去研究室专业划分过细，部分研究室研究方向重复，碰到研发卫星的重大任务，只能临时调配人手，组成一支'机动部队'。虽然这种形式比较灵活，但任务增加后，如何克服人手不足、确保任务完成质量成了更加严峻的问题。"上海微小卫星工程中心副主任林宝军说。

体制机制的进一步改革，已迫在眉睫。

2014年8月，中国科学院启动实施《中国科学院"率先行动"计划暨全面深化改革纲要》，提出要面向国家重大需求，组建若干科研任务与国家战略紧密结合、创新链与产业链有机衔接的创新研究院。

创新研究院以满足国家战略和产业发展重大需求为主要价值导向，实行政、产、学、研共同参与的理事会治理结构，以国家任务和市场为主配置资源，以应用部门和市场评价为主要评价方式。

这与上海微小卫星工程中心的改革目标不谋而合！

2014年10月，经中国科学院院长办公会议研究通过，以上海微小卫星工程中心为主体建设的微小卫星创新研究院正式成为中国科学院首批五个试点创新研究院之一。

微小卫星创新研究院揭牌仪式

微小卫星创新研究院到底要怎么干？彼时，每个人的心里都打着鼓。

在一次讨论中，时任上海微小卫星工程中心主任相里斌确定了思路：改革不是作秀，要真抓实干，要去想新机制运转能不能提升机构的效率、保证工程的质量；改革也不是要颠覆从前，而是在原来的基础上做得更好，不管怎么改，团结实干的精神应当永远地继承下去。

在那之后的两个月，微小卫星创新研究院调集各部门起草改革方案，设计整体组织架构。"大家都是摸着石头过河，经过了五六次的调整，才形成了最终的方案。"微小卫星创新研究院办公室主任边哲说。

经过一次又一次的头脑风暴，到2015年6月，改革方案最终敲定。

至此，改革的帷幕逐渐拉开，微小卫星的创新故事也在悄然上演。

改革"难"字当头，更需"敢"字当先。

2015年7月，中国科学院院长白春礼在上海微小卫星工程中心视察时指出，创新理念是上海微小卫星工程中心在激烈竞争中能抢占先机的关键，这在微小卫星创新研究院未来的建设和发展中也要不断地体现。于是，新成立的微小卫星创新研究院大胆调整原有的组织架构，建立了"研究院—总体部—研究所"三个层级的扁平化管理架构。

其中，总体部重点面向国家重大需求，设置有通信卫星总体部、遥感卫星总体部和科学卫星总体部3个分部，使得各类卫星都有了"归宿"，一改以往临时组队的尴尬，即使遇到攻坚战，也能迅速组成一支战斗力强的攻关队伍。

两个应用型研究所重点面向产业化，四个专业研究所提供技术支撑，并设立新技术中心加强面向未来的前瞻性研究和技术创新。这样，各部门之间既能相互支持，采用集团作战模式共同完成国家重大任务，又能"灵活作战"，各自独立承担任务，切实面向产业链布局创新链。

微小卫星创新研究院院长龚建村表示，通过内部体制机制改革，微小卫星创新研究院实现了以"型号"为主，向"型号、预研、专业化"并重的转变，形成了"创新、技术、工程、产业"的良性循环机制。

体制机制改革让"微小卫星"轻装上阵，也进一步激发了微小卫星创新研究院的创新热情，提升了研发效率。

2016年12月，微小卫星创新研究院在中国科学院"率先行动"首批四类机构筹建验收中，成为唯一一家全票通过的科研机构，在全院排名第一。同时，在机构改革持续的26个月中，微小卫星创新研究院边干边改，成功发射了13颗卫星，占到机构成立以来发射卫星总数的68%。

但是，任何改革都必然伴随着阵痛，微小卫星创新研究院走过的路，也曾充满荆棘。

"全体起立，重来一遍"

管理的架构搭好后，另一个现实问题摆在了所有人的面前——谁来撑起微小卫星创新研究院的"血肉"？其时，用求贤若渴来形容一点都不为过。

"在当时的情况下，我们也想过从其他航天单位引进人才。但不少人抱着固有观念，在观望犹豫，真正愿意来的不多。"回忆起当时的"人才荒"，人力资源部部长陈鸿星仍感慨不已。

从其他单位引进人才的路子被堵死了，微小卫星创新研究院又做了一件"破天荒"的事——"全体起立，重来一遍"，同时面向社会广招人才。

一石激起千层浪。一时间，议论声、质疑声充满了整个微小卫星创新研究院。

"我想挑战一下新的岗位，可以吗？"

"我的工作年限少，想竞聘更高的职位，可以吗？"

"我在这个领域很有想法，但是缺乏经验，可以吗？"

……

"可以！只要你有志向、有才能，我们都欢迎。"在重重压力下，领导班子始终坚定不移。

效果立竿见影。30个空缺的中层岗位，收到了近1万份简历，应聘者中除了上海微小卫星工程中心的职工，更不乏世界500强企业的员工、航空航天系统的骨干人才。

边哲就是一个"外来户"。他从外企跳槽来到上海微小卫星工程中心质量部，在2014年的那场改革中，通过竞聘成为办公室副主任。"能者上，庸者下，这里没有论资排辈的想法，大家都是真刀真枪地干。"他说道。

事实证明，这样的改革无疑是成功的。从2014年之前招不到人的尴尬境地，到各类人才各显神通来这里寻求更大的发展空间，微小卫星创新研究院的创新活力再次被激发出来。

如今的微小卫星创新研究院，尽管科研任务十分繁重，但依然能够从容应对，这在科研管理部部长程睿看来恰恰要归功于改革的红利。"几乎每个科研人员都经历过两三个完整型号的任务，再打硬仗，我们也不怕了。"

更重的担子也交到了年轻人的手里。微小卫星创新研究院采取以老辅新、老中青相互协作的大兵团作战方式，让很多刚刚进入"微小卫星"的年轻人承担卫星研制任务，有经验的老同志负责保驾护航、传经送宝。

一般而言，培养一个主任设计师需要很多年，但在这里，不少刚工作几年的年轻人就有机会担起主任设计师的重任。

2012年，李绍前从哈尔滨工业大学一毕业就进入了北斗卫星研发团队。这里的工作忙到没有双休日，可当看到自己的设计思路真的会用在卫星上，还随卫星上了天时，这种成就感难以言喻。2016年，他通过竞聘当上了卫星主任设计师。"通常，没有副主任设计师经验的人是不能担任主任设计师的。"他感慨道，"但是微小卫星创新研究院给予年轻人机会，让我们勇于试错。"

实际上，当2015年新一代北斗导航卫星发射升空并顺利开机时，负责这颗卫星总体研发的科研人员中，75%是"80后"。他们中的很多人都是像李绍前这样的"新手"。

TG-2伴随卫星发射试验队与伴星合影

浩瀚宇宙　中国标志

2015年3月30日，我国首颗新一代北斗导航卫星发射成功；2015年

12月17日，"悟空号"暗物质粒子探测卫星遨游太空；2016年8月16日，"墨子号"量子科学实验卫星成功飞天……

微小卫星创新研究院的总装大楼里有一面"卫星墙"，但凡有来访者，无一不对微小卫星创新研究院取得的累累硕果赞不绝口。

让这面墙熠熠生辉的，除了国家卫星事业快速发展、中国科学院支持科学卫星研制的时代机遇，更离不开微小卫星创新研究院实施机构改革所带来的推动力。

机构改革的攻坚期，恰恰是卫星研制任务的密集期。微小卫星创新研究院需要同时研发导航卫星、通信卫星，甚至更复杂的科学实验卫星。在这个关键期，此次改革中新成立的卫星电子技术研究所、卫星控制技术研究所、卫星力热技术研究所、卫星软件技术研究所4个专业研究所，释放出了让人意想不到的创新活力。

"专业研究所不仅仅是做某个项目，而是要支持完成多个型号任务，这与以往考虑问题的着眼点不同。在角色转换的过程中，大家逐渐适应了新的变化。"朱振才说。

科学实验卫星的第一要务是满足科学家的需求，但是科学家在提出理念的时候并不了解卫星载荷的功能。

多年来，我国卫星研发都是以平台为中心。在竞标"悟空号"暗物质粒子探测卫星项目时，设计团队提出了以载荷为中心的颠覆性设计理念，这相当于根据"货物"大小来定制"货车"尺寸。

最后，整颗"悟空号"暗物质粒子探测卫星重1.8吨，其中载荷1.4吨，平台只有450千克，完全颠覆了过去卫星的载荷与平台比例，并且整整节省了几千万元的火箭运载费用。

在"悟空号"暗物质粒子探测卫星交付时，科学家给它打了满分。运行三周年时，"悟空号"暗物质粒子探测卫星依然保持非常好的状态，经评估，"悟空号"暗物质粒子探测卫星将延期工作两年，为我国空间科学探索事业做出更大贡献。

现在回顾起来，朱振才说："暗物质粒子探测卫星的成本优势很明显，我们在很短的时间里探索出一条比较容易实现、影响大、成本不太高的路径，不让科学家的想法因为经济能力不足而延迟。"

通过技术和管理创新，微小卫星创新研究院研制的卫星大多数在轨时间都大大超过设计寿命。"墨子号"量子科学实验卫星采取了新的设计，完成既定科学任务后，还可以随时接受地面指令，开展新的科学实验。

除了"悟空号"暗物质粒子探测卫星，北斗导航卫星也通过新设计实现了"瘦身"，从原先的几吨一下瘦身到800余千克，原本十几个分系统需要20余台计算机控制，现在优化为仅需要1台，大大提升了卫星的可靠性。

在这个过程中，北斗导航卫星采用的新技术占比超过70%，其中不少为全球首创。而通常情况下，航天领域卫星采用新技术的比例不会超过30%。

导航卫星研究所是微小卫星创新研究院的两个应用型研究所之一。中国北斗卫星导航系统"北斗三号"工程2016年启动实施，计划2020年前发射30颗卫星，该所承担了10颗"北斗三号"卫星的研制工作，责任重大，任务艰巨。

"以前1颗卫星需要三四年才能做出来，现在我们两年就能做8颗卫星。两相比较，工作效率提高了11～15倍。"导航卫星研究所副所长沈苑说。

对于微小卫星创新研究院的贡献，中国卫星导航系统管理办公室如是评价："中国科学院的参与提升了北斗卫星导航系统的技术水平，极大加速了北斗组网的建设进程。"

"北斗导航向全球组网迈出坚实一步。"继党的十九大报告之后，在2019年的新年贺词中，国家主席习近平再次提到了北斗导航卫星。

但在这群年轻人心中，习主席的"点赞"更像是一种巨大的鞭策。北斗导航仍然有很多工作要完成：在轨卫星运行支撑、开展下一代卫星导航技术的前瞻性研究工作、"北斗四号"的卫星设计……对他们而言，卫星研制事业始终在路上。

在这场改革中，微小卫星创新研究院还成立了一支"特战队"——新技术中心。组建之初，16位年轻科学家从五湖四海汇聚于此，开启了前沿空间技术的"逐梦之旅"。

"面向人类未来在太空中越来越广泛的活动，我们将开展太空生命科学在轨实验，通过干细胞体外多代培养、智能换液和智能筛药技术，实现科学实验的智能化、低成本、高频次……"

2018年7月17日，第一届"率先杯"未来技术创新大赛决赛现场，新技术中心丁国鹏牵头的"低成本太空生命科学实验"项目，让在场的评委和观众眼前一亮。

这项从科学需求到技术创新再到工程实现的全链路构想，当场获得500万元经费支持。

"以往是先有了科研任务再招聘人才，现在我们反过来围绕人才的科研特点，为他量身定做科研方向。"新技术中心主任张永合说。

而为了呵护这株"幼苗"，微小卫星创新研究院为新技术中心划拨专门经费，并约定新技术中心成立的头三年不进行考核，目的就是让科研人员潜心科研，不再为争取项目浪费时间。

这支"特战队"聚集了一批"爱玩"的年轻人，大家的"任务"就是尽可能地"天马行空"，去尝试一些其他人都不敢想的事：探索空间可重构模块化技术，打算在太空中玩"变形金刚"；专注于发展智能视觉技术，让航天器模块未来的交会对接更加自主；为低成本、高智能的深空探测微小卫星做技术准备，争取在2025年前实施着陆微小卫星项目，探寻生命与水的证据……

改革之初，相里斌期待新技术中心能够"成为一块磁铁、一个创新的核心，体现中国科学院在卫星创新方面的'火车头'作用"。在变革发展的浪潮中，它正在这个方向努力着……

开放包容　星海先驱

从2014年的科研经费9亿元，到2018年科研经费突破23亿元；从几年发射 1 颗卫星，到 2018 年发射 15 颗微小卫星。在一步一个脚印的改革中，微小卫星创新研究院不断发展壮大，成为中国航天事业中不可或缺的一支主力军。

在微小卫星创新研究院下设的微纳卫星研究所，全部由"85 后"组成的团队正在做技术储备，试图为微小卫星创新研究院打开一个商业航天的新窗口。

"我们面向国际发展前沿，瞄准新概念、低成本的微纳卫星，有力开展创新攻关。"微纳卫星研究所所长陈宏宇介绍。

2015 年底，微纳卫星研究所研发了一颗重量仅为 2 千克的立方星，用来采集全球民航、船舶和北极航道信息。当时用的推进器是从瑞典进口的，微纳卫星研究所两名年轻人就琢磨着：能否用上中国自己的推进器呢？他们全身心地投入工作，仅用了一年多时间就交出了答卷。

面对市场对卫星的大批量需求，微纳卫星研究所也在计划打造一个标准化、模块化的生产平台，目前已形成 50 千克级别的微纳 5000 与 100 千克级别的微纳 100 两个系列微纳平台，为实现年产 100 颗卫星的目标奠定了坚实基础。

在汇聚创新技术的同时，微小卫星创新研究院也在寻求扩大国内、国际的"朋友圈"。微小卫星创新研究院与行业相关单位共同成立了微小卫星创新联盟，致力于打破所有疆域，在技术上互通有无、互相支撑，在学术上不断交流、相互促进。

2018 年 12 月，在习近平主席和科斯塔总理的见证下，微小卫星创新研究院和葡萄牙特克维尔（Tekever）集团联合签署成立了中葡星海联合研究实验室，探索从深海到深空的集成交叉前沿技术，打造国际化创新合作平台。

正如龚建村所说的那样："创新是小卫星的灵魂，更是国家赋予我们的神圣职责。"

"承国家之志，铸时代新星。"微小卫星创新研究院大厅墙上的十个大字，鞭策着这支平均年龄为 34 岁的年轻队伍不断前行。

星空浩瀚无比，探索永无止境。在筑梦航天的路上，微小卫星创新研究院的研究者将继续用他们的汗水与智慧，不断照亮蔚蓝的星空！

（高雅丽、丁佳撰文；原文刊发在《中国科学报》2019年4月12日头版，有删改）

创药为民

——中国科学院药物创新研究院改革纪实

> 新药研发，素来是一场荆棘密布的"长征"。漫漫征途，尤其离不开多学科、大团队协作攻关与长期不懈的坚持。
>
> 长期以来，中国科学院院内新药研发力量存在分散和碎片化的问题。例如，西南、西北地区一些研究所能够依托当地特有资源开展天然药物及现代民族药研发，却苦于缺少系统、完善的研发技术平台；而地处东部地区的研究所虽然具有综合性研发技术平台，但资源来源有限，迫切需要扩大来源以获得更多的先导化合物。
>
> 研究所分类改革及由此诞生的中国科学院药物创新研究院（以下简称药物创新研究院），恰恰能够很好地解决这一突出问题。
>
> "将我们所的综合性药物研发大平台与地方的资源优势对接，各所之间可以形成很好的战略合作。"正如中国科学院上海药物研究所（以下简称上海药物所）所长李佳所说的，通过"资源整合"，迫切的"内在需求"解决了，"外在工作"自然会得到推进。

2019年，是吴婉莹来到上海药物所的第15个年头。曾经以为当了研究员就是职业生涯到头了的她，2017年通过所内遴选成功竞聘为课题组长（principle investigator，PI）。

这是她万万没想到的。过去，像她这样的本土人才根本没有机会成为课题组长，直到药物创新研究院的出现。

作为中国科学院"率先行动"计划首批试点建设的创新研究院之

率舞潮头 先帆竞发 中国科学院研究所分类改革纪实

一，由上海药物所牵头建设的药物创新研究院大胆探索体制机制改革。自2015年筹建以来，药物创新研究院出台了一系列切实可行的改革举措，其中就包括面向所内公开选拔符合要求的研究员组建新课题组，打破内部人才培养的"玻璃天花板"。

"我赶上了好时候。"说这话时，吴婉莹是认真的。和许多碰到"职业天花板"的科研人员一样，吴婉莹也曾为去或留而踯躅，幸运的是，她赶上了一个实现自己梦想的机会。如今，做出更多的好药，不仅是她的梦想，更成为她矢志奋斗的事业。

吴婉莹并非个例，药物创新研究院里的每位成员都把"出新药"当成了自己的事业和理想，而这个理想就是照亮他们科研道路的希望之光。

工作中的药物研发人员

资源整合 铺展蓝图

时间回到5年前，2014年5月16日下午，中国科学院上海分院。

中国科学院院长白春礼正在领导干部学习班上做重要报告。他以"实施'率先行动'计划、加快改革创新发展"为主题，向大家解读了推进研究所分类改革的总体设想和主要举措。

这是继1998年实施知识创新工程之后，"科技国家队"在科技体制改革方面又一次大刀阔斧的"率先"之举。这份报告释放的信息量之大，让与会的研究所领导、科研人员深切感受到，新的机遇和挑战即将来临。

正当大家都还在消化报告内容时，时任上海药物所所长蒋华良率先举手了："我们适合建设药物创新研究院。"他同时简明扼要地提出了自己的想法。

会议结束后，白春礼把蒋华良叫住了："你们能不能牵头做分类改革的第一批试点？如果可以，尽快出一个方案。"

其实，在此次会议之前，建立药物创新研究院的念头在蒋华良心里酝酿已久。中国科学院院内新药研发力量存在分散和碎片化的问题，上海药物所也迫切需要扩大新药发现来源，并从长期以化学小分子药物和中药、天然药物为主，拓展到生物技术药物研发。考虑到自身发展和外部竞争，上海药物所想整合其他相关单位药物研究的优势力量，实现资源整合。

而这正好与研究所分类改革的初衷不谋而合，步伐一致。"我们有改革的激情，也有成功的信心。"蒋华良的眼神中透着坚定。

蒋华良回上海药物所后，多次召开战略研讨会，讨论创新研究院的建设方案。随着讨论不断深入，建设思路和总体目标日渐清晰——围绕新药研发、临床应用和产业转化的价值链，构建中国科学院研发创新链，成为国际新药研发的重要机构；突破关键核心技术，成为我国技术更新和产业发展的引领者；持续创制具有重大国际影响的新药，成为我国原创新药产出的战略力量；实行机制体制创新，促进成果转移转化，成为医药产业发展的"火车头"；促进科教融合，培养新药研发与产业化高端人才，成为我国新药研发的人才高地。

2014年7月18日，中国科学院重大科技任务局组织相关单位就药物创新研究院的组建进行研讨。中国科学院昆明植物研究所（以下简称昆明植物所）副所长陈纪军当即表态：上海药物所有能力组织团结兄弟单位一起做好新药研发，加入药物创新研究院对我们的新药研究将起到引领、带动作用。

新药研发，素来是一场荆棘密布的"长征"。漫漫征途，尤其离不开多学科、大团队协作攻关与长期不懈的坚持。于是，资源整合成为药物创新研究院的建设基础。

在药物资源相对集中的西南和西北地区，有昆明植物所、成都生物研究所、新疆理化技术研究所（以下简称新疆理化所）、兰州化学物理研究所等中国科学院研究所，主要开展当地特有植物和动物来源的天然药物研究及现代民族药研发，但缺少系统完善的新药研发技术平台；相反，上海药物所虽然具有系统完善的综合性新药研发技术平台体系，但自身的化合物来源有限，迫切需要扩大来源以获得更多的先导化合物。

"将我们所的综合性药物研发大平台与地方的资源优势对接，各所之间可以形成很好的战略合作。"正如上海药物所所长李佳所言，通过"资源整合"，迫切的"内在需求"解决了，"外在工作"自然会得到推进。

2014年7月23日，中国科学院党组夏季扩大会议初步决定将药物创新研究院纳入首批5个创新研究院试点之一。

同年11月6日，药物创新研究院建设实施方案通过中国科学院院长办公会议审议。由上海药物所牵头、以药物创新为最终目标的全新创新平台正式进入筹建期。

向西南，上海药物所联手昆明植物所、成都生物研究所、昆明动物研究所、西双版纳热带植物园，建设西南分部；向西北，上海药物所联手新疆理化所、西北高原生物研究所、兰州化学物理研究所，建设西北分部；而上海总部则被打造为名副其实的"综合性大平台"。

与此同时，药物创新研究院利用院地合作基础，在上海张江、苏州、宁波宁海、烟台、中山建设产业化基地；以"个性化药物"战略性先导科技专项为纽带，集聚中国科学院内单位的系统生物学、生命组学、分子生物学、基因组学、新药研究等有关力量及院外医院临床研究队伍，建设网络实验室。

"药物创新研究院形成了一个研究药物的系统组织，促成了药物研究单位之间的联合。有了中心力量，才有能力做出新药，加速民族药的标准化、现代化。"新疆理化所副所长阿吉艾克拜尔·艾萨感慨道："药物创新研究院的成立，给了西北研究所一个很棒的机会。"

随着药物创新研究院"总部＋分部＋网络实验室＋产业化基地"的建设蓝图徐徐展开，一场变革蓄势待发。

分类评价　激发活力

"时代楷模"王逸平生前是上海药物所研究员。他追求卓越、锐意创新，先后完成50余项新药的药效学评价，构建了完整的心血管药物研发平台和体系。他把解除老百姓病痛作为人生追求，研发出现代中药丹参多酚酸盐，造福了2000余万名患者。

对于老百姓而言，最期盼的莫过于可以用得到和吃得起疗效好、副作用小的原创新药。但以实现百姓朴素愿望为理想的新药研究人员却有着自己的苦恼。"科研项目的申请提倡原创，而创新性太强的项目风险很高、成功率低，如果没有重要文章发表或新技术、新产品的产出，会很难结题。所以对于新药研发早期探索性项目，我们有时不太敢轻易申请国家项目的支持。"针对新药研发的窘境，上海药物所研究员张翱一语道出其中的一个重要原因。

困境如何突破？药物创新研究院每年投入一定资金，围绕新药创制需求的基础研究、药物研发新方法和新技术发展、针对重大疾病的新药创制等3个方向自主部署科研项目。2015~2018年，药物创新研究院共部署了130个项目，投入超过1.3亿元。

这给了新药研究人员做课题的底气。"自主部署项目不仅不受其他科研项目申请的限制，更重要的是，允许我们失败，我们的压力减轻了。"

改革带来了意外的惊喜。自主部署项目按照国家需求及药物创新研究院总体发展规划和目标，以发布指南形式面向整个药物创新研究院进行项目遴选。自主部署项目设立以来，西南、西北分部的研究所一直非常积极，很多研究组申请与上海药物所的研究组一起做项目。

西南、西北地区有大量的天然药物资源。过去，分部的研究人员抓住这些资源也做过新药研发的尝试，但在药物研发的链条部署上没有经验，常常只是发现化合物有活性就结束了任务。

"通过自主部署项目，化学家与生物学家合作，我们在擅长的新药研发体系方面进行指导，与他们分享经验。"上海药物所国家新药筛选中心研究员李静雅手头就有这样一个项目。

"我们会适时评估课题的价值，如果发现有药物活性的物质可以进一步研究下去，便会继续进行药物研发工作，否则将重新立题。"她介绍道，"例如，我们从云南特有植物中提取出一种有药物活性的物质，通过评估发现，不止一种植物中有这种活性成分。视野拓展了，新药研发的信心也就有了。我们就是用科学证据让大家认可新型民族药的开发是有价值的。"

中药、民族药要被世界接受，就要用世界语言表达，用现代科技给出科学证据。2017年，药物创新研究院设立中药、民族药专项，利用总部优势推进分部的新药、民族药研发：与昆明动物研究所合作研发抗艾滋病Ⅰ类新药塞拉维诺；与西双版纳热带植物园合作研发降糖药物项目；利用新疆理化所的地域、语言优势，共建中亚药物研发中心，推进新药在中亚地区的注册及上市。

上海药物所科研与新药推进处副处长李剑峰欣喜地看到：中药、民族药专项只是中国科学院战略性先导专项和药物创新研究院自主部署项目所布局研究方向中的代表，这些项目的部署和支持，有效地整合了院内资源，激发了科研人员的创新活力，显著提高了资源的使用效益，推进了源头创新药物的发现，新药研发效率和成果产出显著提速。

新药研发，释放人才创新活力是关键。

长期以来的评价体系以"出论文"为导向，不利于"出新药"。于是，药物创新研究院打破唯"出论文"标准，新药研究人员的评价围绕"出新药"目标，将临床批件、新药证书与职称评定挂钩。例如，获1个新药证书，可设置2个正高级别和4个副高级别岗位。相关基础和应用基础研究人员、技术支撑人员、技术转化人员均有晋升机会。新政一出，大家都兴奋得坐不住了。

何世君成为这项改革措施的首位受益者，她在2015年顺利地评上了副研究员。这对于当时刚刚博士毕业两年的她来说是极大的肯定。

何世君在所里从事治疗红斑狼疮新药的研究。但新药研发周期很长，而且在研发过程中，由于专利保护、行业竞争等因素，研究人员很难就新药研发工作撰写学术论文，如果针对基础研究工作撰写论文，显然又分身乏术。没有高水平的研究论文，评职称就会有麻烦。

发文章、出成果、拿荣誉，对于新药研发路上的长跑者来说，似乎遥不可及。

2015年4月，何世君作为主要研发人员参与研发的新药正式拿到了临床批件。她恰好赶上了药物创新研究院人才评价新政的首次试水。凭借自己为新药成果做出的重要贡献，她顺利地通过竞聘，从助理研究员晋升为副研究员。

2017年9月7日，蒋华良在全国政协双周协商座谈会上介绍了药物创新研究院人才分类评价的举措，受到国家领导人的重视和赞赏，并将此作为深化改革的案例。

截至2018年，药物创新研究院共有16人享受到这项改革红利，获聘高级岗位。

破立并举　产学融合

2018年7月17日，由上海药物所等多家机构联合研发的多靶点抗阿尔茨海默病寡糖新药GV-971顺利完成Ⅲ期临床试验。3个月后，该药提交了上市申请许可，将有望成为我国自主研发的具有国际影响的重大新药。

新药研发是一场名副其实的长跑，"十年十亿"是一个新药的平均成本。个中辛酸，只有参与其中的人方能体悟。

上海药物所研究员沈敬山一直从事新药发现及合成路线和工艺研究工作。"应用研究同样有来自各方面的压力。"他说，"'研发'终日，却弄不

率舞潮头 先帆竞发 中国科学院研究所分类改革纪实

出来可以转化应用的名堂，也没有心思发文章，整个团队的压力很大。所幸大家坚持下来了，希望有朝一日向社会、向行业输出有用的产品技术。"

多靶点抗阿尔茨海默病寡糖新药 GV-971

上海药物所党委副书记叶阳清晰地记得，10 余年前，有个科研人员手上的一款抗菌新药的专利转让费相当于自己几十年的工资。然而，收益不能归个人所有。

能不能让做成果转化的科研人员的钱袋子也鼓起来？叶阳拿出了一本"新账"——将成果转化收益作为最大的激励手段：原则上，上海药物所所层面留取 10%～30%，其余收益作为对科技成果完成人的奖励及成果完成团队的科研经费，由项目负责人根据课题组的实际需求确定每笔经费的分配方案，课题组可支配经费比例最高可达 90%，最高可选择总收益的五成奖励给成果发明人。

这项新的奖励制度已经实行了 4 年。2015 年，上海药物所作为首批试点单位参与国家三部委（财政部、科学技术部、国家知识产权局）科技成果使用、处置和收益管理（"三权"）改革试点，配合药物创新研究院的筹建，全面推进成果转移转化各项改革方案落地。

上海药物所合作与成果转化处处长关树宏回忆说："当时，所领导第一时间在全所征求意见，让一线科研人员广泛参与，将'三权'下放。"

对科研人员来说，一方面，他们希望研究项目能够快速推进产业化，另一方面，他们也希望从中获得收益、体现应有的个人价值。

针对这两点，药物创新研究院"三权"改革试点通过规范程序和加强内控、简化成果转化审批流程、缩短成果转化审批时间等，来推动成果转化提速；通过鼓励科研人员以转让或实施许可、作价入股、创办公司等多种形式实施科技成果转化。

如此一来，从在实验室刻苦钻研到创办生物技术公司，皆是科研人员可选的发展路径，无论科研人员愿意在科研和创业上投入多大比例的精力，都能找到合适的考评方式。

具体而言，对不担任领导职务的科研人员试行在岗创业、离岗创业、适度兼职的"三轨制"，将创业科研人员分为全职科技岗及流动创业岗两类。科研人员可选择"全下海"或"半创业"，若只作为创业企业股东，需将公司交由专业团队经营；若全职"下海"创业，可离岗创业，保留编制3年。

这个新尝试对激发科研人员成果转化热情有效果吗？叶阳笑称，方案公布后，他的手机响个不停，几乎都是咨询这项新政的。

政策实施至今，已有10余位科研人员带着科技成果进入市场，以多种形式创办公司。一系列促使成果转化的举措，让科研人员真正贴近了市场、贴近了产业，投身到国民经济主战场，并以市场效能检验和考核创新创业成果。

结果表明，改革是值得的。

2015年以来，共有38项成果实现转化，合同总额近29亿元，其中仅2018年即转化15项，合同总额16.85亿元。上海药物所也成为中央级事业单位科技成果"三权"改革试点及成果转移转化的先进典型，得到全国人民代表大会、中国人民政治协商会议全国委员会、财政部、科学技术部等的赞誉和高度重视。

如果说上海药物所带动了上海张江"药谷"的崛起，那么，药物创新研究院则让科研与产业深度融合。

5年来，药物创新研究院在中国科学院四类机构改革中的标杆、示范、带头作用不断凸显，其"总部+分部+网络实验室+产业化基地"的模式，已经成为中国科学院创新研究院"$1+X+N$"的建设模式。中国科学院重大科技任务局资环生物处处长任小波表示，体制机制理顺了，创新能力得到释放、推动生物医药产业发展，这是水到渠成的事情。

创新者的前进步伐从未停歇。2018年7月，张江药物实验室在上海挂牌。该实验室将以疾病为中心，以"出原创新药"和"出引领技术"为目标，聚焦基于疾病机制研究的新药发现及药物研发新方法、新技术发展，建设具有全球影响力的原创新药研发高地和国际一流的药物科学研究中心。

蒋华良常说，新药研发需要围绕一个目标，由很多科研人员一棒接一棒地传递下去。

志之所趋，穷山距海不可阻挡。从药物创新研究院到张江药物实验室，这支新药创制"国家队"始终坚持人民健康和产业发展的需求导向，靠着一股革命者的勇气，劈波斩浪，砥砺前行。

（陆琦、辛雨撰文；原文刊发在《中国科学报》2019年4月26日第4版，有删改）

碧海寻声

——中国科学院海洋信息技术创新研究院改革纪实

2014年8月,中国科学院研究所分类改革的浪潮很快掀起了第一波浪花——中国科学院海洋信息技术创新研究院(以下简称海洋信息技术创新研究院)作为改革的首批试点之一,背负厚望,应运而生。

海洋领域科技发展事关国家安全和海洋利益拓展的重大战略。海洋信息技术创新研究院"集结战队",为"中国制造"挺进深海提供关键支撑力量:围绕国家需求导向的领域方向布局,重塑科研组织架构;配合我国从近海走向远海、从浅海走向深海的海洋战略,建立"池、湖、海、船"实验体系;共同承担国家重大任务,建设海洋环境观测系统……

经略海洋是全方位的,必须集合各方优势。清除藩篱、打破围墙,就是让中国科学院内外的各个机构、人才、装置、资金、项目都充分活跃起来。如今,海洋信息技术创新研究院已经进入稳步发展阶段。人多了,场面大了,基础设施加强了,制度体系基本构建了,科研经费也在逐年增长。

接下来呢?海洋信息技术创新研究院将以海纳百川的胸怀、海阔天空的格局,锻造开启蓝色宝箱的钥匙,开辟一项波澜壮阔的科技事业。

率舞潮头 先帆竞发 中国科学院研究所分类改革纪实

2019年1月底，南纬37度海域，涛声隆隆，海鸟随风起落。

深蓝色的海水掀起一座座浪峰，海水每一次起伏，一颗鲜红的"明珠"就跃出几许。这颗"明珠"时隐时现，身手矫捷的蛙人乘船而至，用一根缆绳将它牢牢牵住。

当它终于破水而出、现出红背白腹的躯体时，甲板上等候的人群爆发出一阵欢呼，紧接着是一阵惊叹：看，它带回了什么！

深海勇士

虽然很久没有出海了，中国科学院声学研究所（以下简称声学所）高级工程师刘烨瑶还是坐在电视机前，关注着"深海勇士号"载人潜水器的每一项进展。他还记得2017年秋天，自己最后一次随着"深海勇士号"载人潜水器挺进大洋时那海上日出的斑斓景象、那破水瞬间的剧烈颠簸，还有随着探照灯明亮起来的海底世界。

"深海勇士号"载人潜水器海试

那是声学所参与海上试验的最后阶段，关系到"深海勇士号"载人潜水器能否按期交付到用户单位——中国科学院深海科学与工程研究所（以下简称深海所）手中。

刘烨瑶深潜时，在数千米之上的海面，母船指挥部的显示屏每隔1分钟就会刷新深潜器传来的下潜深度、运动速度，以及舱内温度、湿度、气压、氧浓度等各种数据。

母船与"深海勇士号"载人潜水器的交流，就像聊微信，在弹出的窗口上，文字、图片、语音，你来我往。而这每句简洁的对话，都是中国水声通信科技力量激荡的回音。

据专家组统计，"深海勇士号"载人潜水器的核心部件国产化率超过90%，尤其是在水声通信、自动控制方面显露出独特的优势。这些突破不是来源于封闭的堡垒，而是打破藩篱、开放合作的结晶：海洋信息技术创新研究院中的3家共建单位［即声学所、深海所、中国科学院沈阳自动化研究所（以下简称沈阳自动化所）］携手创造了一连串激动人心的成绩。

"我希望越来越多的事实证明我们走了一条正确的道路。"海洋信息技术创新研究院院长王小民说。自成立以来，海洋信息技术创新研究院在"蛟龙号"载人潜水器、"深海勇士号"载人潜水器等重大装备研制中发挥了骨干作用。

"蛟龙号"载人潜水器

时光回溯到5年前。

那是当时看来无比寻常的2014年8月18日。在北京市三里河路中国科学院机关大楼7层的会议室里，中国科学院院长、党组书记白春礼在全院领导干部和科研骨干视频大会上宣布：正式启动实施"率先行动"计划，推进研究所分类改革，建设卓越创新中心、创新研究院、大科学中心和特色研究所四类新型科研机构。

此时，中国科学院拉开了新时期深化科技体制改革的序幕，开启了一场触及体制机制核心命题的深刻革命。

分类改革的浪潮很快掀起了第一波浪花。

海洋领域科技发展事关国家安全和海洋利益拓展的重大战略。与此同时，我国海洋核心装备和关键器件却几乎遭到全面封杀。扼颈之痛下，海洋信息技术创新研究院作为改革的首批试点之一，背负厚望，应运而生。

众"智"成城

说起海洋信息技术创新研究院的诞生史，王小民津津乐道。

2014年6月，中国科学院院长白春礼召集京区研究所所长研讨"率先行动"计划的改革方案。不久之后，他率领这些所长到华为公司北京高端交流中心"取经"，探讨此次改革的发展路径。随后，他又马不停蹄地奔赴广州，向中国科学院广州分院宣贯"率先行动"计划。

这场宣贯会后，时任中国科学院副院长的阴和俊留下几位中国科学院涉海研究所的所领导，包括声学所所长王小民、南海海洋研究所（以下简称南海所）所长张偲、深海所所长丁抗、沈阳自动化所所长于海斌和时任烟台海岸带研究所所长骆永明等人。

"我马上要飞回北京，我的时间只有1个小时，你们几位所长想一想海洋领域怎么办，每个人发言5分钟，说清楚要干什么、思路是什么。"阴和俊边坐下边说，正容亢色。

几位所长纷纷发言，王小民是最后一位。

他说："我想建设一个海洋信息技术创新研究院，凝聚中国科学院海洋与信息技术领域的优势科技力量，承担海洋科技创新重大科技任务，培养海洋信息技术方面的人才队伍，加强海洋信息技术领域的国内外合作交流，为我国海洋科学技术未来发展提供信息技术和设备保障支撑。"

"剩下就是联合的问题。"他补充道，目光扫过其他几位同人。

"小民讲得很好，那都有谁愿意参加呢？"阴和俊问。

在此之前，王小民早已做了准备，与几位所长沟通了想法。当天早上，王小民和于海斌从不同的地方起飞，却同时降落在广州白云国际机场。在等候机场大巴车时，王小民对于海斌说："海斌，我有一个想法，院里在进行四类机构改革，我们合作，建立一个跟海洋有关的创新研究院，你意下如何？"说罢，他阐述了自己的设想和理念。

"好啊！"于海斌当即表示赞同。沈阳自动化所与声学所是多年的科研合作伙伴，沈阳自动化所手上有一张王牌——全国领先的水下机器人，这在我国海洋安全和海洋利益拓展中是不可或缺的关键技术。于海斌有这个自信，沈阳自动化所的加入，能让王小民构想中的海洋信息技术创新研究院如虎添翼。

"那咱们君子之约，我今天就在会上说这个事儿。"

"没问题！"

随后，王小民又找到了张偲，和他讲了自己的设想。张偲也算王小民的老战友了。过去 10 余年间，南海所与声学所强强联合，在国家海洋安全保障和海洋资源考察中发挥了不可替代的作用。

海洋深处信息资源的提取主要通过水声通信，而水声通信系统必须要搭载在先进而经验丰富的科学考察船上。南海所自 20 世纪 60 年代便开始建设科学考察船，不仅积累了深厚的"家底"，也为声学所打磨的高科技"利器"提供了最好的舞台。

如今声学所要搞个大动作，当然需要南海所来自"大洋前线"的支撑。

想到这里，他也笑道："我一定支持！"

"大家举手表态吧。"阴和俊说。王小民、于海斌、张偲、丁抗 4 位所长举起了手。

王小民回到北京的第二天是 2014 年 7 月 1 日，声学所正在举办纪念建所50周年的学术研讨会。一大早，他就接到中国科学院重大科技任务局的电话："王所长，请把海洋信息技术创新研究院的事儿写个不超过8页的演示文稿，阴院长要向院党组汇报。"

当即，王小民提出将原计划为期两天的学术研讨会压缩到一天半。7月2日下午，声学所党政联席扩大会议召开，所党委委员、所领导班子成员、职代会主席团、学术委员会主任，以及所管理、研究部门负责人纷纷到场。

王小民开门见山地提出了建立创新研究院的构想，在同事们的支持下，他们讨论出了一套基本方案，做出了那8页演示文稿，海洋信息技术创新研究院的筹建工作自此启动。

同心铸鼎

很快，北京迎来了"三伏天"。改革的战鼓于酷暑中擂响，预示着这会是一场挥汗如雨的攻坚战。

海洋信息技术创新研究院成立之前，声学所共有18个研究室，50年间引领着学科发展，在声学和信息处理技术等方面取得了卓越的成就。

但随着科技的发展，声学所出现了科研布局同质化竞争等问题，申请科研项目、分经费、报成果时，相互竞争的现象时有发生。这样的情况，不仅消耗了大量的资源和精力，也不利于研究团队各展其能。

王小民曾有一个梦想：把18个研究室整合成9个重点实验室，形成合力，重点突破。"铸九口大鼎，把声学所支撑起来。"以前苦于条件不成熟，此刻，大好机遇终于来了。

18个研究室压缩成9个，这意味着一半的室主任面临"降级"风险，推行的阻力不可谓不大。但王小民认为，这是改革必然伴随的阵痛，是发展必然付出的代价。"'率先行动'计划就是要改革，你不改革就会被改革。"带着这样的信念，他顶住压力，坚持了下来。

截至2018年底，声学所的"九口大鼎"全部铸就，包括2个国家重点实验室（中心）和7个省部级重点实验室（中心）。

与此同时，海洋信息技术创新研究院围绕国家需求导向的领域方向布局，打破原有的机构格局，联合沈阳自动化所海洋信息技术装备中心、深海所深海信息技术研究室、南海所海洋环境信息技术中心，形成了声学所9个实验室、3个研究站，沈阳自动化所"水下航行器"团队、深海所"深海装备"团队、南海所"海洋环境"团队各1个中心，共15个研究单元的科研组织架构。

配合我国从近海走向远海、从浅海走向深海的海洋战略，海洋信息技术创新研究院建立了"池、湖、海、船"的实验体系，包括亚洲最大的消声水池、国内水声领域试验环境条件最好的湖上实验场之一千岛湖试验站、40亩①海上试验基地，以及"实验叁号"无动力双体实验船。

他们还先后与中国广核集团有限公司的苏州热工研究院、中石化胜利石油工程有限公司、南京大学等签订了技术合作、成果转移转化、共建工程技术研究中心等协议；在一些重大工程项目上，海洋信息技术创新研究院联合科研院所、高校、企业等30余家单位，发挥协同优势，屡破技术难关。

"经略海洋是全方位的，必须集合各方优势。5年来，我们内部联合攻关呈现出良好势头，成果激增。"王小民说。

清除藩篱、打破围墙，就是让中国科学院院内、院外的各个机构、人才、装置、资金、项目都充分活跃起来。

"凝聚力是要解决的第一大问题。"王小民说，"结婚证好领，同心同德过日子却是一门大学问。办创新研究院也一样，要靠文化引领，靠实事和活动把大家的心真正聚拢在一起！"

于是，海洋信息技术创新研究院成立了由中国科学院机关、依托单位、共建单位及主要参与单位等构成的理事会，设立了由中国科学院院外同行单位或用户单位构成的战略咨询委员会，成为海洋信息技术创新研究

---

① 1亩≈666.7平方米。

院的"智囊团""校准器""资源库"。

海洋信息技术创新研究院每年都要召开理事会大会、年度工作会议，总结年度工作，研讨下一年度工作要点；召开发展战略研讨会，一起筹谋"十三五"规划；组织制定规章制度，迄今已发布了几十份制度文件。

2016年10月，在理事会成立暨第一次会议上，中国科学院副院长相里斌肯定了海洋信息技术创新研究院筹建两年来所做的有益探索，并希望海洋信息技术创新研究院继续围绕国家重大战略需求，全力争取承担和做好国家重大科技任务，"制定更高的目标，争取更大的作为"。

经费是大家关心的重点问题。"左手举红旗，右手分土地，革命事业才能轰轰烈烈地干起来。"王小民很懂这个道理。

海洋信息技术创新研究院分配经费时，要给共建单位上浮10%，这笔经费绝大部分用于项目部署；而管理、人员部分的经费则由声学所承担。2018年，王小民到其他3个共建单位走了一圈，带给每个单位各100万元可自由支配的科研经费。

科研人员正在调试设备

无论何时何事，人才都是第一资源。海洋信息技术创新研究院实施了"三驾马车"驱动的科技创新人才体系。所谓"三驾马车"，就是研究人员有预聘、长聘和项目聘三种晋升渠道。

对于38岁的武岩波来说，2018年12月4日是个值得纪念的日子。经历了8年的职称晋升"长跑"，武岩波通过项目聘途径从副研究员成为研究员。在此之前，他作为主要成员研发的"蛟龙号"载人潜水器和"深海勇士号"载人潜水器的水声通信算法，被专家组认为"超出预期"，并获得"2013年度中国科学院杰出科技成就奖"。

还有很多像武岩波这样的青年科技人才，手握优异成果，却苦于单位研究员名额有限，只能等待其他正高级研究人员调离或退休。这成了青年人才难以冲破的"职业天花板"。如今有了这"三驾马车"，他们前进的步伐更快、更稳了，他们成长的姿态更舒展、更昂扬了。

迎向未来

进入新的历史时期，面对我国海洋安全和海洋利益拓展的重大战略需求，海洋水下信息体系建设迎来了前所未有的机遇和挑战。

海洋领域的诸多要素环环相扣。海洋信息技术创新研究院正在"集结战队"，准备打一场硬仗。

水声通信主要依靠声波，而水下声波的传播深受海洋环境变化的影响。若对海洋环境缺乏认识，后果将不堪设想。例如，一次海洋灾害就能给深潜器带来毁灭性的破坏。

南海所研究员尚晓东所带领的团队，既是"海洋监测员"——提供物理海洋环境的可靠数据，如温度、盐度、深度、流速、潮汐、内波等，同时也是"海洋预报员"——预报下一时段海洋环境会如何变化、如何影响海洋环境信息。他们为水声通信系统中声场的变化提供可靠数据，从而更好地服务于声呐等应用。

此外，沈阳自动化所在深海自动航行和悬停定位、安全系统控制等方面的自主创新，都是"中国制造"挺进深海的关键支撑力量。

在此基础上，声学所、沈阳自动化所、南海所、深海所等单位，联合院内外多家单位，进一步发挥"集中力量办大事"的优势，共同承担国家

率舞潮头 先帆竞发 中国科学院研究所分类改革纪实

重大任务，建设海洋环境观测系统。该系统可实现对海洋内部过程及其相互关系的大范围、全天候、综合性、长期、连续、实时的高分辨率和高精度的观测，建成后将成为我国长期开展海洋科学观测与试验的重要基地，推动解决海洋前沿科学和工程问题，为海洋资源开发、环境监测、海洋灾害预警预报等国民经济战略急需提供支撑。

研究所分类改革是中国科学院面向未来全面深化改革的突破口，也是牵动其他各项改革的"牛鼻子"。第一批试点机构既是"政策特区"，也是创新的"试验田"。

令王小民欣喜的是，近两年，沈阳自动化所的机器人与智能制造创新研究院、深海所的深海技术创新研究院，以及南海所的南海生态环境工程创新研究院相继筹建。海洋信息技术创新研究院建立的章程规范、制度体系、组织框架等治理模式为之提供了借鉴。

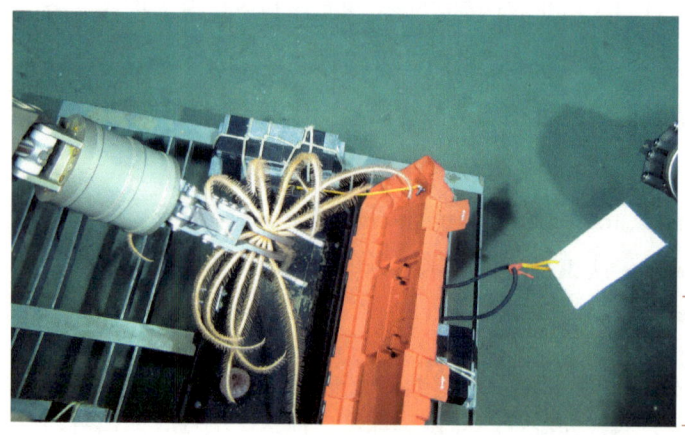

沈阳自动化所主导研发的机械手抓取水下生物

中国大洋矿产资源研究开发协会办公室主任刘峰表示：中国科学院的改革始终走在前列，发挥着引领作用，而海洋信息技术创新研究院就是非常典型的案例。

如今，海洋信息技术创新研究院已经进入稳步发展阶段。人多了，场面大了，基础设施加强了，制度体系基本构建了，科研经费也在逐年增长……

"接下来是什么问题？"总结经验，王小民认为是"围墙拆得还不彻底""凝聚力还不够强"。

"海洋信息技术创新研究院是非法人、网络化、矩阵式组织架构,尽管有在矩阵节点上的各单元共建协议,但节点之间的网络需要进一步凝固和加强。"王小民说。

王小民对2019年海洋信息技术创新研究院的发展方向已经有了明确的思路,即重点支持基础前沿研究项目,系列部署一个大项目,取各家之长,组织讨论几个定向性的基础研究方向,共同做一件有意义的大事。

王小民认为,高技术类创新研究院要干的事情应该是——以基础研究为先导,以高技术研究和成果转移转化为驱动力与落脚点,满足国家重大战略需求,让成果用得上、靠得住。"在提质增效的新阶段,一定要突破学科引领的老路子,走出任务领域引领的新前景!"

2019年1月底,南纬37度海域。"深海勇士号"载人潜水器战胜了"魔鬼"西风带的险恶海况,胜利归来。而它那条铜黄色的机械手臂,还小心翼翼地环抱着一件稀世珍宝——明艳欲滴、繁枝错节的红珊瑚。

海洋怀抱着无尽珍宝,蕴藏着无穷秘密。面对浩瀚无垠的大海,海洋信息技术创新研究院将以海纳百川的胸怀、海阔天空的格局,锻造开启蓝色宝箱的钥匙,开辟一项波澜壮阔的科技事业。

(韩扬眉、李晨阳撰文;原文刊发在《中国科学报》2019年5月14日第4版,有删改)

"机"动人心

——中国科学院机器人与智能制造创新研究院改革纪实

2015年,中国科学院沈阳自动化研究所(以下简称沈阳自动化所)联合中国科学院合肥物质科学研究院(以下简称合肥研究院)、中国科学院宁波材料技术与工程研究所(以下简称宁波材料所)等优势力量,筹建中国科学院机器人与智能制造创新研究院(以下简称机器人与智能制造创新研究院)。

沈阳自动化所被誉为"中国机器人的摇篮",曾培育出一代代标志着国内当时最高制造水平的机器人。如今,乘着中国科学院"率先行动"计划研究所分类改革的东风,在创新研究院的框架下,这支"海陆空"机器人兵团即将跃向一个更高远、更开阔的平台。

如果说机器人是"制造业皇冠顶端的明珠",是尖端技术与悠悠匠心凝聚的美玉,那么机器人与智能制造创新研究院则像一只吐珠纳玉的巨蚌,在改革大潮中,不断孵化出国家机器人创新中心、交叉创新中心、行业联合研发中心、科教融合基地等一系列崭新平台,酝酿着下一代机器人和智能制造的技术革命。

你看,研究室里一个个机械巨人正在翘首以盼,等待着投身更广阔的新天地。

一个长方形水池,长20米、宽15米、深10米,水色如墨。一眼看去,不知里面藏着什么。就在这方小小的水池里,"游"出过许多大名鼎鼎的水下机器人:"海斗号""海星号""海翼号""探索号""潜龙号""龙珠号"……

然而，随着我国水下机器人的发展要求进一步提升，这片水面已然显得太过逼仄。沈阳自动化所的水下机器人研究室里，一个个庞然大物正等待着投身更广阔的水域，更鳞换角、振鳍摆尾，游出一片新天地。

这个时刻不会太远。

"海翼号"水下滑翔机　　　　　　　　"海斗号"自主遥控水下机器人

"扩"出新天地

十几千米开外，一个10万平方米的崭新园区已进入竣工验收阶段。其中一座试验水池长100米、宽24米、深15米，未来的水量将高达3万吨。

"我们非常期待在更宽敞的空间里测试水下机器人的性能。"沈阳自动化所水下机器人实验室主任李智刚笑道，"之前的老水池用了30年，也该换了。"

不光是水下机器人等着"跃龙门"。沈阳自动化所工艺装备与智能机器人研究室助理研究员陆莹也在热切期盼着新园区的落成，到时他们会有更好的工作环境和更多的实验设备。

几年来，这个研究团队攻克多重难关，掌握了飞机发动机叶片和整体叶盘激光冲击强化工艺，并研发出相关智能装备，大大提升了航空发动机关键部件的抗疲劳、抗腐蚀、耐磨损性能。目前，他们的产品已服务于国内多家制造企业。

这些成果都出自一间狭小的实验室，这里只放得下一套激光冲击强化设备，研究工作繁忙时就显得捉襟见肘。不久之后，新园区的科教融合基地将配置一套更先进的新装备，同时用于科学研究、学生培养和对外展示。

大家心心念念的这个"新园区"有一个响亮的名字：中国科学院机器人与智能制造创新研究院。

2015年，沈阳自动化所积极贯彻中国科学院"率先行动"计划，推进分类改革，通过"总部+分部+联合实验室"的形式，以沈阳自动化所为核心，联合合肥研究院、宁波材料所等优势力量，筹建机器人与智能制造创新研究院。同年9月，中国科学院、辽宁省、沈阳市签署了共建协议，三方对机器人与智能制造创新研究院建设所需的土地、政策、资金、人才等分别给予了支持。2017年12月，机器人与智能制造创新研究院通过验收，进入正式运行阶段。

过去数十年间，沈阳自动化所孵育出的一代代机器人，上天、行地、下海，活跃于各个领域、各个区域。如今，乘着中国科学院"率先行动"计划研究所分类改革的东风，在机器人与智能制造创新研究院的框架下，这支"海陆空"机器人兵团即将跃向一个更高远、更开阔的平台。

机器人与智能制造创新研究院的"创新"自然不仅在于"开疆拓土"。"今天的科学是协同创新，而非单点创新。当今国家真正的重大需求，需要的也是多学科交叉融合。"机器人与智能制造创新研究院院长、沈阳自动化所所长于海斌说，"这就需要把一个领域的创新链构建好，与整个社会的创新网衔接好。"

"过去，沈阳自动化所的强项在于系统整机集成和部分单元技术，沈阳自动化所人引以为豪的就是不仅能产出新原理样机，也可以直接服务行业需求。但要更好地满足国家需求、服务国民经济，就需要把握市场脉络，补全创新链条。"沈阳自动化所综合办公室主任王明辉说。

经过对国内外体制改革经验的学习和思考，也经过自身的一系列探索和实践，机器人与智能制造创新研究院聚合多方资源，围绕产业链部署创新链，初步实现了"科学研究、工程应用、检测评估、标准制定"四位一体的开放式创新布局。

"融"出新机遇

在处处闪烁着金属光泽的生产车间里，重达数吨的大型功能舱段正在对接。一边的舱段上有4个销子，另一边的舱段上则是有4个销孔，双方就像能看到彼此一般，调整着相对位置，最终准确地对接在一起。整个过程，现在仅仅需要几分钟。在这项自动化技术出现之前，同样的工作需要4个有技术、有经验的工人花上很长时间才能完成。

沈阳自动化所智能产线与系统研究室主任徐志刚的目标，就是把这些工人"赶出"生产车间。

这位笑容爽朗的东北大哥怎么这么"残忍"呢？

"因为这些生产过程存在极大的危险性。目前我国还有数万人在做这样的工作，我们亟须减少危险作业场所的人员数量，解放劳动力！"徐志刚说。

在他们设计的诸多生产线上，已经看不到工人忙碌穿梭的身影，"钢铁巨人"之间配合默契、交接顺畅。在流水链条末端，一件件成品平稳有序地下线。

徐志刚和同事用一次次艰辛的探索实现了"危险工位的无人化生产，恶劣环境生产人员数量减少75%以上，产品性能一致性率达到99%以上"的重大突破，为危险品行业的智能制造转型升级和安全改造工程提供了先进的技术保障。

"曾经，危险品制造业是一个我们难以进入的行业。除了特殊行业的固有壁垒外，我们对他们的工业需求也不甚了解。"于海斌回忆道。

在筹建机器人与智能制造创新研究院的过程中，于海斌等开展了一项重要工作：深入调研与制造相关的几大行业，针对行业实际需求提出具有独创性的解决方案。这些基于科技创新的点子对企业颇具吸引力，由此签订了一系列战略协议。

"机器人与智能制造创新研究院的成立，给研究团队提供了更高的起点，也提升了行业对我们技术的认可度，为我们进入这个特殊领域奠定了基础。"徐志刚说，"此外，智能制造是一项复杂的系统性工程，涉及多学科、多领域。得益于机器人与智能制造创新研究院机制下各研究团队间更紧密的融合，我们积极与网络、管控等相关团队合作，共同争取项目，形成了一体化的技术和全套的解决方案。"

自机器人与智能制造创新研究院筹建以来，徐志刚体会到了小火箭般的快速发展。短短几年，他的团队人员数量从个位数发展到数十人。即便如此，大家还是觉得人手不够，因为人员数量增长的速度远远比不上订单涌来的速度。

2016~2017年，徐志刚团队度过了最忙碌的一段时光，许多企业都来找他们做整体方案论证。"一口气接了这么多科研任务，你们干得过来吗？"于海斌忍不住关切地询问。

目前，徐志刚团队已经建设了多个示范工程，使国内数家工业集团研制的多套生产线成为行业样板工程，在创新研究院框架下与国内多家大型龙头企业签署了战略合作协议。

"今年将是我们爆发的一年。"徐志刚面露自豪。2018年他们签了8000余万元的合同，2019年的合同总额可能突破亿元大关。

"合"出新局面

刘连庆本科学的是自动化专业，一路走来初衷未改。可是近年来，这位机器人学国家重点实验室副主任、沈阳自动化所机器人学研究室主任，开始"无可救药"地迷恋上动物世界。

"蒙上响尾蛇的眼睛，它依然可以精准捕获猎物，因为它有一个特殊的结构，能通过蛋白质的折叠和离子通道的触发感知红外线。"谈起这些，刘连庆眼中闪烁着光芒。

响尾蛇的颊窝面积只有1平方毫米，却能觉察环境中0.001℃的温度变化，从而灵敏地发现猎物。目前的商用红外感知器件依靠电子跃迁进行检测，不仅需要大体积的冷却系统辅助，而且很难达到响尾蛇的感知精度和频谱宽度。

"依靠'光、机、电'运行的机械，无法模拟这种精巧的生物活性机制。那我们的出路在哪里？"刘连庆说，"把生命系统融合进机电系统里！"

他们和中国科学院成都生物研究所、中国科学院上海药物研究所和中国科学技术大学合作，把光敏感生物蛋白转入模式细胞，使其获得感光能力。

当你举起一台照相机时，能否想到在它的金属外壳下竟然藏着活生生的细胞，带着生物数千万年的进化记忆，正感知着外界的明暗冷暖呢？

"当今机器人'进化'的两大推动力量，一是载体材料，二是仿生机制。"刘连庆说。

机器是刚性、固定的，生命是柔性、生长的。当前，机器人正处于一个从"更像机器"到"更像生命体"跨越的历史阶段。刘连庆研究的类生命机器人，就是通过生命系统与机电系统在细胞和分子尺度上的融合，实现感知、思维、能量转换和驱动的新一代机器人系统。

机器人学国家重点实验室有这么一支队伍，在蜻蜓扇动了5亿年的翅膀里，寻找能让航天器减重提效的秘密；在啄木鸟脑震荡免疫的结构中，探索让机器人在巨大震动中安然无恙的方法；在鲅鱼具有超强摩擦的口腔结构里，寻找减少手术机器人接触损伤器官组织的方式……

但要把这些层出不穷的创想变成现实，又怎能缺少学科和机构间的交叉合作呢？

"得益于创新研究院的体制架构，我们与中国科学院上海药物研究所、中国科学院上海生命科学研究院、中国科学院成都有机化学有限公司、中国科学院苏州纳米技术与纳米仿生研究所（以下简称苏州纳米所）、中国科学技术大学等机构都开展了卓有成效的合作。"刘连庆说,"机器人与智能制造创新研究院筹建后,在合肥研究院、宁波材料所设有分部,进一步满足了我们的合作需求。"

目前,刘连庆正跟合肥研究院、苏州纳米所联合开发一种模仿人类指纹结构的微纳类生命传感器。凭借超灵敏的触觉感知,这种传感器有望突破远程医疗"望、闻、问、切"的最后一道难关——"切",也就是手摸触诊。在不远的未来,当一些偏远地区发生公共安全事件时,亟待救治的受灾者将能获得该技术提供的远程把脉和遥控包扎等服务。

"中国科学院在对四类机构改革提出的要求中,特别强调创新研究院要实现机构间的深层次合作。"于海斌说。

沈阳自动化所具有成体系的技术架构,合肥研究院精于传感器的研制,宁波材料所擅长力矩电机和精细驱动。几家各显其能,实现了不同法人单位心向一处聚、力往一块使的局面。

近年来,沈阳自动化所分别与宁波材料所、合肥研究院合作完成了中国科学院重点部署项目"下一代工业机器人关键技术及系统开发""特种机器人研发"。同时,通过设立机器人与智能制造创新研究院自主部署项目,沈阳自动化所与合肥研究院、宁波材料所在协作型双臂机器人、手术机器人、软体机器人等领域开展了联合研发工作。

"创"出新规则

在"四位一体"的架构中,如果说"科学研究+工程应用"还算是不少科研机构的标配,那么,检测评估和标准制定无疑是创新研究院的重要特色之一。

"我国机器人行业在快速发展中出现了'高端产业低端化'的趋势,以及投资过剩、低水平重复建设等隐患。这样下去,不仅会浪费大量人力、物力和国家资源,也会对整个产业生态产生不利影响。"于海斌说,"那么问题来了,我们怎么判断一个产品是'好'机器人还是'坏'机器人呢?"

2015年1月，机器人与智能制造创新研究院获批筹建国家机器人质量监督检验中心（辽宁）（以下简称国检中心），其成为国内首家获批筹建的机器人质检中心；同年，机器人与智能制造创新研究院在国家发展和改革委员会的支持下承建国家机器人检测与评定中心（沈阳）（以下简称国评中心），这是一个集机器人产品检测认证、标准制修订、科研开发等功能于一体的第三方高技术公共服务平台。"这对我们来说也是新生事物，与以往30余年的机器人研发工作完全不同。"国检中心主任吴镇炜说。

机器人产品检测实验室在我国是行业空白，技术储备和测试经验长期以来十分欠缺，没有形成系统的测试标准、方法和检测设备等，也没有相关经验可以借鉴。最初，吴镇炜等人只能摸着石头过河，一步一步解决人才队伍、建设资金、检测方法、检测设备、试验场地、质量体系等一系列难题。

在机器人与智能制造创新研究院的部署下，吴镇炜和另外两位同事李志海、钟华一起撰写了申请报告，争取到国家发展和改革委员会的项目支持，解决了建设资金难题。随着新园区检验检测认证中心实验大楼拔地而起，试验场地也得到了保障。

软件的积累比硬件的筹措还要艰难。几个人从参加培训开始，学习和借鉴沈阳产品质量监督检验院的相关质量体系文件，经过消化吸收，利用半年多时间，终于编制出国检中心第一版符合国家认证认可监督管理委员会、中国合格评定国家认可委员会检测实验室管理要求的《质量手册》和《程序文件汇编》，材料足足装满了一个1.8米高的铁皮卷柜。该套质量体系文件成为指导国检中心机器人检测工作有效运行的重要基础。

在他们的不懈努力下，国检中心和国评中心先后顺利竣工，通过验收。

如果说检测是机器人必须通过的一场考试，那么标准就是指导机器人"成长"的"教育大纲"。刘连庆说："制定机器人产业标准迫在眉睫。标准是技术的更高形态，是规范市场、淘汰落后产能的重要手段。这是一项公益事业。"

2015年9月，国家机器人标准化总体组成立，在我国机器人标准化工作中承担统筹协调、规划布局的角色。机器人与智能制造创新研究院成为总体组秘书处单位，刘连庆担任秘书长。

2017年，在深入研究国家政策和标准体系的基础上，刘连庆组织编撰了《中国机器人标准化白皮书（2017）》和《国家机器人标准体系建设指南》，用来指导机器人产业的标准化工作。

目前，机器人与智能制造创新研究院自主研发的面向工业过程自动化的工业无线网络（wireless networks for industrial automation process automation，WIA-PA）技术标准和面向工厂自动化的工厂自动化工业无线网络（wireless network for industrail automation-factory automation，WIA-FA）技术标准，已成为国际电工委员会（International Electrotechnical Commission，IEC）认可的正式国际标准，不仅为中国在智能制造领域争取到国际话语权和竞争优势，也为建立我国自主工业无线技术体系奠定了基础。

"凝"出新人气

岁月如梭，转眼间，沈阳自动化所走过了60余个春秋。这个"中国机器人的摇篮"，培育出一代代标志着国内当时最高制造水平的机器人。

如今，它已悄然发生了巨变，从单一研究所体制变成了创新研究院建制，从孕育新生的摇篮变成了专业齐全、实力雄厚的"大学"。

它培育出的机器人和智能制造产品，技术更加成熟，性能更加优异，品类也更加全面：从谱系化的海洋机器人到尖端化的空间机器人；从应用于工业现场的各类智能制造生产线到备受关注的"工业4.0"示范线；从危险环境中大显身手的特种机器人到令人无限遐想的类生命机器人……

但是不要忘了，再聪明的机器人背后也是更加聪明的活生生的人。在整个东北人才流失的大环境下，机器人与智能制造创新研究院同样面临着如何吸引人才、留住人才、用好人才的问题。

南极科考机器人

地震救援机器人

机器人与智能制造创新研究院筹建以来，于海斌也在苦苦思索着增强人才向心力的问题。他们为此改革了人才考核和评价机制，把初级、中级和高级职称细分为多个级别，弱化熬年头、论资历的传统职称评定，让表现好、贡献大的人脱颖而出、劳有所得；对已经获得研究员正高级职称的人员，增加骨干研究员评定，为表现突出的研究员适当提高待遇……

值得一提的是，机器人与智能制造创新研究院在年轻骨干中择优选拔项目研究员。在聘期内，项目研究员可以研究员身份参加科技项目、指导或协助指导研究生、开展国际交流与合作。

2018年1月，38岁的副研究员刘意杨在激烈的竞争中脱颖而出，入选第一批项目研究员。不久后，他便牵头申请到工业和信息化部一个1000万元经费的重要项目。"这些项目对申请人的职称都有要求。可以想象，如果没有项目研究员制度，我就与这个机会失之交臂了。"刘意杨说。

对于像刘意杨一样的年轻人来说，有了项目研究员的头衔，就意味着有了更广阔的空间和舞台。这项制度实施一年多来，大部分项目研究员都凭借出色的成绩晋升为正式研究员。"这是一个良性循环。"于海斌笑道。

"制度留人"之外，更要"事业留人"。李智刚清楚记得，以前大家做研究多是各自为战，倾向于"接一些小活、散活，赚一点小利润"。但机器人与智能制造创新研究院成立后，科研人员开始向能产出重大成果的项目聚焦，争相去做那些更有前瞻性和挑战性的工作。

"机器人与智能制造创新研究院改变了考核标准，如果再做那些没有技术含量的事情，会失去对未来发展机遇的把控。"李智刚说。作为室主任，他明显感到压力大了、责任重了，但同时也觉得这份事业更有奔头了。

徐志刚常开玩笑说："我们的坐标在沈阳，但节奏堪比深圳。"课题组里的副研究员王义军有过1个月连轴工作没有休息日的记录。王义军说："加班加点是经常的，因为我们的工作不努力就做不成。"后来，徐志刚担心大家身体吃不消，只好"强迫"他们周日必须休息。

快节奏没有把人吓跑，反倒吸引了不少年轻人加入。在徐志刚的团队里，"80后"和"90后"分别占到了46%和38%。在动辄需要数年完成的项目进程中，极少有人中途"退群"。

最后不得不提的当然是"待遇留人"。2015年，中国科学院与辽宁省、沈阳市共同出资支持机器人与智能制造创新研究院的基础建设；深海机器人装备、智能制造等方向获得充足的经费支持——大量资金的涌入，让机器人与智能制造创新研究院的软硬件配置大幅提高，用于人才激励的经费也更加充足。更重要的是，随着机器人与智能制造创新研究院科研和应用能力获得各部委及行业的认可，越来越多的重大项目在此落地开花，科研人员的日子过得越来越红火。

习近平总书记在2014年两院院士大会上将机器人称为"制造业皇冠

顶端的明珠"。[①] 机器人与智能制造创新研究院就像一只吐珠纳玉的巨蚌，在中国科学院"率先行动"计划的改革浪潮中，孵化出国家机器人创新中心、交叉创新中心、行业联合研发中心、科教融合基地等一系列崭新平台，酝酿着下一代机器人和智能制造的技术革命。

这是一个剧变的时代，改革的呼声无处不在。但于海斌说，他不喜欢总把"改革"两个字挂在嘴边，而是喜欢"有序地改、实实在在地干"，把"一件一件的事情做起来"。

这场略显低调的改革，效果究竟如何？"这么说吧，最开始大家不一定觉得需要改革，但一步步走来，今天再看，我们真觉得这条路走对了！"李智刚说。

（李晨阳撰文；原文刊发在《中国科学报》2019年6月14日第4版，有删改）

[①] 习近平. 习近平在2014年两院院士大会上的讲话. 新华网［2014-06-09］.

擅弈能源之棋

——中国科学院洁净能源创新研究院改革纪实

> 能源是一局大棋，擅弈则利国利民。然而，现有能源体系中的各个分系统不仅相对独立、缺乏联系，还存在许多结构性矛盾。
>
> 多年来，中国科学院大连化学物理研究所（以下简称大连化物所）期待我国能加强顶层设计，整合国内能源领域的优势力量，构建起一个国家能源新体系。而2017年开始建设的中国科学院洁净能源创新研究院（以下简称洁净能源创新研究院），就是其中一项积极的探索。
>
> 中国郑重承诺，到2030年，二氧化碳排放达到峰值，非化石能源消费占一次能源消费比重达到20%；到2050年，非化石能源消费占一次能源消费比重达到50%。
>
> 这是迫在眉睫的计划表，也是挑战重重的任务书，以洁净能源创新研究院为代表的中国能源科研机构正在探索建立有更强健能力、更完整覆盖和更交叉协同的全链条科技创新体系，正努力重整棋盘、再布新局，用"高精尖"的棋子，下出一盘"稳准妙"的大棋，为中国和全人类争取一个更加绿色、更有希望的明天。

能源是一局大棋，擅弈则利国利民。

在关系全人类命运的能源"棋盘"上，散布着一颗颗大小不一的棋子：煤炭、石油、天然气、风能、水能、光能、生物能源、核能……纵览全局，你会发现，三大传统化石能源依然占据绝对优势，为数众多的新能源虽然生命力旺盛，但始终偏居一隅。更令人遗憾的是，大多数时候，这些棋子都在各自为战，缺少纵横捭阖的全局战略和分进合击的协同战术。

"现有能源体系中的各个分系统不仅相对独立、缺乏联系，还存在许多结构性矛盾。"大连化物所所长、中国工程院院士刘中民说，"能源体系太大、太复杂了，常常是一个领域的专家完全不懂另一个领域的事，这对个人的能力也都提出了挑战。"

有着数十年煤化工、石油化工领域研究经历的刘中民，心中一直揣着这盘能源的棋局。他期待着我国能加强顶层设计，整合国内能源领域的优势力量，构建起一个国家能源新体系。在这条路上，大连化物所的步伐从未停下，而2017年开始建设的洁净能源创新研究院，就是其中一项积极的探索。

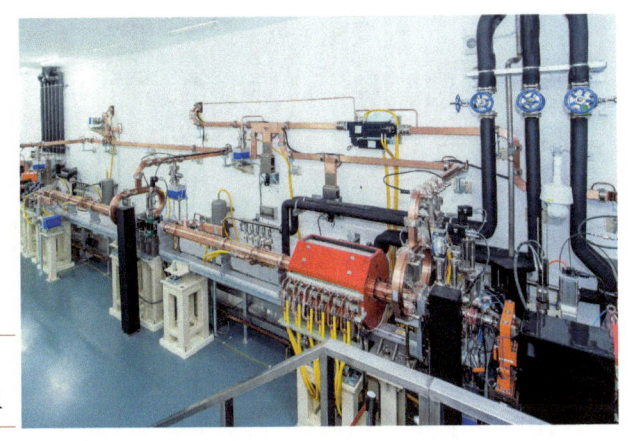

基于可调极紫外相干光源的综合实验研究装置

全国一盘棋

能源体系关乎国家命运，国家政策又反过来影响能源布局。对这一点，大连化物所研究员朱文良深有感触。

乙醇是世界公认的清洁燃料，具有无毒、可降解、含氧量高等特点。在大气污染问题日益凸显的今天，发展燃料乙醇的意义已毋庸置疑。

当前制备乙醇主要以粮食为原料进行，有可能造成"与人争粮"的局面。如果能用煤炭为原料生产乙醇，则可以避免这些问题，但这又有很大的技术难度。

作为一个人均耕地面积只有世界平均水平40%的人口大国，中国显然难以承载粮食燃料乙醇的大规模发展。2006年，国家收回了燃料乙醇项目的审批权，转而推动非粮燃料乙醇项目。然而，在煤炭制乙醇等技术取得突破进展的同时，相关的政策法规、标准制定却依然滞后。

延长石油10万吨/年合成气制乙醇工业示范项目

2017年1月，陕西延长石油（集团）有限责任公司（以下简称延长石油）10万吨/年合成气制乙醇工业示范项目产出合格的无水乙醇，成为煤基乙醇技术领域的全球领跑者。作为项目负责人的朱文良知道，这虽然是一个了不起的成就，但未来要走的路还需要国家政策的支持。

多年来，世界范围内尚未有成熟、经济的煤基乙醇技术。不是大家不想做，而是这件事情实在不好做。2010年前后，仅大连化物所就有4个团队在研发煤基乙醇技术。无声的赛跑、激烈的竞争，给每个人带来不小的压力。

2013年初，刘中民、朱文良研究团队率先攻克难关。看到实验成功的一刻，每个人脸上都洋溢着难以抑制的欣喜和自豪。

短暂的喜悦后，他们很快沉下心来，迅速投入后续工作中去。探索催化剂成型，研发适于工业放大的工艺技术，建设全流程生产线……最终他们和延长石油一起合作完成了相关工业示范项目，并且成功运行投产。两年多来，这条生产线保持着良好的运行状况和盈利能力，吸引了一拨又一拨企业前来洽谈合作。

"但就在这个节点上，我们胶着住了，大规模工业化进展缓慢。"朱文良说。现行的乙醇汽油国家标准都是针对生物乙醇提出的，全新的煤基乙醇则由于没有标准，一直处于"无标可依"的尴尬地位。

"实际上，煤基无水乙醇的各项指标完全符合燃料乙醇的要求，且成本从生物乙醇每吨 5500 元左右，降低到 3500 元左右。"朱文良说，"很多企业对煤基乙醇很感兴趣，但因为煤基乙醇尚没有被纳入国家燃料乙醇标准，政策不到位，所以观望者居多。"

"我国的煤炭资源占到化石资源总量的 95%，以煤为原料制取燃料，是弥补我国能源结构缺陷的重要途径。"刘中民说。在我国的能源体系中，类似这样亟待变革的问题还有很多。但是这些尝试改革的探索能否走得通，只靠技术是远远不够的。能源领域每个微小的变化，都牵涉到标准规范的制定、制度架构的重整、产业结构的转型乃至更大范围的洗牌。

"因此，要想构建国家能源新体系，就必须从顶层设计出发，布局实施能源领域重大科技任务；同时打造高端智库，开展统摄全局的能源发展战略研究，为国家政策制定和路线规划提供科学依据。"刘中民说，"这需要一个前所未有的、大规模的综合性研究机构。"

遣棋布阵

刘中民理想中的研究机构，是一个多学科交叉、全链条贯通的洁净能源国家实验室。从 2006 年科学技术部提出启动第二批国家实验室试点建设起，大连化物所就开始了国家实验室的筹建工作。与国内其他筹建中的国家实验室一样，洁净能源国家实验室建设也面临着重重挑战，来自不同系统的创新单元如何高效联动、优势互补，来自不同单位的各种人才如何顺畅交流、通力合作，都考验着制度设计的智慧和统筹管理的能力。

中国科学院"率先行动"计划启动实施后，研究所分类改革提出的"四类机构"的崭新概念，给大连化物所带来了新机遇、新灵感。作为四类机构之一的"创新研究院"，正是从顶层设计出发的，其整合相关科研机构或科技资源，牵头承担重大科技任务，解决重大科技问题。大连化物所的领导班子意识到，策划筹建一个洁净能源领域的创新研究院，将为探索洁净能源国家实验室建设储备宝贵的经验和资源。

2017年，在第7次中国科学院院长办公会议上，大连化物所报送的洁净能源创新研究院实施方案获得审议通过。同年10月，洁净能源创新研究院正式筹建。

创新研究院采取"1家依托单位+X家参与单位+N个合作团队"的发展模式筹建。与其他相似体制的创新研究院不同，洁净能源创新研究院的依托单位不是"1"，而是"1+1"。自2017年3月起，应中国科学院党组要求，大连化物所和中国科学院青岛生物能源与过程研究所开始了融合发展。

"刚刚接到两所融合的任务时，我们也有些困惑：一台计算机装两个操作系统，难道不会死机吗？"刘中民说。于是他们首先把两个研究所的所有规章制度重新检查一遍，做到统一标准、统一体系。在此基础上，用一套行政班子、两套党委和纪委班子，通过深化科技体制改革实现"1+1>2"的融合发展目标。

此外，在X的层面上，洁净能源创新研究院联合了中国科学院工程热物理研究所、中国科学院广州能源研究所、中国科学院山西煤炭化学研究所、中国科学院电工研究所、中国科学技术大学等院内10余家能源领域优势单位；在N的层面上，则积极拓展与行业领军企业的战略合作，集中建立示范和产业化基地，探索科技与金融融合发展的新模式……

从研究所到创新研究院的改革，是从单一部队到集团军的变革。"最大的挑战在于，怎么把这么多单位、这么多人联合起来做事情。"大连化物所党委书记王华说,"我们在实践中认识到,这种联合还是要落实在项目中人与人的合作上。"

于是他们把洁净能源创新研究院每年运行费的95%拿出来作为"合作基金",鼓励共建单位合作申请项目。也就是说,任何一个大连化物所的研究员要想申请到这笔经费,都必须和某个共建单位的人一起申报项目。

"没有一个人能单独拿到这笔钱。"王华笑着说。

大连化物所研究员吴忠帅是第一批申请到"合作基金"的科研人员之一,他和中国科学技术大学教授余彦共同申报了一项固态钠离子电池的项目。

"余老师团队近几年一直关注高性能钠离子电池的发展,已经取得了不少原创性研究成果,目前也在积极地将部分成果逐步推向产业化。"吴忠帅说,"我们团队聚焦于二维能源材料的研发,其中一些二维材料,如石墨烯、黑磷烯、二硫化钼等,有助于提高钠离子电池的比容量、安全性和延长使用寿命。"

"合作基金"的出现,将双方的合作落到了实处。"这对我们工作的帮助还是很大的,不光是因为拿到了一笔经费。更重要的是,能够充分发挥双方的长处,进行优势互补,共同围绕一个研究方向合作开展创新性研究。这种跨单位、跨领域合作,很好地拓展了我们的研究方向,通过这样的交叉合作正在产出一些更好的科研成果。"吴忠帅说。

2018年,洁净能源创新研究院从76份申请书中批准了首批24个"合作基金"项目,每个项目200万元经费。而2019年已经有181份申请书向科技处工作人员涌来。"可见去年的首轮尝试中,大家还是尝到了甜头。"大连化物所科技处处长肖宇说。

2019年申请"合作基金"项目的研究人员中,年轻人的比例特别高。但对很多初出茅庐的科研人员来说,他们的人脉和眼界还比较局限,并不知道找谁合作最合适。于是科技处特地增加了"牵线配对"的服务,根据申请者提出的合作需求,为他们在整个洁净能源创新研究院内寻找匹配的合作者。

别具一格的"合作基金"制度得到了中国科学院相关领导的肯定。在连续两年的创新研究院评估考核中，洁净能源创新研究院的成绩都是"优秀"，打分名列前茅。

全盘发力

2018年4月，依托于洁净能源创新研究院的中国科学院战略性先导科技专项（A类）"变革性洁净能源关键技术与示范"正式立项。洁净能源创新研究院以先导科技专项为抓手，全面推动体制机制创新，进一步为争取建设国家实验室而探索机制改革，巩固科研实力。

针对我国现有能源结构缺陷和发展趋势，该先导科技专项提炼出三条发展主线：化石能源清洁高效利用与耦合替代、清洁能源多能互补与规模应用、低碳化多能战略融合。围绕这三条主线，为构建清洁低碳、安全高效的国家能源新体系提供技术基础。

大连化物所研究员王峰的课题就属于第二条主线。经过长期探索，他们开发了一种利用光能驱动生物质制下游产品同时生产氢气和柴油的过程。这项技术符合开发可再生能源、减少化石能源使用、提升清洁能源比例的基本思路。

"生物质能源的开发利用非常重要，但面对的问题相当复杂。过去十几年这个领域经历过一个研究高潮，在此之后简单的问题都解决了，剩下的都是硬骨头，而愿意啃硬骨头的科研人员却在逐渐减少。"王峰说。

多年来，王峰和他的团队耐住寂寞，在那些"不好发文章"的领域里一次又一次攻坚克难。"总得有人啃硬骨头。"他说。他期待着，在洁净能源创新研究院乃至国家实验室自上而下的顶层设计中，人才能按需布局，在关键领域做重要的事情，将三条主线打造得更加扎实全面，将整个能源体系的大厦构建得更加坚固牢靠。

值得欣慰的是，洁净能源创新研究院正在各个领域、各个方向上布局着自己的人才储备。例如，与中国科学技术大学合作筹建化学物理学院；

与大连理工大学共建张大煜学院；与郑州大学共建绿色催化研究所；与大连市政府共建的中国科学院大学能源学院也即将迎来首批入驻的新生……多渠道的人才培养措施，将为能源领域的全方位发力持续输血。

洁净能源创新研究院还定期举办洁净能源高端论坛，在给国内外专家发去的每一封邀请函上庄重地署上"中国科学院洁净能源创新研究院"，让更多中外科学家了解洁净能源创新研究院，也让他们通过学术交流与交锋酝酿全新的合作机遇和发展方向。

2018年，洁净能源创新研究院与大连市签订大连先进光源预研项目合作框架协议。大连市政府在项目选址、建设资金上对项目予以支持。作为一个独具特色的综合性基础科学研究平台，大连先进光源建成后，将有力地推动能源化学、凝聚态物理、原子分子物理、结构生物学、先进材料等学科领域，以及相关高技术产业的精密加工和尖端制造的发展。

第二届洁净能源高端论坛

宝贵契机

朱文良有一个很深的感触："做科研，研究平台非常重要。如果平台不够大，研究成果就很难走出实验室向工业化转化。"

在创新研究院"1+X+N"的架构中，N正是那个帮助科学家和科研成果走出实验室、走向更宽广舞台的窗口。

大连化物所研究员邵志刚越来越体会到这扇窗口的能量。他们团队研发的质子交换膜燃料电池被认为是未来清洁汽车的最佳候选电源之一，与太阳能发电相结合的可再生氢氧燃料电池也是当前最具优势的储能发电再生能源技术。

2019年6月13日，在杭州举行的大众创业万众创新活动周上，参展的新一代车用氢燃料电池备受瞩目。中国广核集团有限公司、天津博弘化工有限责任公司……诸多国内知名企业纷纷抛来橄榄枝；加拿大国家研究院、美国普渡大学等国际知名科研机构也陆续前来寻求合作，邵志刚每天奔波于一个又一个的会面之间，成了大家眼里的大忙人。

2018年4月，洁净能源创新研究院大同转化基地成立。创新研究院和大同市、大同全科盟新能源产业技术研究院三方签署了共建协议。大同市素有"煤都"之称，近年来资源枯竭、产业落后、环境污染等问题日益严峻，如何推进煤炭资源清洁高效利用，促进煤炭产业科技成果转化，是摆在这座城市面前的关键问题。

洁净能源创新研究院看中了大同市这片土地的资源禀赋。除了煤炭储量丰富外，大同市还有大量风能，当地政府和企业也对发展清洁能源拥有极大的热情。未来，随着一系列科技成果转化项目在大同市落地生根，这里有望成为全国清洁能源多能互补的示范转化基地，展现崭新面貌。

除大同市外，有"中国能源中枢"之称的榆林市、以煤质优良易开采著称的六盘水市、积极布局氢能产业的苏州市……都正在或即将与洁净能源创新研究院共建集中示范和产业化基地。在这些基地内，洁净能源创新研究院的科技成果可以从上至下、一条龙实现产业化。

"我们的构想是把我国各个典型能源地区的模式，如资源、人口、市场等都分析清楚，然后提供有针对性的战略规划和技术示范。"刘中民解释说，"中国太大了，不可能用一套方案解决所有地方的问题。"

"中国太大了""能源领域太大了"……在接受《中国科学报》记者采访时，刘中民一次又一次谈到这些令人敬畏的"大"。他相信，面对"大"时代的"大"问题，需要"大"团队、"大"机构，需要把散落在各地的生力军汇成一支凝心聚力的集团军，需要从政府到企业、从资本到平台……争取一切可以团结的力量，共同迎接挑战，改变格局，闯出一片新天地。

在2015年举行的巴黎气候大会上，中国郑重承诺：2030年中国单位国内生产总值二氧化碳排放比2005年下降60%~65%，使二氧化碳排放达到峰值并争取尽早实现；非化石能源占一次能源消费比重达到20%左右。在《能源生产和消费革命战略（2016—2030）》中，中国更是明确提出2050年非化石能源消费占一次能源消费比重达到50%。

对每个能源人来说，这不仅是迫在眉睫的计划表，也是挑战重重的任务书，单纯依靠现有技术的累积性进步，几乎无法实现2050年的愿景目标。以洁净能源创新研究院为代表的中国能源科研机构，正在探索建立有更强健能力、更完整覆盖和更交叉协同的全链条科技创新体系，正努力重整棋盘、再布新局，用"高精尖"的棋子下出一盘"稳准妙"的大棋，为中国和全人类争取一个更加绿色、更有希望的明天。

（李晨阳撰文；原文刊发在《中国科学报》2019年7月26日第4版，有删改）

铸"铁军" 链"天路"

——中国科学院空天信息创新研究院改革纪实

> 人类生来就爱仰望天空。在科技竞争百舸争流的今天,空天信息技术已不仅仅是为了满足人们对这个世界的好奇心,更是国家硬实力的重要象征。
>
> 2017年7月,中国科学院决定整合其下三家空天领域的研究机构,组建一个新的创新研究院——中国科学院空天信息创新研究院(以下简称空天信息创新研究院)。这个研究院将聚焦解决"卡脖子"问题和关键核心技术的自主可控,前所未有地拉长中国在该领域的创新链条,锻造成中国科学院在新时期满足国家对空天信息领域重大需求的主力军。
>
> 12个园区、近3000名职工,新成立的空天信息创新研究院堪称中国科学院科研机构的一艘"航空母舰",其筹建工作充满了艰辛。但这个中国科学院内体量最大的科研机构却用一系列"四两拨千斤"的改革措施,啃下了一块块"硬骨头",顺利实现了转型过渡,不但在组织实施重大科技任务方面取得了显著成效,更凝聚了人心,在院内外产生了重要影响。空天信息创新研究院的改革经验,或许能成为中国科学院研究所分类改革中的一个样本。

2019年5月23日凌晨,在青藏高原纳木错地区,一群科研人员仰望着天上的一个小白点,发出了欢呼声。

7003米!新的世界纪录!

此时此刻，高寒缺氧、暴风雪、强太阳辐射、连续昼夜加班，全都无法影响大家激动的心情——第二次青藏高原综合科学考察中，中国科学家研制的系留浮空器新技术终于获得成功应用。

此时此刻的北京，空天信息创新研究院领导班子的心中更是充满欣慰——这个筹建仅1年多的新型国家级研究机构再次用实力证明，他们是一股能为祖国打硬仗的战略科技力量。

"从空天信息创新研究院的改革成效来看，该创新研究院是研究所分类改革的典范……为中国科学院近年成果井喷奠定了坚实的基础，是中国科学院贯彻落实中央经济会议精神、积极争取承担建设国家实验室的主力军和'压舱石'，也是中国科学院聚焦解决'卡脖子'问题的主要力量。"2019年3月，中国科学院院长、党组书记白春礼曾对空天信息创新研究院给予高度评价。

对科研院所的各项工作，中国科学院党组一向严要求、动真格，这样的溢美之词并不多见。那么，作为中国科学院体量最大、调整力度最大的创新单元，空天信息创新研究院改革成功的秘密到底是什么？

三亚卫星数据接收站

安逸里的危机

灾害应急响应、资源环境监测、国土资源调查……利用空间技术获取信息对地球进行观测，从来都是重大的国家需求。

随着国家综合实力不断提升，我国的空天信息技术已经由初期探索研究、跟踪世界先进水平，向自主创新、体系化建设、实现跨越式发展转变。卫星、机载遥感系统和北斗导航系统等空间技术实现了快速发展。目前，我国陆地观测卫星数据接收站网已覆盖我国全部陆海面积及亚洲70%的面积，接收技术指标达到国际先进水平。

对于中国科学院在空天领域的贡献，空天信息创新研究院院长、中国科学院院士吴一戎从不避讳："近年来，我国在空天信息领域取得了长足发展，这与中国科学院相关研究所的贡献是密切相关的。"

经过数十年的发展，中国科学院在空天领域开展了多学科、多平台的完整研究，其中的主要力量包括中国科学院电子学研究所（以下简称电子所）、中国科学院遥感与数字地球研究所（以下简称遥感地球所）和中国科学院光电研究院（以下简称光电院）等。

每个所都是大所、强所，舒服的小日子就这样继续过下去，在外人看来，这似乎是一个显而易见的选择。然而在中国科学院内部，从上到下，使命感和危机感却始终驱使着他们做出改变。

"我们国家的论文、专利这么多了，但还是有很多'卡脖子'的地方，仍然有许多'燃眉之急'和'心腹之患'，这是因为我们的创新链条还不够长，还有断的地方。"吴一戎坦言，"空天领域很多都是大项目、大工程，离不开团队作战。中国科学院这几家相关研究所虽然都做得不错，但因为体制机制的限制，很难站在国家层面上进行战略布局。"

这正是中国科学院"率先行动"计划的重要内容——研究所分类改革力求解决的问题。2017年7月29日，中国科学院院长办公会议审议通过，在中国科学院电子所、遥感地球所、光电院的基础上整合组建空天信息创新研究院。

空天信息创新研究院的整合，是中国科学院党组顺应党中央对科技机构改革的要求、实施"率先行动"计划、深化研究所分类改革的重要举措。而作为四类机构中创新研究院的新成员，空天信息创新研究院肩负起了面向国家重大战略需求，跨所、跨学科集中力量办大事的使命。

白春礼明确提出，空天信息对国家安全、国民经济和社会发展具有重大战略意义，涉及多项关键核心技术和"卡脖子"问题。整合院内优势力量，成立空天信息创新研究院，有利于打通空天信息技术链和创新链，形成良性循环和倒逼模式。这也是贯彻落实习近平总书记"必须推动空间科学、空间技术、空间应用全面发展"指示精神的重要举措。

可是，3个研究所，3套班子，3种运行模式，全国12个园区，在职职工加起来2800余人，在读学生1800余人……空天信息创新研究院的改革整合力度之大、覆盖专业之宽、科研领域跨度之大、涉及人员之多、影响范围之广都是前所未有的。那么，到底怎么合、怎么改、怎么建？

"整合我们三家研究所，院党组是下了很大决心的。"吴一戎说，"但这既然是科研人员的呼声，是中国科学院的需要，是国家的召唤，我们就一定得做好。"

他们决定从源头改起。

卫星雷达系统集成测试

党旗下的誓言

"空天信息创新研究院的改革是重大改革，我们理解，院党组决定组建空天信息创新研究院的初心，是想让我们建设'集团军'，组织大队伍，承担大任务。"空天信息创新研究院党委书记蔡榕说。

然而，改革千头万绪，困难多如牛毛，可以想象，整个空天信息创新研究院几千号人，如果大家的思想不一致，认识不统一，改革就很难顺利向前推进。因此，党组织的组织引领作用就显得至关重要。

"在空天信息创新研究院的改革中，党委的改革是走在最前面的，这是我们较为特别的一项举措。"蔡榕说。

很快，三个研究所原党委撤销，合并为一个空天信息创新研究院党委。新的党委班子得以以最快的速度进入状态，开展工作，确保中国科学院党组各项决策和工作部署得到及时贯彻落实，实现了党建工作与改革发展、科技创新工作的有机结合、相互促进。

事实证明，党委领导班子先行一步，对凝聚思想、稳定军心起到了关键作用。

一方面，空天信息创新研究院党委实际参与和具体指导了改革的全过程，通过10余次民主生活会、党委联席会、书记例会，38次基层党组织实地调研等活动，广泛征求职工意见建议，加强了对改革决策及规章制度的持续优化和改进。

另一方面，基于机构设置，空天信息创新研究院各党总支、直属党支部陆续组建完成，支部书记均由部门正职或副职担任，并通过支部书记培训与学习交流，切实加强基层党组织建设，充分激发了党支部在改革中的战斗堡垒作用。

"说实话，刚听说我们要改革时，大家的心里是忐忑的。"空天信息创新研究院办公室主任陆鸣坦言，"但党委班子经常跟大家沟通，找大家谈话谈心，让我们理解改革的意图是为了更好地发展，慢慢地，大家都发自内心地支持改革了。人心齐了，改革也就顺畅多了。"

2018年4月28日，中国科学院任命了空天信息创新研究院领导班子。14名班子成员在党旗的见证下，开启了空天信息创新研究院的建设征程。

领导班子到位后，按照"统一目标、统一领导、统一建设、统一资源、统一管理、统一评价"的要求，立即开展各项基础性建设工作。

在"六统一"的指引下,领导班子的心凝聚到一起。他们的信念只有一条——把空天信息创新研究院建设好,在空天信息领域承担国家基础性、战略性和系统性重大任务,提出并组织国家空天领域重大科技计划,建设和运行国家相关重大科技基础设施,解决国家重大科技问题,获得有国际影响力的研发成果。

当然,任务也是前所未有的繁重。

2018年是空天信息创新研究院的筹建、开局年,从4月到12月,领导班子召开了院务会议16次,审议事关改革发展的各项议题超过280项;同时,还建立了管理部门协调会、重大专题工作组等机制,完成各项重大、交叉性、综合性管理专项任务,出台并实行50余项新制度。

"领导班子做了很细致的工作。"陆鸣感慨,"不管是大会小会,他们都会参加,反复跟大家讲,国家科技发展有什么样的需求,为何院里会下决心开展改革,空天信息创新研究院成立后要怎么运行,等等,慢慢地,大家心里都有了底,也知道该努力的方向了。"

国产首架"新舟60"遥感机正式交付空天信息创新研究院

难啃的"骨头"

领导班子上任后,第一件事就是对管理部门进行快速融合。

空天信息创新研究院整合后,园区遍布全国。除了在中国科学院北京新技术基地、中关村、奥运园区、怀柔、顺义、密云的6个园区外,空天信息创新研究院还有江苏苏州、海南三亚、新疆喀什、内蒙古四子王旗、河北怀来、辽宁营口等6个园区。

于是,2018年6月2日,空天信息创新研究院院务会决定实行管理部门集中办公;10日,全院200余名管理人员就全部从各个园区搬入了北京新技术基地。

空天信息创新研究院院长助理、教育处处长卢葱葱在中关村上了20年班,如今却要到离家较远的北京新技术基地上班。她承认,一开始确实有不适应的地方。

"的确,很多人的工作节奏都需要调整,但大家都很理解。只有我们在一起了,才能形成合力。"卢葱葱说,"其实我们也能感受到领导的用心,给我们增加了班车车次,就是为了方便大家上下班。"

物理上的分隔消除后,接下来就是管理机制的融合。经过研究讨论,空天信息创新研究院根据业务特点,设置了14个管理部门,整合成一套统一的管理机构。

思路是好的,但大家都明白,这绝不仅仅是一纸文件就能"搞定"的事情。人的工作,在哪里都是一块"硬骨头"。比如,原来三个所的管理机构要合并成一个,三个处长只能留一个,剩下的两个怎么办?

这样大的变动,产生思想上的波动是人之常情。以财务处为例,竞聘结束后,有一个所的处长变成了副处长。

"这名同志其实很优秀,资历很高,到外面都能当专家的。虽然她能理解这是改革必需的,但写在履历上,从处长变成了副处长,总归是不好看。"蔡榕说,"自己非常理解这名同志的心情,所以多次找她谈心,也积极为她寻求业务上发展的机会。"

后来，空天信息创新研究院承担的中国科学院战略性先导科技专项聘用了这位副处长担任总会计师，她的才能得以在重大科研任务中继续施展，心里的结也慢慢解开了。

再如，空天信息创新研究院这么大，如何能有条不紊地运转，还不让工作人员"跑断腿"呢？

"空天信息创新研究院这么大体量，我们给自己定的任务是，管理层级不能增加，管理效率还要提高。绝不能因为我们合并了，给科研工作增加管理环节。"蔡榕说。

但是，科研管理的工作量一下子变成了原来的三倍，也是个不争的事实。

领导班子感到，要化解这个矛盾，必须搞信息化！

空天信息创新研究院整合伊始，效率中心先行成立。几个园区之间纸质文件的流转，由效率中心统一流转，减少了大家在几个园区之间跑腿。但由于签字、流转涉及多个部门，科研人员反映"还是太慢"。后来，空天信息创新研究院引进的信息流转智能管理系统大大提高了效率。这个柜子类似于"丰巢"，文件走到哪一步了，就放到哪个格里，大家一目了然。系统引进后，大家的反响都很好。

电子化的文件，充分利用了移动办公的技术优势。吴一戎和班子成员的手机上都安装了企业微信，相关工作人员都在群里，文件审批、申请用车、用印审批，通过企业微信就能全部搞定。以往为一个签字跑好几天的现象，再也没有发生过。

"石头之间挨得再近，也是会有缝隙的。"卢葱葱感慨。但推心置腹的沟通，逐渐填平了这些缝隙；而人性化的管理制度又像黏合剂，把三个所牢牢粘在了一起，变成了坚不可摧的"铁军"。

空天信息创新研究院的"历史责任"

吴一戎在电子所工作了30余年，有时候到中关村办事，还能碰到电子所原来的一些老先生跟他打趣。

"你小子，怎么把电子所弄没了啊？"

这虽然是句玩笑话，但吴一戎却记在了心里："我不能既把电子所弄'没'了，又把空天信息创新研究院办砸了。如果只是合并了但没有什么发展，我们是要承担责任的。"

吴一戎很清楚，空天信息创新研究院既要对几千名科研人员的前途负责，又要对中国科学院党组的信任负责，更要对国家空天信息领域的长远发展负责。而这一切的核心，就是要搞好科研工作。

对此，空天信息创新研究院科技处处长周翔深有感触。在工作总结中，他曾写下这样一段话：在2018年，空天信息创新研究院一手抓改革，一手抓科技创新，以争取大项目、组织大任务、推进大成果产出为根本任务，确保科技任务的争取和落实，推进各项科技创新工作稳定开展，取得了一批有显示度的成果。"站在三个所的肩膀上，集空天信息创新研究院之合力办大事，是空天信息创新研究院科技工作的重点。"

"嫦娥四号"
测月雷达天线电装

在满足国家重大需求方面，空天信息创新研究院圆满完成了"嫦娥四号"测月雷达、低频射电频谱仪两型载荷任务；"鸿鹄专项"精心策划组织了多次大型实验，开局良好；综合智能终端得到国家领导人的高度评价；为北斗导航系统提供试验验证、示范推广支持及空间行波管器件、电磁增量载荷等器件和设备；开展了国家民用空间基础设施数据接收系统和共性应用平台的建设；大科学装置用速调管取得突破性进展，参与托卡马克装置1亿℃试验，指标高于目前国际报道的最高水平；圆满完成了国内外29颗对地观测和空间科学卫星的数据接收任务。

在服务国民经济主战场方面，空天信息创新研究院苏州研究院正式启用，海南研究院、粤港澳大湾区研究院相继建立，在全力服务区域经济社会发展的同时，努力培育新的增长点。

在扩大国际"朋友圈"方面，空天信息创新研究院国际科技组织、国际合作研究及人才交流与培养、技术涉外推广与转移等工作不断推进，牵头推进的"数字丝路"国际大科学计划影响日益重大，牵头亚洲大洋洲区域综合地球观测系统的建设，筹建北斗国际开放实验室，拓展面向"一带一路"北斗系统成果的推广和应用普及等。科研人员也开始深入思考如何率先建设国际一流的科研机构，与国内外合作伙伴一起，共同发展空天信息技术，解决重大科学问题，服务全球可持续发展。

对为何在如此短的时间内能产出如此多的重大成果，空天信息创新研究院航空遥感中心主任潘洁是深有体会的。她所负责的这个部门，是由原来遥感地球所和电子所中的两个部门整合而成的。

"原来两个部门都是围绕国家大科学装置航空遥感飞机开展工作的，但定位不同，一个是建设，一个是运行。"潘洁说，"大家彼此之间虽然有很多合作，但建用不合一，总会产生各种问题。"

新的部门成立后，飞机用户在集成测试阶段就开始全面介入，大家的信息对称了，整个装置研发过程少走了很多弯路。"研发效率提高了，研发时间缩短了！搞载荷、平台建设的同志也更能理解后端应用的需求，大家还碰撞出许多火花。感觉合并之后，航空遥感队伍齐整并壮大了，能做的事情更多了。能做的事情多了，大家对改革也就更加欢迎了。"潘洁透露，他们正在加紧研发基于完全自主知识产权的新型航空遥感系统，目前进展顺利，即将交付使用。

空天信息创新研究院院长助理、遥感卫星地面站主任李安则对空天信息创新研究院给予青年科技骨干的信任和激励感受颇深。"空天信息创新研究院成立以来，极其重视发挥青年科技骨干的作用，为他们提供了关键的科技岗位和施展才华的空间。同时，打破了原来'论资排辈'的绩效机制，给予他们极大的激励。比如，在国家民用空间基础设施数据接收系统项目中，主任设计师的关键岗位全部由青年科技骨干担纲，他们的责任心、创新意识、活力、锐意进取精神体现得淋漓尽致，为项目做出了突出的贡献。"

在半年的时间里，空天信息创新研究院的科研机构都是这样以"因事推进"为原则进行调整和重组的。重新组建的20个科研机构，构建成了一个从器件、载荷，到平台、应用的高起点、大格局、全链条布局的空天信息科技创新体系。

"2018年，空天信息创新研究院以革旧维新、日行千里的改革魄力，做到了改革发展与科研任务两不误；2019年，我们的筹建任务仍然艰巨，但我们会坚定理想信念，将改革进行到底，在解决'卡脖子'问题和关键核心技术自主可控上下苦功夫，不断提升创新能力，不断拓宽国际科研视野，早日向院党组、向国家和人民交出一份满意的答卷。"

这不仅是吴一戎的誓言，也是全体空天信息创新研究院人的誓言。在这条"天路"上，中国科学院空天信息创新研究院将用自己的实际行动，为祖国探索出一条自主创新的康庄大道！

（丁佳撰文；原文刊发在《中国科学报》2019年8月13日第4版，有删改）

卓越创新中心

面向基础科学前沿，建设一批国内领先、国际上有重要影响的卓越创新中心。瞄准基础科学的前沿方向和重大问题，坚持高起点、高标准，择优支持一批有望5~10年达到国际一流的创新团队或研究所，集学科、人才、项目、平台建设于一体，组织开展多学科协同创新，致力于实现重大科学突破、提出重大原创理论、开辟重要学科方向、建成国家创新高地。同时与人才培养有机结合，促进科教融合。

以脑启智　融合"慧聚"
——中国科学院脑科学与智能技术卓越创新中心改革纪实

时至今日，大脑仍然是人类认知的"黑洞"，是人类理解自然和人类自身的"终极疆域"。脑科学和类脑智能技术研究也因此成为世界各国必争的战略前沿，中国脑计划同样呼之欲出。

在新一轮的脑智科学竞争中，中国科学院率先布局。2015年6月，中国科学院通过了神经科学研究所（以下简称神经所）与自动化研究所（以下简称自动化所）共同谋划的"脑科学与智能技术卓越创新中心"（以下简称脑智卓越创新中心）建设方案。

这是国际上首次脑科学与智能技术领域的实质性融合。这两个最需要交叉的领域"接纳了彼此"后，将为脑智科学的发展和"科技创新2030—脑科学与类脑研究"（以下简称"中国脑计划"重大项目）的实施奠定坚实基础。

"大团队"协同攻关模式、"蹲点"制度、研究生双导师制度、年度绩效考核制度……脑智卓越创新中心为跨学科交叉合作提供了成功范例。未来，脑智卓越创新中心将继续发挥先发优势，汇集顶尖人才，开展高水平研究，推动中国脑科学和类脑智能研究在世界科研前沿占据重要的一席之地。

在育婴箱里喝奶粉、玩布娃娃、互相打闹……还记得"中中""华华"吗？这两只2017年底出生的体细胞克隆猴，让拔根毫毛吹口仙气就能变出一群猴子的神话接近了现实。

而对于脑智卓越创新中心的科学家来说，历经 5 年的不懈努力培育出的猕猴宝宝，则是他们登攀科学高峰的一枚结晶、一次见证。

体细胞克隆猴
"中中"和"华华"

小猕猴们恐怕想不到自己出生的非凡意义——它们将为脑认知功能研究、重大疾病早期诊断与干预、药物研发等做出贡献；将为我国脑科学研究提供国际领先的实验工具，服务"中国脑计划"重大项目。这是一个以脑健康和智能技术为出口的脑科学计划，在世界上独一无二。

早在 2015 年，中国科学家就提出了"中国脑计划"的"一体两翼"架构，即以脑认知的神经原理为"主体"，以脑重大疾病诊治新手段和脑机智能新技术为"两翼"。就在这一年，脑智卓越创新中心应运而生。用脑智卓越创新中心主任、中国科学院神经科学研究所所长蒲慕明的话说，这是中国科学院围绕国家中长期科技发展规划进行的布局。

脑智携手　抢争先机

2015 年 5 月的北京，和煦的清风徐徐拂动杨柳，带来春末夏初的舒爽。蒲慕明一行来到自动化所调研，接待他的是时任自动化所所长的王东琳。

当时，人工智能的浪潮席卷全球。以智能技术立所的自动化所积极布局，在前期充分研讨的基础上，向科学技术部、国家发展和改革委员会、中国科学院等递交了关于发展智能技术的规划建议书，并得到相关部委和中国科学院的认可。

类脑智能是自动化所的长远战略发展方向。在王东琳看来，智能技术之魂是类脑，机器只有像人脑一样感知和思考，才能达到真正的智能。

这与蒲慕明的观点不谋而合。"既然人工智能发展的终极目标是达到人类智能水平，那么在设计计算算法和计算器件时，引入人脑神经网络结构和工作原理就非常有用了。"

双方很快达成共识：脑科学与智能技术应该携手共进。

此时的蒲慕明还有另一重身份——中国科学院脑科学卓越创新中心主任。该中心是脑智卓越创新中心的前身。

2014年，中国科学院启动"率先行动"计划，以研究所分类改革提纲挈领，全面推进体制机制改革。同年，以神经所为依托单位，中国科学院脑科学卓越创新中心正式成立，成为中国科学院首批成立的4个卓越创新中心之一。

科技前沿领域是科技强国竞争的主战场，谁占据了先机，谁就掌握了主动权。从中国科学院脑科学卓越创新中心的成立到智能技术的加入，都是对这一战略思想的准确诠释。

2013年，欧美科技强国/地区纷纷吹响了探索大脑奥秘的号角。美国"脑计划"致力于利用新的技术手段描绘人脑活动图谱，以探索大脑工作机制；欧盟"脑计划"则希望借助信息与通信技术，构建系统生成、分析、整合、模拟数据的研究平台，从而推动人脑科学研究加速发展。

而此前，作为国家战略科技力量的中国科学院，早已敏锐地把握这一重大前沿领域，于2012年启动了战略性先导科技专项（B类）"脑功能联结图谱与类脑智能研究"。该专项是中国科学院首批启动的5个B类先导专项之一，早于美国、日本、欧盟各国等相关"脑计划"的启动时间。

洞悉脑科学和类脑智能技术相互借鉴、相互融合的发展新趋势后，中国科学院又开始统筹谋划脑科学和类脑研究协同发展。

2015年6月，中国科学院通过了神经所与自动化所共同谋划的"脑智卓越创新中心"建设方案。

这是国际上首次实现脑科学与智能技术领域的实质性融合，这两个最需要交叉的领域终于"接纳了彼此"，为脑智科学的发展和"中国脑计划"重大项目的实施奠定了坚实基础。

"脑科学和智能技术是科学界研究的热点，近年来分别取得了很大成就，但是相互借鉴仍较少。"脑智卓越创新中心副主任、自动化所所长徐波坦承，智能技术发展面临新的瓶颈，急需从神经科学获得启发，发展新的理论与方法，提高机器的智能水平。同时，智能技术的发展也有助于神经科学取得进一步突破。

可以预见，脑科学和类脑智能的进步必将为人类带来一个日新月异的明天。中国科学院院长白春礼曾在《中国科学院院刊》上撰文指出：脑科学与类脑智能的研究关乎人类的健康和福祉，有望重塑医疗、工业、军事、服务业等行业格局，提升国家核心竞争力。中国科学院将继续发挥先发优势，汇集顶尖人才，开展高水平研究，通过两个前沿学科的相互借鉴和融合，赋予脑科学与类脑智能研究新的内涵和发展动力，推动中国脑科学和类脑智能研究在世界科研前沿占重要的一席之地。

交叉碰撞　推陈出新

2016年6月，蒲慕明被授予世界神经科学领域的极高荣誉"格鲁伯神经科学奖"。消息传来时，他正在自动化所"蹲点"。那一刻，他思考的是，如何把脑科学与智能技术交叉融合起来，如何让不同学科因聚合而迸发出巨大的创新活力……

脑智卓越创新中心是中国科学院交叉最多、共建单位最多的卓越创新中心之一。除了以两个领域差距较大的研究所为依托，还有39家共建单位，其中包括18家中国科学院院属研究机构及21家国内高校、医院和企业，分布在上海、北京、合肥等14座城市。

如此庞大的中心该如何运作？如何把100余个实验室团队联合在一起，组成有效率的队伍，开展重大科技问题联合攻关？

从体制机制上保证学科融合发展，成为脑智卓越创新中心的"头等大事"。

为促进不同学科间的深度交流，脑智卓越创新中心建立了"蹲点"制度，即中心成员每年必须在其他共建单位全时工作两个星期以上，包括开课、举办讲座和做实验。

事实证明，不同学科间的碰撞往往会擦出意想不到的科研灵感和创新火花。

2019年4月，神经所研究员李澄宇和国家纳米科学中心研究员方英合作，在高密度柔性神经流苏及活体神经信号稳定测量方面取得进展，相关论文发表在《科学·进展》（*Science Advances*）上。这一成果就源于方英的一次"蹲点"——他们在讨论中产生了把柔性电极植入脑部的想法。

方英团队设计电极，李澄宇团队做生物学实验，然后构建了1024通道高密度柔性神经流苏电极，实现在体小鼠群体神经元电活动的稳定记录。该技术在电极尺寸、集成密度和生物相容性方面均处于国际领先水平，在脑机接口和神经修复等领域具有重要的应用前景。

从脑科学、类脑智能技术到脑疾病诊断与治疗，脑智卓越创新中心涉及的领域非常广，"蹲点"时科研人员有机会接触到平时不太会接触到的领域，思维变得更加开阔，甚至会改变原有的科研轨迹。

中国科学院计算技术研究所研究员陈云霁、陈天石是脑智卓越创新中心的年轻骨干。他们在与脑科学研究人员的交流中受到启发，借鉴脑科学神经网络的工作机理，研发出寒武纪深度学习类脑芯片，实现了大规模人工神经网络的超高性能、超低功耗处理。

其实，早在脑智卓越创新中心成立之初，就有院士建议：脑科学和智能技术这两个学科跨度很大，学术语言不相通，要想真正融合，应该坦诚相见、互通有无。

的确，科研合作必须建立在双方能够进行专业交流的基础之上。神经所党委副书记王佐仁感慨："困难重重，唯有在改革中一步步消化破解。"

"蹲点"交流是促进脑科学与智能技术深度交叉融合的方式之一。除此之外，脑智卓越创新中心在两个依托单位建立互授讲座，各项目团队每年至少召开一次会议，每年11月召开中心大会及年度评估会。

通过以上交流方式不断产生新思想和新的突破方向，越来越多的科研人员尝到了交叉融合带来的"甜头"。

上海交通大学医学院-中国科学院神经科学研究所"脑疾病临床研究中心"主任熊志奇，通过团队合作，鉴定出原发性家族性脑钙化症第一个隐性遗传致病基因MYORG，发现隐性原发性家族性脑钙化症的分子和细胞机制，为研发治疗脑钙化症的新方法提供了重要基础。

"如果没有临床医生，我可能都不知道什么是钙化。"熊志奇耸了耸肩说，"新的方向需要合作者给你提示，很多时候自己是想不到的。"

交叉学科中的协同合作似乎最有效。短短几年时间，脑智卓越创新中心的体制机制创新促成了很多新的研究方向，为跨学科交叉融合提供了成功范例。

融合育人　志在未来

年轻一代的培养是可持续发展的基石。然而，目前兼通脑科学与类脑智能技术研究的复合型人才非常短缺，制约了两个领域的融合发展。

为此，脑智卓越创新中心自成立开始，就把复合型人才培养作为核心任务与目标之一，确立了"为推动交叉研究充分交流，为培养交叉人才大胆融合"的科教融合工作思路。"这一代的研究人员是交叉，新一代脑智领域的研究生应该达到融合的目标。"蒲慕明说。

脑智卓越创新中心于2016年启动了研究生双导师制度，即两个不同领域的导师共同带一个研究生，研究生每年必须在两个研究组分别学习工作3~9个月。

神经所2018级博士研究生黄晨伟很庆幸自己能享受双导师待遇。除了熊志奇，上海交通大学医学院 B 超专家郑元义也是他的导师。两位导师给他出了一个交叉方向的课题——用聚焦超声技术做神经调控。

对于学科背景为生物学的他来说，这是一个不小的挑战。他既要在神经所学习脑科学方面的知识，又要去上海交通大学医学院学习 B 超技术。"'跨界'确实不容易，但我非常有兴趣。"黄晨伟希望自己能在新技术上有所突破。

双导师制度的前提是，两个导师必须有深度合作，形成新的融合方向，否则很难给学生提出好的课题。神经所所长助理何杰表示，培养过程中的考核也是独立进行的，我们始终关注双导师培养的性质是否改变。

从学术"摇篮"开始就接受了双方的哺育，导师们明显感觉到，这些学生的思维比自己当初上学时要"交叉"得多，相信在他们中间会涌现出成功融合新成果的人才。

"英雄不问出处。"脑智卓越创新中心"筑巢引凤"，不拘一格聚集人才。

克隆猴团队核心成员、神经所博士研究生刘真虽然没有海外留学背景，但鉴于其科研能力及对举世瞩目的重大成果做出的不可替代的贡献，其于 2018 年 7 月被正式聘任为研究员。这为本土优秀青年科研人员的培养进行了有效的尝试。

成立至今，脑智卓越创新中心在人才引进和培养方面成效显著。自 2014 年起共进行了 7 次骨干遴选，截至 2018 年共有 137 人，形成了由优秀科学家领衔、以优秀青年科学家为主体的攻关团队，是我国脑科学与智能技术研究的主力军及核心力量。

团队攻关　追求卓越

美国国立卫生研究院曾提出脑功能定量检测的想法，但最终没能实施，原因是无法把相关专业的科研人员聚集在一起协同攻关。

值得自豪的是，脑智卓越创新中心做到了这一点。

"脑科学与智能技术领域的很多创新工作,都不是一个实验室就能够完成的。"在蒲慕明心中,脑智卓越创新中心的特别之处就在于组织团队联合攻关重大科学问题。

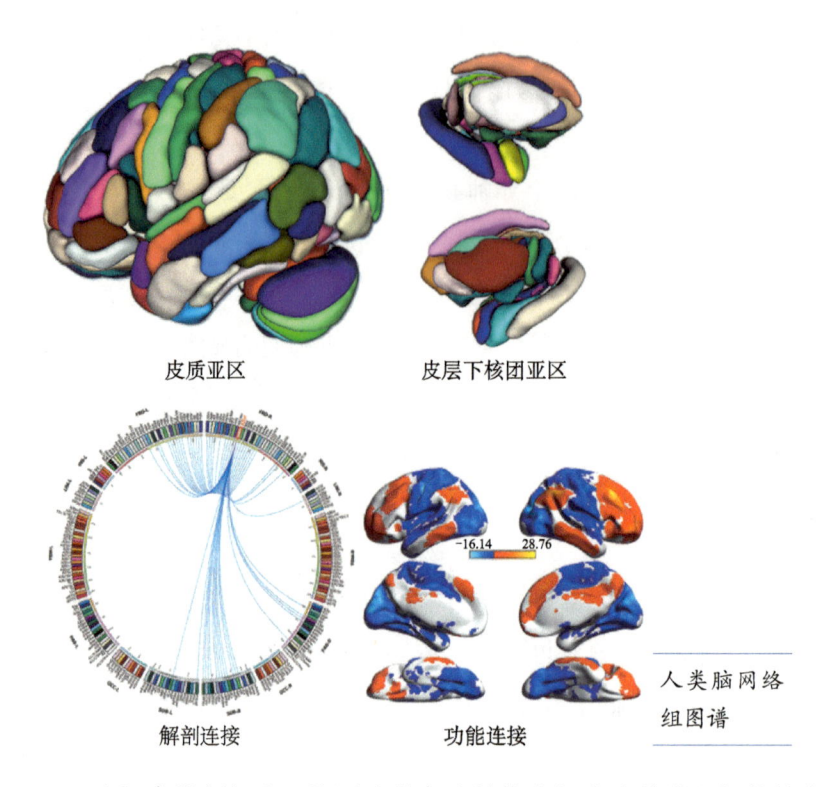

皮质亚区　　　　皮层下核团亚区

解剖连接　　　　功能连接　　　人类脑网络组图谱

脑智卓越创新中心将团队联合攻关作为解决脑科学和智能技术重大问题的核心途径,积极探索建立兼顾个人兴趣与集体目标、自由探索和需求导向的科研体制。中心对资源配置模式也做了相应调整,强调以点带面,集中资源布局有前瞻性或有助于提升中心成员整体研究质量的基础性工作,着重布局有前瞻性的探索性攻关工作,如非人灵长类动物模型构建、脑认知功能检测工具集研发等。

"脑认知功能检测工具集研发"团队攻关典型案例,汇集了6家单位的13个研究组。参与研发的神经所所长助理顾勇深有体会:尽管大家都知道这项工作需要自己额外付出,但能够学以致用做些有意义的事情,我们很愿意花精力去做,不以发论文为目标。

正如神经所党委书记王燕所说的,"体制机制改革要让科研人员接纳,就必须让他们从思想上发生转变,将个人发展和国家需求融合在一起"。

"脑功能联结图谱与类脑智能研究"先导专项于 2017 年结题验收,2018 年中国科学院实施"脑认知与类脑前沿研究"升级版 B 类先导专项。该专项更加聚焦、凝练两个重大突破方向。基于克隆猴技术,研发脑图谱绘制工具猴和脑疾病模型猴;基于脑智融合,研发高等认知计算模型和神经形态芯片。

与此同时,上海市市级科技重大专项"全脑神经联接图谱与克隆猴模型计划"启动实施。该专项以国家战略需求和重大任务为导向,依据"全脑介观神经联接图谱"国际大科学计划的规划,绘制模式动物的全脑介观神经联接图谱并验证其在大脑认知功能上的意义;构建重大脑疾病克隆猕猴模型,探索脑疾病机理,研发诊断和治疗手段,并推动疾病模型猴产业化,服务医疗健康产业。

"团队攻关要真正做实,还必须有严格的评审制度。"蒲慕明认为。在顶层设计和评价导向的双重驱动下,才能开展深入的实质性合作。

每年 11 月底,是脑智卓越创新中心的"大聚会"时间。在学术交流的同时,脑智卓越创新中心进行当年的绩效评审。评审结果作为科研人员年度科研经费申请和绩效津贴调整的依据,并直接影响他们受资助的力度和晋升的机会。

王燕记得,新评审制度开始执行的时候冲击力很大。有的科研人员想不明白:自己发了那么多高影响因子的论文,为什么考评只得了 C?

因为评审标准不一样了,所以从 2015 年底就开始打破"唯论文"评价体系,将对脑智卓越创新中心团队攻关项目的贡献(不计与团队项目无关的成果)、在脑智卓越创新中心相关领域有重大创新性成果及对交叉学科交流的投入(包括多单位"蹲点"教学与研究、指导双导师研究生等)作为评审标准。

绩效评审结果分为 A、B、C 三档,连续两年评为 C 的成员将被要求整改,整改期间停止年度绩效津贴的发放;连续 3 年评为 C 的成员将被要求退出；连续两年评为 A 的成员将获得晋升考核时的优先权。

此外，脑智卓越创新中心每 5 年进行国际学术评估，标准与年度评审相同，评审结果将决定骨干的续聘与晋升。国际评估的重点在于进展的水平"国际化"，即评审标准是国际同领域的最高标准。

正是由于这些有利于交叉融合、团队攻关制度的实施，脑智卓越创新中心才会产生具有国际影响力的创新成果。

当前，脑科学与智能技术研究正面临前所未有的发展机遇。蒲慕明表示，脑智卓越创新中心将抢抓战略机遇，继续推进相关改革，积极承担国家重大科技任务，根据"一体两翼"的总体部署，以现有团队为基础，联合相关单位进行顶层规划，为承接"中国脑计划"重大项目做好准备。他希望在未来 15 年内，中国能够在脑科学基础研究、脑疾病早期诊断与干预、类脑智能器件等 3 个前沿领域取得国际领先的成果。

（陆琦撰文；原文刊发在《中国科学报》2019 年 6 月 25 日第 4 版，有删改）

只为心中那座高地

——中国科学院青藏高原地球科学卓越创新中心改革纪实

青藏高原一直是全世界地球科学家的"宠儿",中国科学家更是对其"痴迷不已"。

2013年的国庆前夕,中国科学院青藏高原地球科学卓越创新中心(以下简称青藏高原卓越创新中心)建设实施方案通过审批,中国科学院提前落子,为科学梦想铺就了一条通天大道。

同时,战略方向、研究方向、人员结构、经费来源……青藏高原卓越创新中心不断面临变化与挑战。

"改革已经在路上!"青藏高原卓越创新中心以学术水平为主要价值导向,实行行政系统与学术委员会相结合的治理结构,以择优稳定支持为主配置资源,以国际同行评价为主要评价方式,促使"硬核"成绩纷至沓来,"国际引领"的目标也在逐步实现。

怀着对未来的期许,青藏高原卓越创新中心科研人员的研究视角正逐渐从青藏高原区域向全球范围延伸,从基础前沿到国家战略,从第三极地球系统科学研究到第三极国际人才高地,他们为国家三极计划的启动实施奠定了坚实的基础。

2015年9月23日,在西昆仑山的古里雅冰川,海拔6200米,零下20℃,缺氧。冰雪覆盖着大地,一片荒芜。只有星星点点几顶橘黄色的帐篷显示出一点生机。

"真是太冒险了！"一顶帐篷里传出一个声音，气喘吁吁。

"我们是不是'冰川敢死队'？"

"没错！绝对可以这么说！"

帐篷里的人都身着加厚冲锋衣，戴着帽子，说话与呼吸时嘴和鼻子里都冒着热气。他们正在热火朝天地安装设备，准备钻取冰芯。

帐篷里的成员由5个国家的科学家组成，其中包括曾经做过3次心脏搭桥手术、67岁的美国国家科学院院士、冰川学家朗尼·汤姆森（Lonnie Thompson），以及他的中国同事——中国科学院院士、中国科学院青藏高原研究所（以下简称青藏所）研究员姚檀栋。

这支科考队的队长、青藏所研究员邬光剑也亲历了钻取冰芯的全部过程。中午时分，他拿到了从大本营送上来的午饭，囫囵吞下几口凉凉的饭菜。每年超过两个月的时间在野外，他早已习惯在冰面上工作、吃饭和住宿，时不时还会来一场"说走就走"的野外科考。

获取冰川内部的冰芯，是他们此行的目的。从科学上说，所有在大气中循环的物质都会随大气环流抵达冰川上空，沉降在冰雪表面，最终形成有关这些物质的历史记录。古里雅冰川是地球上除南北极之外最稳定的冰川，是中低纬度发现的最大、最厚、最冷的冰帽。

几天后，他们获得了一批300米长的冰芯。在这些冰芯上获得的信息，将为科学家提供打开青藏高原变迁奥秘之门的"钥匙"，帮助人类攀上科学的"高地"。这也是科学家倾其一生的追求。

起点：与顶层设计不谋而合

在姚檀栋看来，这次科考的成功离不开一座"学术高地"的支持——青藏高原卓越创新中心。

时间回到2013年6月7日，距离中国科学院启动机关科研管理改革刚刚1个月。一次普通的例会在青藏所办公楼召开。

"院机关的改革已经启动，特别是科研管理。"时任青藏所所长的姚檀栋一字一顿。听到"改革"两个字从所长嘴里说出来,所长助理丁林抬起了头,停下了手中记录的笔。

"大家知道,为优化管理职能配置,强化学科交叉融合,院机关建立起以科技创新价值链为主线的矩阵式管理模式,组建新的前沿科学与教育局、重大科技任务局、科技促进发展局3个科研业务管理部门。"姚檀栋介绍道。

"那么,接下来,我们研究所要怎么改?"姚檀栋抛出了关键的问题。

停顿了几秒后,他继续说:"青藏高原研究是全世界共同面临的难题,依靠单一学科难以解答所有问题。未来的青藏高原研究,必须要整合研究力量、开展联合攻关。"

2012年,姚檀栋担任首席科学家的中国科学院战略性先导科技专项(B类)"青藏高原多圈层相互作用及其资源环境效应"(以下简称青藏专项)就尝试过团队作战。不仅中国科学院10余家研究所组织研究人员参与,北京大学等12所高校和科研机构也贡献了力量。

几年下来,青藏专项取得了不错的成绩。随着专项工作的不断深入,姚檀栋一直在思索一个问题:要靠什么力量让这支来自不同单位甚至不同国家的队伍团结得更紧密,凝练有共识的科学问题,进而集中攻关呢?

姚檀栋深知,只依靠青藏所自己的力量是做不到的。

事实上,彼时,中国科学院院长白春礼已经看到了这个问题。在召集所长们开会的时候,"突破体制机制壁垒,清除各种有形无形的栅栏,打破各种院内院外的围墙,着力开辟'政策特区'和'试验田'",是他经常挂在嘴边的话。

也是在一次会议上,姚檀栋得知,白春礼用"卓越创新中心"来命名基础研究这块"试验田"。

"院里计划对研究所进行分类改革,我想'卓越创新中心'可能最适合我们。"会议上,姚檀栋提出了自己的想法。青藏所班子成员表示同意。

会议结束时,姚檀栋把起草"卓越创新中心"方案的任务交给了丁林。

会后，丁林反复询问姚檀栋这几个问题：为什么建、研究单元是什么、科学任务怎么布局、队伍怎么管理、经费支持哪里来……

"这次改革是中国科学院院长白春礼亲自抓的大事，一定要认真对待。"姚檀栋叮嘱丁林。

"召集所长开会时，白院长说过，卓越创新中心是实行行政系统与学术委员会相结合的治理结构，以学术水平作为主要价值导向，要择优稳定支持。丁仲礼副院长也跟我说过，我们在青藏高原研究上有优势，要求我们要成为重大成果发源地、杰出人才聚集地。"姚檀栋向丁林逐一解释他所了解的顶层设计。

几天后，姚檀栋收到了丁林提交的一份初稿。"建设世界一流的青藏高原科学研究平台""实行理事会领导下的主任负责制""研究深部圈层的相互作用、深部-表层相互作用与远程效应、地表各圈层相互作用及其生态效应等地球科学的重点科学问题"……

姚檀栋用很短的时间看完了这份方案。"改革已经在路上！"他感到振奋。青藏高原一直是全世界地球科学家的"宠儿"，也是国际科学研究的"必争之地"。"中国科学家理应追求'卓越'的青藏高原研究。"姚檀栋想。对中国科学院的提前落子，作为中国科技国家队的一员，他深感责任重大。

历经 11 天的修改后，这份方案送到了白春礼的办公桌上。

行动：抓住人才这个"牛鼻子"

2013 年 7 月 17 日，习近平总书记视察中国科学院提出"四个率先"的要求。一年后，中国科学院"率先行动"计划启动实施。

2013 年 9 月 20 日，青藏高原卓越创新中心建设实施方案通过审批，它也作为中国科学院首批卓越创新中心被记录进历史。

根据方案，青藏所将成为卓越创新中心的依托单位，中国科学院地质与地球物理研究所、中国科学院·水利部成都山地灾害与环境研究所（以下简称成都山地所）、中国科学院寒区旱区环境与工程研究所、中国科学院地理科学与资源研究所等 4 家研究所作为共建单位，也加入了卓越创新中心。

在西藏那曲开展植物物候和物种组成及生产力观测实验

梦想即将变成现实。

2014 年 1 月 21 日，青藏高原卓越创新中心揭牌仪式在青藏所举行。幕布揭开后，会场响起热烈的掌声。

当时主管卓越创新中心的丁仲礼副院长除了关心科学问题，还很关心人才问题。他曾在一份亲笔写给白春礼的信中强调"稳定人才队伍"的重要性，并提出应"如何建立可操作的退出机制"的建议。

姚檀栋深知，丁仲礼并不是"想多了"。"做科研管理最关心的，一是稳定的科研经费从哪里来，二是人员工资能不能发挥激励作用。"

在科研经费上，依托于青藏高原卓越创新中心的青藏专项成为支柱项目显然毫无争议，2017 年后，科学家又酝酿了中国科学院战略性先导科技专项（A 类）"泛第三极环境变化与绿色丝绸之路建设"。

人的问题最难解决："人家在研究所待得好好的，凭什么为卓越创新中心工作，而研究所又为什么同意自己的研究人员在科研上要接受卓越创新中心的领导？"厘清其中的逻辑，成为这场改革的"牛鼻子"。

2014 年 7~8 月，《中国科学报》在头版发表了一系列评论。其中一篇评论中称："改革已进入深水区和攻坚期。"其中，8月19日的一篇评论用"硬骨头"来形容"如何有效促进人才合理有序流动和增强队伍创新能力"等长期难以解决的深层次问题。

读到这篇评论时，姚檀栋深有感触："说的不就是自己正面临的难事儿吗？"

正在此时，白春礼又要求中国科学院人事局参与协调，给予政策支持。"双聘双享"成为各方多轮讨论后的对策。"双聘"指的是研究所科研人员加入卓越创新中心，既是原单位的人，同时以"特聘研究员"的身份进入卓越创新中心，由卓越创新中心给予人员津贴。"双享"针对的是发表成果归属的问题，"特聘研究员"的科研产出同时挂上原单位和卓越创新中心，两个单位同时享有成果归属权。

按照姚檀栋的说法，"率先行动"计划又一次为研究所的改革解了燃眉之急。

在中国科学院副院长、青藏高原卓越创新中心理事长丁仲礼的支持下，青藏高原卓越创新中心遴选出16位特聘核心骨干和26位特聘骨干人才。每位特聘人才按青藏高原卓越创新中心制定的规则带入若干名青年骨干作为助手，共组成126人的研究队伍。按计划，入选卓越创新中心的所有特聘研究员每年都将在通过考核后获得一定数额的人员津贴。

至于选人的标准——"只唯水平、只唯学问"，不止一次在会议上被丁仲礼强调。

时任成都山地所研究员的崔鹏就这样被拉进了"群"。"青藏高原卓越创新中心主要是做基础理论研究，也希望能够在探索科学问题的时候解决国民经济需要解决的问题，比如你擅长的灾害问题。"找到崔鹏时，姚檀栋张口就直奔主题。也正是出于这样的考虑，青藏高原卓越创新中心在此前确定的3个研究领域的基础上又增加了"高原地质灾害"这一领域，由崔鹏担任这一领域的负责人。

不仅有中国科学院内的科学家，时任兰州大学副校长的陈发虎也加入了中国科学院改革的队伍。

就这样，2014年9月，崔鹏、陈发虎等其他多位到场的"特聘研究员"一起，在各自的三方协议中郑重地签下自己的名字。

2015年6月，这项率先试水的"特聘研究员"计划，在青藏高原卓越创新中心完成"孵化"后，被推广到整个中国科学院范围内。

成果：跨学科作战成绩斐然

2018年10月29日晚上8点，邬光剑的手机突然响起，他接到姚檀栋的紧急通知，位于西藏林芝地区米林段的雅鲁藏布大峡谷再一次发生了冰崩堵江事件，堰塞湖水位正在快速上涨，要求他和其他人员立即赶往灾害发生现场。当天深夜，邬光剑等就赶到了成都，第二天"飞"到林芝，到达灾害现场。青藏高原卓越创新中心成立后，这位从事冰芯研究近20年的科学家开始接受来自跨学科的新挑战。

同样的挑战，也摆在长期从事青藏高原山地灾害研究的崔鹏面前。"以前我们主要关注灾害的动力学过程、动力学机理，主要从灾害的物理、过程角度做理论上的研究。加入青藏高原卓越创新中心后，应更强调为青藏高原卓越创新中心的科学问题做贡献。"加入青藏高原卓越创新中心后不久，崔鹏对团队成员说。

他们的策略是，在过去的山地灾害研究中增加"气候变化"这个维度。"气候变化的灾害响应"这一国际科学热点成为崔鹏课题组研究的新方向。

几年下来，他们关于气候变化对灾害形成的影响及其对未来灾害发展趋势的一些预测，不仅攀上了世界科学高峰，也为国民经济发展立下了汗马功劳。崔鹏等人发现，作为"高山区"，青藏高原对全球升温敏感，也是全球升温的"放大器"。最容易发生的灾害，便是冰雪消融后的"冰崩诱发冰湖溃决洪水与溃决性泥石流"。

2017年11月18日，位于西藏林芝地区米林段的雅鲁藏布大峡谷内发生6.9级地震。崔鹏课题组对震后地质灾害进行系统调查后，认为震区出现"堰塞湖—溃决洪水—泥石流"灾害链事件的基本条件已经具备，并预测"在未来几年内，此处发生大规模泥石流事件并堵江的概率很高"。研究人员在学术会议上发表预测结果的同时，也向国家和地方的相关部门提交了报告。

丁林也深深体会到跨学科的优势。青藏高原卓越创新中心成立后，他带领课题组从传统的地质研究，转向一种可以称为"大地学"的研究——关注六大圈层运动，甚至借鉴了生物学手段。

在与化石界顶尖专家切磋多次后，他带领的课题组开创性地对一种叫作"介形虫"的古生物壳体内的同位素氧做了检测，与相关数据对照，确认青藏高原南部的冈底斯山比喜马拉雅山更早隆起。

"以前从来没有想过青藏高原的隆升历史还可以用古生物留下的痕迹去书写。"丁林说。

短短几年，青藏高原卓越创新中心"硬核"的成绩纷至沓来——在《自然》《科学》等刊物上发表了20余篇高水平论文，研究成果入选地学十大科学前沿第一方阵；2014年获得国家自然科学奖二等奖；依托青藏高原卓越创新中心编写的《西藏高原环境变化科学评估》报告被习近平总书记在中央第六次西藏工作座谈会的讲话中引用；吴福元和丁林分别于2015年、2017年当选为中国科学院院士，姚檀栋获得被誉为地学界诺贝尔奖的"维加奖"；第二次青藏高原科考启动并取得首批成果……

在西藏塔若错钻取岩芯

"国际引领"的目标也在逐步实现。姚檀栋联合朗尼·汤姆森和德国科学院院士沃尔克·莫斯布鲁格（Volker Mosbrugger）发起"第三极环境"（third pole environment，TPE）国际计划。这个国际计划由中国科学家主导，增强了中国科学家在这一领域的主导话语权和引领地位。如今，7个TPE分中心与25个国家的66个机构建立了长期深度的国际合作。

未来：率先改革再出发

2019年1月9日，陈发虎从党和国家领导人手中接过国家自然科学奖二等奖的证书，获此殊荣的项目是他领衔完成的"亚洲中部干旱区多尺度气候环境变化的特征与机理"。这是他科研生涯中的第二个国家自然科学奖二等奖。

他带领团队围绕"亚洲中部为什么会变得干旱"这个科学问题，提出了一种新的气候变化特征"西风模态"，并论证了这种特征在亚轨道—千年—百年到年代际的不同时间尺度上是适用的。

2018年9月，陈发虎刚刚从姚檀栋手中接过"接力棒"，担任新一任青藏高原卓越创新中心主任。2019年，"转战青藏高原"，成了他的"口头禅"。

事实上，陈发虎带领课题组已经在环境考古和环境变化方向对青藏高原开展过较深入的研究。2015年，他们在《科学》上发表成果，提出新石器人群在距今5200年前首次大规模在青藏高原东北部海拔2500米以下的河谷地区定居，主要以种植粟黍为生；距今3600年前后，他们开始常年定居在海拔3000米以上的地区，主要依赖麦类作物的种植和畜牧业为生。这一发现，厘清了青藏高原史前人群定居的历史轨迹。这项成果在学术界引起强烈反响。

上任后，陈发虎面临的第一个难题便是研究领域的调整。这些年，作为地理学家的陈发虎明显感到国际上地球科学的变化。"地球是一个整体，任何一个区域的变化都会影响局部甚至全球，青藏高原卓越创新中心的研究领域方向应当调整。"这是他和青藏高原卓越创新中心领导班子的感觉。

从前，该卓越创新中心的四大研究领域以"多圈层相互作用"为主线划分逻辑层次。事实上，多项科研成果已经完成"青藏高原多圈层相互作用的动力链"，这一动力链融合了青藏高原深部圈层、地表圈层与大气圈层的关键节点。

但是，按照如今的观点来看，"多圈层"的视野仅立足于区域，青藏高原研究要面向全球，还要面向国家战略。陈发虎认为，要从科学家感兴趣的纯基础研究转变成能够为国家战略服务的基础研究。

经过深入研讨，过去的四大研究领域调整为新的四大研究领域，包括大陆碰撞-隆升及成矿作用、高原隆升及环境与灾害影响、西风-季风相互作用与水资源、高原生态环境与人类适应。

"在先导专项的支持下，青藏高原卓越创新中心的研究视角将逐渐从青藏高原区域到全球，从基础前沿研究到应当考量国家战略需要，预期并争取引领国际第三极地球系统科学研究、提出第三极资源环境优化利用方案、建成第三极气候与环境变化研究的国际人才高地、为国家战略的三极大计划的启动实施奠定坚实基础。"陈发虎代表青藏高原卓越创新中心所有科学家说出了对未来的期许。

战略方向、研究方向、人员结构、经费来源……青藏高原卓越创新中心将不断面临变化与挑战，唯一不变的，是科学家对青藏高原的无限神往和无比热爱。

（甘晓、程唯珈撰文；原文刊发在《中国科学报》2019年5月17日第4版，有删改）

碰撞　激荡　加速
——中国科学院粒子物理前沿卓越创新中心改革纪实

2013年7月17日，习近平总书记视察中国科学院，首先考察了中国科学院高能物理研究所（以下简称高能所），随后在中国科学院大学礼堂会议室与中国科学院负责同志和科技人员代表座谈时指出，党中央对我国科技界寄予厚望，并向中国科学院提出了"四个率先"的重要指示。

这一年夏天，中国科学院机关大楼的人们都在反复思索和讨论一个问题：中国科学院怎样才能引领中国科学走到世界前沿？

物质结构，一直被视为是可能产生重大科学突破的前沿领域。物质深层次结构及其相互作用，是人类认识世界、认识自己首先要回答的问题，也因此成为目前的四大基本科学问题之一。探索这一未知的领域，中国绝不能缺席。

很快，高能所接到了一张考卷：怎样率先建立一个能引领中国科学走向世界的"粒子物理前沿卓越创新中心"（以下简称粒子物理卓越创新中心）？这张考卷并不好答。如今，这张考卷答得如何了？

2019年2月14日下午6点，北京首都国际机场，粒子物理卓越创新中心主任、中国科学院院士王贻芳带着一份报告登上了飞往美国华盛顿的航班。

第二天，华盛顿，美国科学促进会年会召开。每年，这个以"推进科学　服务社会"为主题的年会，都能聚集一群世界上最雄心勃勃的科学家。在这个平台上,他们向世界宣告自己在做些什么大事。

这一次,王贻芳要借着这个平台介绍中国关于大科学装置国际合作的主张,并特别希望有更多的人参与一项由中国发起、全球参与建设运行的超级对撞机——环形正负电子对撞机(Circular Electron-Positron Collider,CEPC)。

在场的听众们有些是想看看中国粒子物理到底有怎样的"野心",有些是想听听中国关于科技全球化及国际合作的主张。但他们大多不知道,CEPC仅仅是中国粒子物理发展规划的一部分。王贻芳和中国粒子物理学家一起,在中国科学院的支持下,早已勾勒了一张清晰的蓝图。

选择

20世纪50年代,苏联、美国及部分欧洲国家开始大力筹建高能加速器。而当时我国毫无条件可言。"这件事不能再延迟了",1972年9月,周恩来总理对张文裕、朱光亚等18位科学家的建议信做了重要批示,强调高能物理研究和高能加速器的预制研究要成为中国科学院抓的主要项目之一。1973年2月,中国科学院高能物理研究所在原子能研究所一部的基础上成立。

1981年,中国终于"不再犹豫""准备就绪",批准建造一台2×2.2十亿电子伏正负电子对撞机——北京正负电子对撞机(Beijing Electron Positron Collider,BEPC),中国的高能物理事业正式起步,也结束了我国科学家只能参与别国主导的高能物理实验的历史。

1984年10月7日,在一片锣鼓声中,邓小平同志为BEPC工程奠基铲下第一锹土,并发出号召。

BEPC选择的能区恰恰是陶-粲(tau-charm)能区——物理领域的一个"富矿区",这为我国的高能物理研究后来居上提供了机遇和支撑。

虽然由于经济和技术能力的限制,BEPC不是当时最先进的加速器,其能量只有当时国际最高能量、位于欧洲的大型正负电子对撞机(Large

Electron Positron Collider，LEP）的 1/20，但 BEPC 不负众望，取得了与投入相匹配的成就，奠定了中国加速器、探测器及相关关键技术的基础，为中国高能物理学界和产业界培养了大批人才，特别是高能物理领域的实验人才。

播种耕耘后，果实迟早会来。2013 年 6 月，依托中国第一台对撞机——BEPC 的北京谱仪（Beijing Spectrometer，BES）实验发现了"四夸克物质" Z_c（3900），这项发现被《物理》（Physics）列为 2013 年国际物理领域重要成果之首。

这一成果也令中国高能物理研究在世界舞台上绽放光芒，坚定了中国高能物理研究的信心，也为大科学装置的发展积聚了力量。

同时，这些前期工作积累的人才和技术也开始溢出到其他研究方向。2015 年 11 月，硅谷之心、美国加利福尼亚州圣何塞科学突破奖的颁奖现场，聚光灯打到了王贻芳身上，并跟随着这位中国大亚湾中微子实验团队的带头人走到讲台中央。

大亚湾
中微子实验

王贻芳团队获基础物理学突破奖。这是中国粒子物理第一次站上世界基础物理的领奖台。这一切都与三年前的一项重大发现有关。

时间回到 2012 年 3 月 8 日 14 时 15 分，一个让沉寂多年的中国粒子物理学界激动的时刻：大亚湾中微子实验团队宣布发现了新的中微子振荡模式。这次发现，让中国的中微子研究迎来了春天，也让大家明白中国粒子物理完全有能力走到世界前沿。

回过头来看，BEPC是当时能够做的最好选择。

考卷

2013年7月17日，习近平总书记来到中国科学院考察工作，首先考察了高能所，随后在中国科学院大学礼堂会议室与中国科学院负责同志和科技人员代表座谈时指出，党中央对我国科技界寄予厚望，并向中国科学院提出了"四个率先"的重要指示。

这一年夏天，中国科学院机关大楼的人们，都在反复思索和讨论一个问题：中国科学院怎样才能引领中国科学走到世界前沿？

物质结构，一直被视为是可能产生重大科学突破的前沿领域。物质深层次结构及其相互作用，是人类认识世界、认识自己首先要回答的问题，也因此成为目前的四大基本科学问题之一。在探索这一未知的领域上，中国绝不能缺席。

很快，高能所接到了一张考卷：怎样建立一个能引领中国科学走向世界的"粒子物理卓越创新中心"？这张考卷并不好答。

自从2001年回国后，王贻芳一路从高能所的研究员成长为副所长、所长，对国内粒子物理各研究团队的实力和粒子物理领域的各种问题也十分了解。然而，如何解决这些问题，并没有标准答案。

粒子物理卓越创新中心怎么体现卓越，国内粒子物理领域有什么、未来还要些什么，哪些前沿的科研问题是需要得到重点聚焦的，什么样的体制机制才能保证粒子物理卓越创新中心的凝聚力和创新的持久性……一系列问题有待理清。

于是，王贻芳找到了高能所的研究员娄辛丑、沈肖雁、苑长征、曹俊、杨长根等，又找到了中国科学技术大学赵政国院士、北京大学高原宁教授、南京大学金山教授、上海交通大学刘江来教授等国内多所高校的粒子物理研究团队领导人，集思广益了一番。

"以往我们总是就一个具体项目讨论，而卓越创新中心要从长远角度讨论学科发展。"

"什么是卓越，卓越就是要脱颖而出，要想脱颖而出，先要有人才。"

"卓越创新中心要像磁石，把大家吸引到一起，拧成一股绳，做更长远的大事。"

"卓越创新中心不能等同于学会，要有项目、有资源、有长远的支持，能在最重要、最关键、最容易取得突破的研究上做事情。"

……

无数次调研、讨论，经过周密筹备，由高能所牵头，联合中国科学院理论物理研究所、中国科学院大学、中国科学技术大学、清华大学等研究所和高校组建的"粒子物理卓越创新中心"于2014年1月22日挂牌成立了。

粒子物理卓越创新中心以研究物质深层次结构及其相互作用为根本目标，聚焦中微子物理、新强子物理和高能量前沿物理三个研究方向，旨在建设国际知名的中微子研究和陶-粲能区物理研究两大基地，力争取得国际领先的重大研究成果。

在组织层面，他们凝练出了40个字："汇聚人才、培养队伍；选拔英才、吸引外援；整合资源、长远部署；协同攻关、优势互补；立意高远、力争一流。"这些字的背后，对应着一条条细之又细的机制与规则。

使命

"过去30年，我们以BEPC为起点，取得了进步。未来30年，如何实现中国高能物理从'追赶'到'领跑'的转变？"这个核心问题一直萦绕在王贻芳的心头。万千思绪，剪不断，理还乱。王贻芳感到，至少应该在部分领域发起建设一批标志性的科学工程，取得一系列重大科学成果。

2012年9月，在由中国高能物理分会主任赵光达院士主持的高能物理战略研讨会上，通过对国际高能量前沿各种可能项目的分析和研讨，建设CEPC并考虑其后续升级为质子对撞机的设想被提了出来。CEPC也被视为BEPC以后的下一代中国高能加速器。

2012年11月，国际未来加速器委员会（International Committee for Future Accelerators，ICFA）在美国费米国家加速器实验室举办"希格斯工厂2012"（Higgs Factory 2012）国际研讨会，来自高能所的科学家首次提出在中国建"高能环形正负电子对撞机"的设想，立刻震惊了学术界。

这一想法缘于2012年7月欧洲核子研究组织（Organisation Européenne pour la Recherche Nucléaire，CERN）发现的希格斯玻色子。国际高能物理界普遍认为对希格斯玻色子的深入研究极为重要和迫切，是探索超出标准模型新物理的最好窗口。这对于基础物理学来说是一个关键，也为我国高能物理的发展提供了一个赶超、领先的绝佳机遇。

中国科学家意识到，要抢占先机建造下一代高能加速器，粒子物理卓越创新中心是一个非常好的平台，虽然建设过程并不顺利。

最初的那些日子，和王贻芳等人一样，边做"拓荒者"边做科研的苑长征时常要加班处理粒子物理卓越创新中心的各种杂事。回忆起那段日子，苑长征感到，虽然忙，但是顺心："尽管粒子物理卓越创新中心的建设不是那么容易，但好在基本没有人心存抱怨和不满。"

之所以如此，主要得益于粒子物理学的"大科学"性质——想有所发展，就必须合作共赢。

21世纪初，我国各类人才计划的不断推出，为一大批海外科学家提供了报效祖国的契机。他们中的一些人在回国前就已经是国际合作项目的领导者。回国后，他们也成了国内这一领域最有领导力、最熟悉先进管理理念的人。

正如16年的海外求学和工作经历让王贻芳通晓国际合作与科研管理一样，粒子物理卓越创新中心中微子平台学术带头人曹俊、杨长根、刘江来，新强子平台学术带头人沈肖雁（兼任粒子物理卓越创新中心副主任）、苑长征、高原宁（兼任粒子物理卓越创新中心副主任），高能量平台学术带头人娄辛丑、金山、赵政国等人，无一不是如此。

当历史把科研创新的重任交给这批人时，他们自然而然地将国外最先进、最开放的科学管理理念引了进来。

参照粒子物理实验国际合作组的管理模式，结合中国粒子物理和科研管理的特征，粒子物理卓越创新中心每年召开1~2次全体大会，通报粒子物理卓越创新中心工作进展；召开2次以上由各平台负责人和各参与单位团队负责人组成的管理委员会会议，以便协商中心事务，制订执行计划。

从制度设计到国际合作，从项目合作到人才引进，5年来，这张答卷越来越充实。而青年人才的快速成长，更是让整个粒子物理卓越创新中心保持了旺盛的生命力。

人才

人才建设是粒子物理卓越创新中心建设的重中之重。正因如此，粒子物理卓越创新中心非常注重青年人才的培养工作，并为此进行了一系列制度建设。

为夯实国内人才基础，粒子物理卓越创新中心组织了青年骨干评审暨"青年拔尖人才支持计划"和"青年优秀人才"评选，入选的青年拔尖人才可获得连续5年的"卓越津贴"；而入选的青年优秀人才也可以获得补贴，且每年评选1次，评选及补贴费用全部由粒子物理卓越创新中心承担。

"粒子物理专业的'小同行'更了解本专业，评出来的人才也为其他评选、晋升等提供了依据。"高原宁说。

2013年归国的中国科学院"百人计划"入选者陈明水又幸运地成为首批"青年拔尖人才支持计划"的资助对象。连续5年的资金支持，让他松了一大口气。

以前，光是参与国际合作项目的科研人员考核就让陈明水倍感头疼。粒子物理研究往往花费数年时间，发论文上千人署名，考核时很难确定其中某个研究人员的贡献和能力。研究人员不得不花心思在项目之外，从事一些小课题、小项目研究，发符合国内考核"要求"的论文。而现在，他终于可以将全部精力都放在更核心、更前沿的研究上了。

2017 年，陈明水获得紧凑缪子线圈（Compact Muon Solenoid，CMS）实验国际合作组青年研究员奖，这是该合作组的一个重要奖项，颁发给对合作组有长期卓越贡献的人，每年仅授予 3～5 人。

当然，粒子物理卓越创新中心的政策并不是从一开始就十全十美。在具体实践中，他们也在不断调整思路、摸索前行。

为把支持落到有需要的人手中，"青年拔尖人才支持计划"的名额会随着研究人员获得正高职称而重新流回"评选池"中。2016 年，高能所温良剑评上正高级职称后，就把此前获得的"青年拔尖人才支持计划"的名额归还给粒子物理卓越创新中心。"应该把名额给更需要的同事。"温良剑说。

粒子物理卓越创新中心以实际贡献论英雄的举措得到了科研人员的一致好评，在保障后备人才培养力度的基础上激发了各平台团队创新和院外单位加入的积极性。复旦大学黄焕中团队的加入就是一个例证。

截至 2019 年 3 月，青年骨干评选已经举办了 5 届，支持人数达到 154 名。其中青年拔尖人才 30 名、青年优秀人才 124 名，而且支持力度不断增加，为中国粒子物理发展吸引和培养了一批人才。

不仅如此，粒子物理卓越创新中心每年七八月间会开展暑期学校活动，每期选一个重点题目，邀请国内外学术水平高、教学经验丰富的专家学者参加授课与学术交流，促进人才成长。

吸引全世界最优秀的科学家和工程师来中国工作，是粒子物理卓越创新中心的另一个努力方向。

怎么留住想去国外的博士后，怎么吸引外籍博士后，怎么让优秀博士选择在高水平的地方做博士后而不是选择一个平庸但稳定的职位……王贻芳等专家多次探讨后认为，关键还是要提高待遇，拉开差距。

在粒子物理卓越创新中心建设和教育部"基本粒子与相互作用协同创新中心"筹建过程中，两个中心联合设立"赵忠尧研究奖金"，用于招收国际一流的博士后研究人员。获资助的博士后除在其工作单位得到工资收入外，个人每年可获得 8 万元人民币奖金收入。该奖金每年入选人数约为申请人数的一半，2015～2018 年已有 90 人获得奖励，其中外籍博士后占 25.5%。此举吸引了国外博士后，也留下了国内的优秀博士。

类似举措带来了人才队伍的蓬勃兴旺。粒子物理卓越创新中心"国家高层次人才特殊支持计划"（后简称"万人计划"）入选者新增 4 人，"外专千人计划"入选者新增 1 人，"国家杰出青年科学基金"获得者新增 3 人，"青年海外高层次人才引进计划"（后简称"青年千人计划"）入选者新增 15 人，"国家优秀青年科学基金"获得者、中国科学院"百人计划"入选者等新增 11 人。王贻芳当选中国科学院院士、俄罗斯科学院外籍院士、发展中国家科学院院士，吴岳良当选发展中国家科学院院士。

期待

粒子物理卓越创新中心建立了资源共享数据库，各单位的科研基地、公共平台、仪器设备、图书资料等应优先为粒子物理卓越创新中心研究成员开展协同科研任务和人才培养开放使用，有效整合各参与单位的物力资源，促进资源、研究进展和成果信息的公开化、透明化。

高能物理研究竞争激烈，资金投入量大，必须将有限的资源聚焦投入最有可能实现突破的领域。5 年来，粒子物理卓越创新中心的 3 大平台——高能量、中微子和新强子平台不断传出好消息。

2018 年 11 月 14 日，CEPC 工作组发布了《CEPC 概念设计报告》，这是工作组用时 6 年完成的报告。自 2015 年开始，粒子物理卓越创新中心还组织了关键技术预研，计划在"十四五"时期开始建设，2030 年前竣工。

2019 年 1 月 15 日，欧洲核子研究组织宣布了他们的未来计划：CEPC

及其未来的升级版——质子-质子对撞机，2040 年建成。这从另一个方面表明 CEPC 计划的科学目标得到了大家的认可，实施路径正确并具有前瞻性。

当前，粒子物理卓越创新中心的人力、物力也主要集中在这个平台上。"一是我们在这个方面根基浅，二是我们与国际的差距大。"王贻芳说。

大型强子对撞机（Large Hadron Collider，LHC）上超环面仪器实验（A Toroidal LHC ApparatuS，ATLAS）和 CMS 的物理研究与探测器升级是高能量平台的另一个主要研究方向。这是一个与欧洲核子研究中心紧密合作的研究方向，这几年通过各种青年人才计划吸引了大批年轻人回国参加粒子物理卓越创新中心的研究工作。

中国科学家在 ATLAS 和 CMS 实验的希格斯玻色子性质测量研究及新物理寻找研究中取得了一大批重要物理成果。金山介绍，尤其是 2018 年，ATLAS 和 CMS 实验继希格斯玻色子的发现后又同时宣布发现了希格斯玻色子与顶夸克和底夸克的耦合，这些成果入选美国物理学会评选的 2018 年物理学十大进展，中国科学家在其中做出了非常重要的贡献。

"随着国家投入的增大，中国科学家在 LHC 几个实验中不仅重要物理成果的贡献越来越多，而且在涉及一些核心技术的探测器升级中的贡献也显著提高。"赵政国说。

这 5 年，中微子平台也没闲着。中微子平台的学科带头人曹俊的大部分时间奔波在大亚湾、江门和北京之间。

2016 年 2 月，大亚湾中微子实验又有了新的进展：他们获得了当时全球最精确的反应堆中微子能谱，发现跟理论模型有两处差异。在随后的 3 年中，关于反应堆中微子能谱的研究成为一个新的国际热点。同年，上海交通大学领导的锦屏暗物质实验（PandaX-Ⅱ）项目也得到世界最高灵敏度结果。

当大亚湾中微子实验仍在提升测量精度时，在中国科学院战略性先导科技专项（A 类）的支持下，来自 17 个不同国家和地区的 77 个高校与科研院所的 600 余位科研人员，正在广东江门地下 700 米深处，建设一个由直径35米的有机玻璃球构成的巨大探测器。在2020年大亚湾中微子实验完成使命后，这个名为"江门中微子实验"的新的大科学装置将接过中国中微子研究的接力棒，成为中微子平台新的重要支撑。

江门中微子实验站效果图

在新强子平台上，BEPC刚刚度过了它的30岁生日。依托这台对撞机，北京谱仪一直在寻找国际上没能找到的新型强子态。粒子物理卓越创新中心从建立至今，一直引领着国际多夸克态新粒子研究。自2013年发现"四夸克物质"Zc（3900）后，北京谱仪又陆续确定了Zc（3900）自旋宇称，发现新衰变模式，发现Y（4260）的精细结构及多种新衰变……

不过，对于一台加速器来说，30多岁不能算年轻了。学科带头人沈肖雁一直在思考这个平台的未来：根据国际发展现状，在寻找新型强子态方面，依托加速器运行的北京谱仪还能在未来8~10年内保持住国际优势，但是之后呢？

为了持续走在粒子物理的前沿，新强子平台除了在北京谱仪上开展实验外，还参与了日本加速器研究机构的超级B介子工厂实验——BELLE Ⅱ项目和欧洲核子研究组织的底夸克实验（Large Hadron Collider beauty，LHCb）项目，相继主导发现"五夸克态"和"双粲重子"，粒子物理卓越创新中心的科学家在国际合作中越来越有影响力。

目前，新强子平台还加入了德国重离子研究中心的PANDA实验国际合作组。这一装置与 BES Ⅲ 研究目标相近，将在 2025 年建成。

同时，该平台提议的超级陶-粲能区装置（Super Tau-Charm Facility，STCF）已进行过多次国内外研讨，并正在形成初步概念设计报告。STCF 是一台周长约为 1000 米的正负电子对撞机，能量高 2~7 十亿电子伏，其亮度比 BEPC 高 100 倍，初步估计总花费 50 亿元。它的建造将使我国在陶-粲能区物理及相关强子物理领域引领世界。

这些接踵而来的新消息，让世界目不暇接。一些中国粒子物理学家会在国际场合听到类似的话："听说，你们又有一个新进展……"

如今，粒子物理卓越创新中心仍带着一个更雄心勃勃的目标在一步一个脚印地前行：通过 20~30 年的努力，在中微子物理、强子物理、高能量前沿等领域取得一批重大成果，成为国际领先的粒子物理研究中心。

下一个 10 年、20 年、30 年，中国粒子物理的成就将值得全世界期待。

（倪思洁、卜叶撰文；原文刊发在《中国科学报》2019 年 4 月 19 日第 4 版，有删改）

为卓越而"破茧"

——中国科学院分子细胞科学卓越创新中心改革纪实

"分子细胞科学领域应该申请建设卓越创新中心!"2014年,中国科学院启动实施"率先行动"计划之际,在上海,一支中国生命科学基础研究的重要力量,开始寻找"破茧而出"的机会,以求获得更广阔的发展空间。

一年后,中国科学院分子细胞科学卓越创新中心(以下简称分子细胞卓越创新中心)正式启动筹建。

分子细胞卓越创新中心面向国家人口健康重大需求,聚焦"细胞命运决定与分子调控"这一生命科学前沿重大问题,通过开展创新性基础研究,力争在阐释细胞生命本质及活动规律方面取得具有里程碑意义的重大成果,努力开辟分子细胞科学研究的新方向,引领分子细胞科学的发展,成为生命科学研究领域国际一流的研究中心和创新人才高地。

从建章立制、探索体制机制突破开始,到组建"永远追求卓越"的团队,进而鼓励学术交流碰撞、学科交叉融合,最大限度地激发科技创新潜能,分子细胞卓越创新中心在本学科领域中建设起科学高地,目前又开始在生命科学的国际前沿方向布局,谋划酝酿发起国际大科学计划……

2019年4月26日,陈玲玲研究组关于环形核糖核酸(ribonucleic acid, c-RNA)在天然免疫中重要功能的研究刚在《细胞》(*Cell*)上发表;

率舞潮头 先帆竞发 中国科学院研究所分类改革纪实

5月2日，徐国良研究组关于全新DNA修饰的论文又登上了《自然》。这段时间，分子细胞卓越创新中心喜讯不断。

自2015年7月开始筹建以来，分子细胞卓越创新中心每年发表在《美国国家科学院院刊》（*Proceedings of the National Academy of Sciences of the United States of America*，*PNAS*）上的论文，从30篇左右跃升到50篇。伴随着基础研究成果的大幅增多，研究组与临床、健康产业等实际应用领域的联系日益紧密。同时，国际大科学计划"基因组标签计划"、国家重大科技基础设施"细胞科学与应用设施"也已在前期策划推进中。

在21世纪初，为了将生命领域科研力量"紧握成拳"，向世界生命科学前沿出击，中国科学院在上海的8个研究所撤销法人编制，整合成中国科学院上海生命科学研究院（以下简称上海生科院）。经过十几年的发展，上海生科院如同一个巨大的春茧，其中所孕育的科研力量再次到达了喷薄而出的临界点。

乘着中国科学院研究所分类改革的春风，原上海生科院生物化学与细胞生物学研究所（以下简称生化与细胞所）围绕"细胞命运"这一分子细胞科学研究的核心，整合全国相关的优势科研力量，搭建起新的科研平台，建设分子细胞卓越创新中心。

生物人工肝反应器

"我们要瞄准世界生命科学前沿，瞄准国家人口与健康的重大战略需求。"分子细胞卓越创新中心首席科学家、中国科学院院士李林说，"分子细胞卓越创新中心的目标就是打造具有国际影响力的科研机构，用十年时间初具国际领跑者的地位。"

破茧

"分子细胞卓越创新中心既是一个具有法人资格的实体,又是一个相对柔性的科研联盟。"作为分子细胞卓越创新中心的首位主任,李林院士的一句话道出了这个卓越创新中心的与众不同之处。

在21世纪初的上海生科院改革中,中国科学院上海生物化学研究所与中国科学院上海细胞生物学研究所合并成为上海生科院生化与细胞所。"这一合并方案符合当时生命科学的发展趋势。"李林说。引进海外优秀人才、建立国际一流水准的实验室、发展先进的实验技术平台……在合并之后的十几年中,该研究所在分子细胞科学领域取得了长足发展。

到2013年前后,曾经促进学科融合发展的上海生科院逐渐成为各学科领域进一步发展的束缚——由于隶属于同一法人单位,不同领域的专家却不得不在项目评审中相互回避;获取科研经费、人才资助时,优秀人才不得不在内部先"打擂台"。

这股中国生命科学基础研究的重要力量,开始寻找"破茧而出"的机会,以求获得更广阔的发展空间。

"当时,科学家的弓已经拉满:又要申请科研经费,又要做科研,又要做管理……能否有一种机制,让他们能够将更多的精力集中到挑战世界前沿的重大突破上?"分子细胞卓越创新中心主任、时任上海生科院副院长、生化与细胞所研究员刘小龙说。

2014年,为落实习近平总书记"四个率先"的要求,中国科学院以研究所分类改革为着力点和突破口,启动实施"率先行动"计划,聚焦破除体制机制障碍,以求最大限度地激发科技创新潜能。

"分子细胞科学领域应该申请建设卓越创新中心!"刘小龙当年被选为生化与细胞所新一任所长。新的所领导班子走马上任的第一件事,就是准备申请卓越创新中心。

或许是这个想法早就在科研人员心中盘桓,因此只花了一个月的时间,建设方案就递交到中国科学院院长白春礼的案头:分子细胞卓越创新中心面向国家人口健康重大需求,聚焦"细胞命运决定与分子调控"这一生命科学前沿重大问题,通过开展创新性基础研究,力争在阐释细胞生命本质及活动规律方面取得具有里程碑意义的重大成果,努力开辟分子细胞科学研究的新方向,引领分子细胞科学的发展,成为生命科学研究领域国际一流的研究中心和创新人才高地。

"这个方案为分子细胞卓越创新中心设计了'五横四纵'的科研格局。"李林如此解读:横向以学科特点为坐标,部署细胞活动与结构及其调控、信号转导及其网络调控、基因组稳定性与表观遗传调控、RNA转录加工与功能调控四个研究方向,以及一个技术方向——前沿新概念理论与新技术方法。纵向则以解决重大科学问题为抓手,聚焦细胞有丝分裂与减数分裂、免疫生物学、肿瘤生物学等问题,与中国科学院战略性先导科技专项(B类)"细胞命运可塑性的分子基础与调控"相匹配。

"这样,就可以让各种科研资源以不同的方式进行排列组合,促进学术思想的相互交流、碰撞,促进不同领域科学家之间的合作、交叉,这也是建立卓越创新中心的意义所在。"李林说。

"分子细胞卓越创新中心具有双重意义,一个是体,一个是魂。"李林说道。"体"指的是获得法人资格的科研机构实体,而"魂"则指它要在本学科领域中建设科学高地,依托"体"发挥中国科学院整体优势,形成占据国际引领地位的科研团队。

2015年,分子细胞卓越创新中心遴选第一批科研骨干时,吸引了中国科学院近百个科研团队前来申报。经过由海外专家组成的评审委员会的严格选拔,上海生科院生化与细胞所仅有约一半的研究组进入分子细胞卓越创新中心,而来自上海生科院其他单元、中国科学院上海药物研究所、中国科学院广州生物医药与健康研究院、中国科学院动物研究所、中国科学院苏州生物医学工程技术研究所、中国科学技术大学、上海科技大学、复旦大学等12个单位的约30个科研团队也加入了分子细胞卓越创新中心。

筑巢

2015年7月23日,中国科学院院长办公会议原则同意分子细胞卓越创新中心建设实施方案,分子细胞卓越创新中心正式启动筹建。

2017年12月22日,分子细胞卓越创新中心通过筹建期验收,进入正式运行阶段。

这两个重要的日期深深印在刘小龙的脑海中。为了给分子细胞卓越创新中心设计一套符合基础研究规律的管理体制,研究所领导与科学家多次座谈、不断探讨,也向全球顶尖科学家、顶尖实验室请教经验。

科学研究是一类特殊的劳动,尤其是基础研究,从事的是从无到有的创造性劳动,通常所用的绩效考核制度对此并不完全适用。"科学家都有自己的追求,都执着于自己所从事的研究。"刘小龙说。他认为,由"狂热"的爱好所带来的工作投入根本无须"算工分"来督促、激励,"我们要设计的制度,应该不同于通常的绩效考核制度,最大限度地解除对优秀人才和前沿研究的束缚,让他们能够放手发展"。

基于这样的考虑,分子细胞卓越创新中心设计了这样一套制度:进入分子细胞卓越创新中心的课题组,前三年不做考评,待三年期满进行一次考评,如果考核通过,则过五年再进行考核。

这样的考核周期是否太长?进入分子细胞卓越创新中心的研究组会不会懈怠?李林说,这种情况一般不会出现,届满三年之后,每年在遴选团队时都会保持一定的淘汰率。比如,2015年首批选入的团队,2018年有10个离开了分子细胞卓越创新中心。

"分子细胞卓越创新中心不养懒人,卓越创新中心的团队必须永远追求卓越!"李林说这才是规则设立的初衷。他相信,一个好的制度必定会让优秀的人发挥出最大的潜能。

陈玲玲的话印证了李林的观点。自2011年回国,她在非编码RNA领域做出了开创性的系统工作,如今,她已在国际学术界的这个领域拥有相当响亮的名声。2015年申请加入分子细胞卓越创新中心后,她觉得考评本身的压力并不大,更多的压力来自自身。

"非编码 RNA 研究领域里多个知名国际会议每年都会邀请我去做报告。从 2018 年开始,我也被邀请担任重要国际会议的大会主席。那么,每次报告,我总要带给同行一些新的想法、新的进展才行。"陈玲玲说。要保持住前沿、领先的地位,就必须不断努力前行。

在 2018 年的评估中,陈玲玲从科研骨干"升级"为核心骨干,她获得的稳定资助也将有所提升。

"其实,在进入分子细胞卓越创新中心后,很多青年人才成长都很快。"刘小龙说。从 2015 年到 2018 年,分子细胞卓越创新中心的科研团队中一共新增了 16 位"国家杰出青年科学基金"获得者,占 4 年来全国生命科学、医学基础领域总人数的 8%。

2012 年回国工作的邹卫国,就是在加入分子细胞卓越创新中心之后获得"国家杰出青年科学基金"的。他曾经在美国斯克利普斯研究所、哈佛大学公共卫生学院做博士后,对科研环境有着自己的判断:尽管国内在骨科分子生物学方面的基础研究刚起步,他无法像在美国那样找到很多小同行,却可以遇到生命科学其他领域的优秀专家。

"分子细胞卓越创新中心鼓励学科交叉融合,我已与不少优秀科学家开展了合作,开始有一些较好的论文发表。"他觉得,分子细胞卓越创新中心所营造的学术氛围对他获得"国家杰出青年科学基金"起着重要作用。

刚加入分子细胞卓越创新中心一年多的孙林峰是中国科学技术大学生命科学学院的年轻教授。在清华大学完成博士后,他来到中国科学技术大学开始组建自己的实验室,开展独立研究。他坦言,能够加入分子细胞卓越创新中心对他的科研起步帮助很大。

"在清华,我接受了冷冻电镜领域的系统训练,但在具体研究蛋白质时却容易'钻牛角尖'。通过分子细胞卓越创新中心的平台,我可以与很多分子生物学、细胞生物学的老师进行交流,得到很多帮助。"孙林峰说。

心无旁骛、潜心致研,需要宽松、自由的研究环境和科研生态。分子细胞卓越创新中心科研处处长胡光晶表示,对一个科研机构来说,要服务好科学家，在管理的建章立制上尤其要平衡各种规制，管理人员需要付出更多。

2016年4月开始，分子细胞卓越创新中心为入选科研团队的实验室"管家"组织了"秘书培训交流会"，提升他们服务研究团队的水平。在这个每季度召开的交流会上，各职能部门将最新政策举措、实操流程详细地介绍给他们。

此外，分子细胞卓越创新中心还设立了主任基金，对一些重大原创成果、重大战略性技术与产品、重大示范转化工程进行布局，鼓励科学家大胆探索。比如，胰岛成体干细胞的发现和胰岛的体外重建是主任基金支持的第一个项目。

"目前，这笔200万元的经费主要用于解决研究组与医院合作中制备生物样本的经费。"刘小龙介绍，这是其他渠道经费难以解决的问题，"过去，生命科学的基础研究多用小鼠、线虫、果蝇来做实验，注重理解生命现象。但现在分子细胞卓越创新中心聚焦国家人口与健康的战略需求，我们应该更大胆地将基础研究与人的生理、病理结合起来"。

科研人员交流实验结果

振翅

经过 2015 年 7 月至 2018 年 7 月的动态调整，截至 2019 年 5 月，分子细胞卓越创新中心共有来自全国 13 个科研机构、高校的 70 位科研骨干，平均年龄为 45 岁。自 2015 年启动筹备以来，分子细胞卓越创新中心在建设期内，获中国科学院各类支持经费共计 5000 余万元。

"分子细胞卓越创新中心的架构对于稳定人才起到了很好的作用。"刘小龙说。在改革过程中难免存在人才队伍流动幅度偏大的状况，而分子细胞卓越创新中心柔性的人才组织方式，使得科研团队的组织避免了人事关系变动等矛盾，给人才以更大的自主选择权。

"能够进入分子细胞卓越创新中心，对刚回国、刚起步的年轻人是一种认可与激励。"邹卫国说。精神激励、归属感，对他这样的年轻人来说很有意义。

制度激发创新潜力，分子细胞卓越创新中心从筹建以来，创新成果的产出能力已跃上了一个新的台阶。

过去 3 年，分子细胞卓越创新中心已在国际一流学术期刊上发表各类论文 400 余篇，其中作为第一和（或）通讯单位发表研究论文 340 余篇。其中，《自然》6 篇、《细胞》4 篇、《科学》3 篇。

在 2016 年度中国科学十大进展中，分子细胞卓越创新中心的"揭示胚胎发育过程中关键信号通路的表观遗传调控机理""提出基于胆固醇代谢调控的肿瘤免疫治疗新方法""发现精子 RNA 可作为记忆载体将获得性性状跨代遗传"三项入选。

"DNA 去甲基化的分子机理及其生物学意义""卵子介导细胞重编程的基础与应用研究"两项研究斩获上海市自然科学奖一等奖。

成果的产出，离不开人才的成长。数据统计显示，截至 2018 年底，除新增国家杰出青年科学基金获得者 16 人外，分子细胞卓越创新中心还新增国家自然科学基金创新研究群体负责人 4 人、"万人计划"科技创新领军人才 8 人。其中，有两位青年科学家获得了国际重要奖项：陈玲玲获得霍华德·休斯医学研究所国际青年科学家奖，周斌获得英国皇家学会牛顿高级研究员奖。

在卓越创新中心稳定支持基础科研，以及鼓励学科交叉、融合的理念下，近年来，分子细胞卓越创新中心新增国家重点研发计划10项，并有组织地加强与临床医疗机构的合作研究，探索体制机制突破，聚焦共同研究方向，促进基础临床衔接。

"中心与同济大学医学院在学科建设、人才培养、项目组织等方面寻求深层次合作；与上海市胸科医院在胸部肿瘤、心脏疾病的发病机制与诊治等方面开展研讨合作。"刘小龙说。

目前，分子细胞卓越创新中心已开始在生命科学的国际前沿方向进行布局，谋划酝酿发起国际大科学计划。

减数分裂与精子健康研究是分子细胞卓越创新中心在国际前沿领域布局上落下的重要一"子"。该研究立足生殖健康需求，准备联手上海科技大学、上海交通大学、复旦大学、上海市计划生育科学研究所等单位，通过创新性基础研究和临床研究，力争在哺乳动物精子减数分裂调控机制方面取得重大原创成果，在精子质量检测方法建立和应用方面取得临床转化重大突破。

基因组标签计划则是分子细胞卓越创新中心正在酝酿中的一个国际大科学计划。经过多年科研与技术积累，分子细胞卓越创新中心已拥有在国际生命科学界独树一帜的"孤雄生殖"技术，能够为生物大分子加上一个标签（条形码）[①]。该计划准备用5~8年时间，分两期完成2.5万个蛋白质标签。

此外，分子细胞卓越创新中心还在积极筹建国家细胞科学与应用大科学设施。"这将是对疾病治疗理念的革新——利用细胞治疗修复和替代损伤组织，实现疾病的真正治愈。"刘小龙说。建设国家细胞科学与应用大科学设施，将有力支撑细胞产业能级提升、有效衔接从实验室到医院的成

---

① 蛋白质"标签"，方便科学家跟踪并研究生物大分子在生物体内的行为。

果转化应用。

"任何事情,做不成或许有一万个理由,但做成只需要坚持这一个理由。"刘小龙表示,在四类机构正式运行的新起点上,分子细胞卓越创新中心将不忘初心,坚实走好每一步,为中国生命科学走到国际引领的位置、为满足国家人口与健康的战略需求而做出不懈的努力。

(花梨舒撰文;原文刊发在《中国科学报》2019年5月21日第4版,有删改)

许超导电子学一个未来

——中国科学院超导电子学卓越创新中心改革纪实

我国是超导材料研究强国，但超导电子学研究却是短板，不仅和国际先进水平存在较大差距，在一些关键领域方向上甚至是空白。

2015年10月，中国科学院上海微系统与信息技术研究所（以下简称上海微系统所）牵头成立的超导电子学卓越创新中心（以下简称超导电子学卓越创新中心）正式获批。这一全新体制将打破研究所围墙，把中国科学院超导电子学相关力量全部汇入其中，致力于协同创新，勇攀科技高峰。

这意味着，在超导电子学这一领域，中国科学院集全院之力做出了顶层设计。这也意味着，在解决超导电子学"卡脖子"技术的漫漫长路上，我国正式起航。

经过几年的建设，如今的超导电子学卓越创新中心已初具规模、渐入佳境。面向未来，为了发展超导电子学前沿学科，满足国家对超导电子技术的战略需求，超导电子学卓越创新中心将围绕中国科学院"三个面向""四个率先"办院方针，依托创新管理机制，继续推进体制改革，组织协同各单位优势力量，努力实现从跟踪到自主创新的跨越，发展成为具有全球影响力的超导电子学研究中心。

2009年5月的南京紫金山，春意正浓。

日本国家信息与通信研究机构（National Institute of Information and Communications Technology，NICT）超导电子学研究组组长王镇像以前很

多次一样，回国参加学术会议。没想到，此时两位访客正在等待他，并带来了一道影响他后半生的选择题。

不请自来的是上海微系统所研究员谢晓明和尤立星。

"我们要在上海建一个超导电子学研究平台，您能不能回来？"谢晓明开门见山地说。

"超导电子学研究跟半导体电子学一样，要投大钱才能做起来，以前国内没人做，现在中国科学院愿意养大这个'小娃娃'，我很感兴趣！"面对这道选择题，王镇没有犹豫，"我在国外工作20余年了，现在回国还能抓紧时间再干几年，回！"

果然，之后的几年，上海微系统所接连承担中国科学院战略性先导科技专项（A类）、（B类），成立超导电子学卓越创新中心……从汇聚人才到承担重大项目再到突破体制障碍、集中力量办大事，超导电子学这个幼小的生命正在中国科学院茁壮成长。

孕育诞生

超导电子学这个"小娃娃"着实不简单。

超导是指某些物质在一定温度条件下（一般为较低温度）电阻降为零的性质。超导电子学是超导物理、材料科学与电子技术相结合的一门交叉学科。超导器件具有极高灵敏度、低噪声、宽频带等突出优势，可用于半导体器件无法胜任的基础前沿应用领域。

随着半导体集成电路逼近物理和技术极限，速度和功耗已经成为难以逾越的障碍。谁将成为后摩尔时代的接替者？超导数字电路和量子比特电路被认为是未来最有希望的颠覆性技术。

发展这两种技术，都离不开超导电子学。

"这也是为什么几十年来，发达国家一直致力于发展超导电子学研究的原因。"谢晓明告诉《中国科学报》记者。

如果不考虑成本，超导器件和电路堪称"完美"。但是，为了达到超导需要的低温，必须付出高额成本。在谢晓明看来，这也是我国超导电子学发展落后的主要原因，"早期甚至连降温的液氦都买不起"。

高温超导机理被誉为凝聚态物理皇冠上的明珠，目前尚未完全破解。我国科学家赵忠贤、陈仙辉等人在高温超导材料领域做出了世界领先的研究工作，成为国际舞台上最活跃、最有影响力的研究力量之一。然而在超导电子学领域，我国和国际先进水平存在较大差距，在一些关键领域甚至是空白。

以冶金技术起家的上海微系统所在超导方面起步很早，我国第一根低温超导线就是在这里诞生的。但是，随着时代进步和学科发展，上海微系统所的领导班子意识到，研究所的主攻方向必须根据自身优势和国家需求动态调整，不能沿惯性发展。在不断的自我改革和调整中，2006年，上海微系统所前任所长、时任中国科学院副院长的江绵恒拍板，将超导电子学确定为上海微系统所的主攻方向之一。

"江院长当时明确指出，中国科学院要立足解决国家重大需求，不一定立刻产生巨大经济效应，未来会有重大应用的就应该投入。"谢晓明回忆说。

果不其然，经过几年积累，2012年，上海微系统所迎来一次重要的发展机遇，牵头承担了中国科学院战略性先导科技专项（B类）"超导电子器件应用基础研究"，参与单位包括中国科学院紫金山天文台、中国科学院上海硅酸盐研究所（以下简称上海硅酸盐所）、中国科学技术大学等。为了协调各单位协同创新，又成立了中国科学院上海超导传感技术中心（以下简称上海超导中心），王镇担任该中心首席科学家，谢晓明是专项负责人和中心主任。

先导科技专项不仅给了各参与单位一个更大的舞台，也让他们感受到协同创新的力量。"放眼全国，想要打破各单位界限，集合最强的力量研究超导电子学，中国科学院具有得天独厚的条件。"谢晓明说。

当时，除了高温超导滤波器，我国基本不具备可靠的高性能超导器件自主供给能力。而国外对我国严格禁运高性能超导器件，只有纯基础研究及苛刻限制条件下的超导量子干涉仪才能少量进入国内。

"联合起来干大事，在国际上占有一席之地"，成为大家共同的心声。

在中国科学院筹备试点建设一批卓越创新中心之际，几家单位一拍即合。2015年10月23日，由上海微系统所牵头，上海硅酸盐所、中国科学技术大学、上海科技大学等多家共建的超导电子学卓越创新中心正式获批。谢晓明和王镇再次联手，分别担任中心主任和首席科学家。

为了发展超导电子学前沿学科，满足国家对超导电子技术的战略需求，超导电子学卓越创新中心打破研究所围墙，把中国科学院全院超导电子学相关的顶层力量全部汇入这一协同创新的全新体制中。围绕中国科学院"三个面向""四个率先"办院方针及上海市科技创业中心建设目标，聚焦物理前沿交叉、先进材料和信息等重大创新领域，旨在建成具有"全球视野、国际标准"的超导电子学研究机构。

"做科学家，尤其是应用学科的科学家，必须把自己的研究与国家的战略需要联系起来，通盘去想，布大局、做大事。"时任上海微系统所所长、中国科学院院士王曦如是说。

志存高远

集结了中国科学院最强的力量搞改革，就必须有开创性的举措、产出重大成果、带来实实在在的成效。

自成立起，超导电子学卓越创新中心就瞄准具有国家重大需求的"硬骨头"——超导传感器、探测器、量子比特和数字电路。

超导数字电路有望同时打破速度和功耗两项半导体电路的物理瓶颈，是国际上后摩尔时代的重要备选方案，但我国仍处于空白状态；超导量子比特可指数级提高计算能力，成为发达国家和国际大公司——国际商业机器公司（IBM）、谷歌公司、阿里巴巴网络技术有限公司等竞相争夺的颠覆性技术高地；超导传感器和探测器可以将电磁等信号探测能力提升至量子极限，支撑国家重大需求，我国同国外差距明显。

"如果在关键技术上无法实现自主化,未来谈基于超导的系统优势无疑是空中楼阁。"谢晓明说。

为此,超导电子学卓越创新中心决定聚焦于量子材料与物理、超导器件与电路基础研究和前沿应用探索,全面发展我国的超导电子学学科。未来目标则是新材料、器件物理和核心器件研究产生学术影响,实现自主可控,取得重大应用示范。

从零开始建造超导电子学的"大厦",超导电子学卓越创新中心不乏勇气,亦探索出一套独具特色的组织运行模式。

"多数卓越创新中心以基础研究为主,我们的特点是既有基础又强调应用,与应用接口很近,打造材料-器件-应用一体化的创新生态环境。"谢晓明说。

超导电子学卓越创新中心设置了材料与物理、器件与电路、应用探索三个研究部,分别由陈仙辉、王镇、谢晓明担任学术带头人。

谢晓明认为,三个研究方向相互关联:新材料一旦突破可以为整个超导电子学带来颠覆性变革,器件和电路研发的最终目标是走向应用,应用反过来对器件提出技术要求,最终形成良性循环。

但是,从材料到应用的链条非常长,超导电子学卓越创新中心在选择合作伙伴时也必然"精挑细选"。

中国科学院院士、中国科学技术大学教授陈仙辉告诉《中国科学报》记者,我国的"卡脖子"技术70%以上与材料相关,国内的超导研究虽然力量强大,但应用研究却较薄弱,缺乏整体布局;而超导电子学卓越创新中心的超导电子学相关应用研究代表了我国的最高水平,就必须承担起解决"卡脖子"技术难题的责任。

在超导材料和机理研究上,陈仙辉做出过世界级研究成果,曾经获得国际超导材料领域最高奖马蒂亚斯奖和国家自然科学奖一等奖。进入超导电子学卓越创新中心之后,他坦言最大的改变是思想观念的改变。

"以前我只做基础研究,现在发现应用基础研究很重要并且不容易,我也在不断调整自己,希望能够发现新的超导材料,未来应用于器件。"

陈仙辉说。

"工欲善其事，必先利其器。"依托高端器件研发平台，辅以先进材料与物理研究手段，上海超导中心的超导电子学器件工艺平台是目前全国唯一一条大规模集成工艺线，成为超导电子学卓越创新中心不可替代的核心竞争力之一。

超导电子学器件工艺平台

上海微系统所超导实验室主任尤立星认为，该平台将扭转中国超导电子学几十年来难以发展壮大的局面。"这里有最好的平台，能出成果，这才是未来发展的关键，所以我们的团队也比较稳定。"

在明确科学目标的牵引下，在高性能平台的吸引下，超导电子学卓越创新中心不断"扩容"。2018年，中国科学院物理研究所和中国科学院理化技术研究所分别有团队相继加入。

王镇告诉《中国科学报》记者，尽管美国、日本发展了几十年超导电子学，但其先进的研究机构只专攻一个方向和细分领域，超导电子学卓越创新中心却能发挥中国科学院的长处，把超导电子学所有的研究方向集中起来，实现不同技术之间的互联互通。

"从超导电子学的学科布局来说，超导电子学卓越创新中心是国际上数一数二的。"王镇自信地表示。

朝气蓬勃

2008 年，在美国一家超导集成电路公司担任工程师的任洁在芝加哥举行的一次国际会议上见到了尤立星，这让她很意外。"那是我第一次在国际会议上看到中国人的面孔，也是我第一次知道国内有人有兴趣做超导集成电路，中国之前的'名声'都是在超导材料上。"任洁回忆说。

彼时，尤立星刚刚离开美国国家标准与技术研究所，来到上海微系统所任职。科研之外，协助谢晓明"找人"成为他的一项重要任务。

2015 年 9 月，超导电子学卓越创新中心正式获批前夕，任洁全职回国，快速建立起一支队伍投入超导集成电路的研发中。这让谢晓明大大松了一口气。此前，我国在超导集成电路研究方面几乎没有任何经验，而任洁从研究生开始就一直从事相关研发，具有 10 余年的研究经验。

之后的两三年，通过人才引进通道，超导电子学卓越创新中心陆续引进五六名青年人才。考虑到超导电子学卓越创新中心工作任务重、压力大的特点，上海微系统所设立了"管理特区"，在人员考核、薪酬、招聘、人才计划及科研用房等诸多方面给予了资源配置，有针对性地支持青年骨干人才的成长。

研究超导量子计算的林志荣研究员在回国之前已经申请了设备购置，因此，正式回国后，他仅用半年时间就将实验室搭建起来。他说："超导电子学卓越创新中心给我最大的感受是朝气蓬勃的氛围。"

超导探测器应用于量子计算实验

从多领域空白到全链条覆盖,超导电子学卓越创新中心对人才的需求是全方位的,对人才的培育也采取了分层级、分类别、分阶段的"网格式",因才设岗,人尽其用。

例如,依托国际联合实验室、外聘客座教授等平台,为青年骨干人才提供出国深造和交流的机会;依托超导电子学器件工艺平台,引进和培养技术支撑人员;重视初中级青年人才和博士后的培养,对优秀的博士后试行"超级博士后"协议年薪制。

在国际合作方面,从 2006 年起,德国于利希研究中心教授张懿就在上海微系统所担任兼职教授,帮助该所从零起步发展超导传感器。如今,他每年有 6 个月时间待在上海的实验室。双方多次联合举办中德合作研讨会,联合培养 25 名博士研究生,还成立了中德功能材料和电子学虚拟联合研究所。

截至 2019 年 6 月,超导电子学卓越创新中心建立起 79 人的队伍。其中,高级职称人员占 73%,30~40 岁的青年人才占比超过一半。

从国际舞台上的陌生面孔到全世界几乎规模最大的超导电子学团队,这条路上海微系统所走了 10 年。

为了保证这支队伍走得更快、更远,超导电子学卓越创新中心在管理结构上设立了"一轴两翼"的框架:"一轴"为技术核心轴,"两翼"分别为行政管理支撑翼及技术服务支撑翼,小到填表报销、灯管维修,大到野外后勤保障、增量资源争取等,为科学家提供全方位的支撑服务。

上海微系统所副研究员荣亮亮对此体会颇深。他所在的团队自主研发的超导探测器可进行高精度探矿,灵敏度比传统方法高 3 个数量级,就像给近视眼的人配上了眼镜。

但是,探矿工作往往都在偏远的野外开展。在塔吉克斯坦的一次经历令荣亮亮记忆犹新。当时,由于剧烈的高原反应,许多队员第一周都不得不卧床休息,最终大家靠吃止疼药坚持完成了为期两个月的探矿实验。

跟着技术团队一起出野外的,还有中国科学院超导实验室行政副主任、党支部书记张为带领的一支行政支撑团队。他们承担了后勤保障、安全保卫、设备运输、直升机租赁、液氦供给、野外衣食住行等一系列事务性工作，与科研人员一起克服风餐露宿、蚊虫叮咬的野外艰苦条件。

"超导团队是我们所的骄傲。"张为说，"我们的任务就是尽量给科研人员减负，解决他们的后顾之忧。要坚持做好定人心、暖人心、聚人心的工作。"

在微电子行业，如果选择去企业工作，待遇诱人，但很多年轻人却愿意留在超导电子学卓越创新中心，坚守科研岗位。除了事业平台，这种全方位的人才支撑服务工作，也使得超导电子学卓越创新中心成为能招来人、能留下人的地方。

茁壮成长

从两三个人的团队到多单位协同创新，从小规模研究到承担先导科技专项，从单元器件到集成电路……在探索超导电子学的道路上，由于没有经验积累，超导电子学卓越创新中心一直是摸着石头过河。

执行战略性先导科技专项（B类）时开展的实质性合作，为后来超导电子学卓越创新中心的科研工作打下的坚实基础，令超导电子学卓越创新中心的学术带头人印象深刻。

"上海和合肥在地理位置上很近，交通也方便，我有研究生在上海微系统所里做研究，上海微系统所里也有学生在我的实验室工作，我们之间的交流一直很多。"陈仙辉说。

为了推动所校合作，上海微系统所和中国科学技术大学物理学院共同建设"吴自良超导英才班"，与上海科技大学物质学院联合成立"量子电子学联合实验室"，为培养和储备优秀人才打下基础。

处于同一个园区内的上海硅酸盐所更是上海微系统所的"老伙伴"，双方定期召开联合组会，共同开展超导新材料探索，还实现了两个团队之间的高效设备共享。

高效的合作给超导电子学卓越创新中心带来了丰硕的成果。

在材料方面，陈仙辉研究小组与上海硅酸盐所黄富强研究小组联合，先后发现新型 LiFeOHFeSe（锂铁氧氢铁硒）等铁硒基及铁硫化合物等多种超导材料，成功发明固态离子导体场效应晶体管，实现了对高温超导电性的调控。

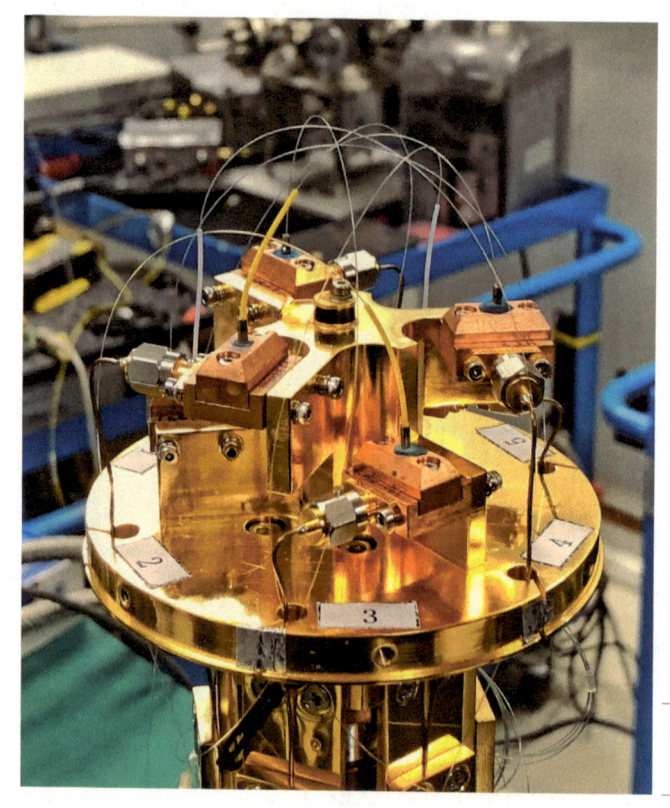

超导单光子探测系统内部结构

在器件方面，上海微系统所和中国科学技术大学的合作堪称典范。双方从最初两个研究小组之间的合作，发展到"超导电子器件应用基础研究"与"量子系统的相干控制"两个中国科学院战略性先导科技专项（B类）的合作，并于2015年10月上升至超导电子学卓越创新中心与量子卓越创新中心（现量子创新研究院）两个卓越创新中心之间的合作。双方还联合成立"超导量子器件与量子信息联合实验室"，历经10年，精诚合作，将自主研发的高性能超导纳米线单光子探测器成功应用于量子信息领域的研究，多次创造量子信息应用的世界纪录。

在应用探索方面，谢晓明研究组自主研发了多通道无屏蔽心磁图仪并实现技术转化，取得二类医疗器械产品注册证；与吉林大学合作研发地球物理探测超导瞬变电磁接收机，与公司合作在我国河南、云南和塔吉克斯坦等地成功开展应用验证实验；参与中国科学院地质与地球物理研究所牵头承担的重大科研仪器研制项目，联合中国科学院多家单位成功研制出中国第一套、世界第二套航空超导全张量磁梯度测量系统。

谢晓明认为，学科交叉融合是科技创新的重要趋势之一，面向未来，超导电子学卓越创新中心将用好这个"重大任务的载体"，依托创新管理机制，继续推进体制改革，组织协同各单位优势力量，共同实施跨学科、跨领域的重大科技任务和技术攻关，努力实现从跟踪到自主创新的跨越，发展成为具有全球影响力的超导电子学研究中心。

2018年2月，中国科学院战略性先导科技专项（A类）启动实施。超导电子学卓越创新中心迎来新一轮挑战。

谢晓明表示："从20世纪五六十年代至今，超导研究已经经历了多次高潮和低谷。我们能做的是做好技术储备，让超导梦早日实现。"

在陈仙辉看来，协同创新是解决超导电子学"卡脖子"技术的必经之路，但我国目前只是站在了漫漫长路的起点上。"这些年通过超导电子学卓越创新中心的积累，我们打下了很好的基础，但还要在基础研究、技术发展和人才资源上继续积累，潜心研究，戒骄戒躁，坚持到底！"

王镇则认为，让超导电子学这个新生命茁壮成长，除了能力，还需要恒心。超导电子学在国际上目前仍未形成经济效益，很容易半途夭折。这也是发达国家玩得起，而我国长期落后的原因之一。"我们已经在这个'孩子'身上投入10年时间，希望能看到它长大成人。"他说。

（陈欢欢撰文；原文刊发在《中国科学报》2019年8月2日第4版，有删改）

采得百花成蜜后

——中国科学院分子植物科学卓越创新中心改革纪实

丰厚的历史积淀、肥沃的科研土壤，滋润着中国科学院上海生命科学研究院（以下简称上海生科院）植物生理生态研究所（以下简称植生生态所）的每个人。罗宗洛、殷宏章等老一辈科学家求真务实、勇于创新的科学精神与家国情怀在新一代科学家身上传承着。

采得百花成蜜后，为谁辛苦为谁甜？在新一轮科技创新和深化改革的大潮中，植生生态所人把握机遇，汇聚各方力量，充分释放创新智慧，让创新力量充分涌流。

在这里，他们聚焦分子植物领域的一系列重大前沿科学问题，为中国农业现代化提供创新原动力。在这里，从院士、普通研究人员、管理人员到学生志愿者，他们以科研带动科普，致力于科技创新和科学普及"两翼起飞"。

中国科学院分子植物科学卓越创新中心（以下简称分子植物卓越创新中心）筹建至今，在植物性状形成的遗传基础、性状形成的物质能量代谢基础、生长发育的分子调控机理及植物与环境互作的基本规律等4个方向形成合力，取得了一批重大科研成果，推动我国分子植物领域研究走向世界前列。

播下种子，精心耕耘。期待未来，芬芳满庭。

每当夜幕降临，上海枫林路园区的人工气候室里，水稻、玉米、棉花、木薯、番茄、拟南芥等各种绿色植物在灯光掩映下散发出特有的橘红色光影，为这个大院带来一片静谧和神秘。

然而科学家却无暇欣赏美景。他们在这个人工模拟四季变化的实验室里，夜以继日地研究分子植物领域的一系列重大前沿科学问题，为中国农业现代化提供创新原动力。

人工气候室全景图

这是围绕"植物特化性状形成及定向发育调控"主题、以推动我国作物科技革命为使命的一场大竞赛。竞赛的主角，就是作为国家战略科技力量一员的分子植物卓越创新中心。

分子植物卓越创新中心自 2015 年筹建至今，在植物性状形成的遗传基础、性状形成的物质能量代谢基础、生长发育的分子调控机理及植物与环境互作的基本规律四大方向进行布局，形成合力，取得了一批重大科研成果，推动着我国分子植物领域研究走在世界前列。

国际学术期刊《自然-植物》(Nature Plants)曾发表题为 A Chinese renaissance（中国的复兴）的评论，高度评价了近年来中国在农业科学中的突出贡献，认为"中国在作物科学研究领域的巨大进步使其重新建立起世界植物科学前沿的卓越地位"。

春风拂面　再绘蓝图

2014年,"率先行动"计划启动实施,新时期中国科学院全面深化改革的帷幕缓缓拉开。

2014年5月16日,中国科学院院长白春礼赴上海分院,以"实施'率先行动'计划、加快改革创新发展"为主题,详细介绍了研究所分类改革的总体思路、主要举措,把改革的春风吹进了分院系统的19家机构。

坐落于上海市岳阳路320号的上海生科院,与上海分院仅一街之隔,素有中国生命科学领域的"航空母舰"之称。在上海生科院院长李林看来,改革已容不得片刻迟疑。上海生科院立即组织召开了院长办公会。

会后,上海生科院副院长、植生生态所所长韩斌,带领植生生态所领导班子随即展开行动。行动的第一步便是解决好定位问题。

在中国科学院内部,植物科学相关领域的分布,除了植生生态所以外,还有植物研究所(以下简称植物所)、遗传与发育生物学研究所(以下简称遗传发育所)等不同研究机构。多年发展下来,同质化、碎片化现象日渐突出。要解决这个问题,必须凝练学术方向,整合学科领域科研资源。

植生生态所副所长龚继明回忆道,植生生态所为此多次前往北京,和相关研究所讨论、沟通,使植物科学的布局图景逐渐清晰——植生生态所定位于卓越创新中心,遗传发育所和植物所分别定位于种子创新研究院、特色研究所。

植生生态所外学科领域差异化定位完成后,再聚焦植生生态所内的学科领域。经过植生生态所学术委员会反复讨论,分子植物卓越创新中心确定了遗传基础与进化规律、发育过程调控、环境互作与应答、物质能量代谢等4个研究方向。各方向紧密联系、相互交叉,紧扣"植物生命现象的本质与规律"这一科学问题。

"这样的布局,让研究机构在重大科学问题上能形成合力、协同创新、取得突破。"植生生态所研究员何祖华如是评价,"分类改革有利于避免同质化竞争,更有利于组织实施重大研究项目、集结相关研究领域科学家、服务国家战略需求、突破前沿理论与技术,解决'卡脖子'问题。"

何祖华（中）带领科研人员开展科学研究

韩斌至今仍记得2015年10月那次对分子植物卓越创新中心具有转折性意义的中国科学院院长办公会。会上，关于"上海生科院几个卓越创新中心向法人化方向发展"的建议得到了中国科学院院领导的认可。

学科领域的资源整合后，推进研究所向独立法人研究所方向发展，无疑是决定研究机构能否更快、更高发展的关键因素。

2016年11月，分子植物卓越创新中心在中国科学院内实施计划单列运行。

如果说，理顺学科资源和机制体制问题是卓越创新中心发展的前提与基础，那么承接重大专项任务、稳定支持基础研究，则是推动中心持续发展的动力。

2017～2018年，分子植物卓越创新中心启动实施了战略性先导科技专项（B类）"植物特化性状形成及定向发育调控"。为使管理"回归科研本位、释放创新活力"，分子植物卓越创新中心先后建立了理事会、学术委员会、国际评估委员会、执行委员会等。"我们还建立完善了一系列规章制度，从组织管理体系到人事管理制度、经费统筹管理办法等。"植生生态所科研处副处长许璟介绍道。

完整高效的管理体系，切实有效的规章制度，相对成熟、全覆盖的内部治理体系，为决策支撑和有序运行提供了有力保障。植生生态所党委书记郭金华认为，高效畅通的沟通协调机制及规范的制度体系，对分子植物卓越创新中心的有效管理起到了积极的推动作用。

2019年5月底，分子植物卓越创新中心正式成为独立法人，开启新的发展征程。

树人为先　厚植土壤

致天下之治者在人才。尽管分子植物卓越创新中心已经有了很好的基础，近年来引进了一批优秀科学家，但要营造出人才"近悦远来"的环境，还需下真功夫，为人才提供多方位的保障。

首先要让人才找到科研领域的融合空间。为此，分子植物卓越创新中心提出"一体两翼"的发展思路。龚继明解释说，"一体"就是分子植物科学研究；"两翼"就是合成生物学和昆虫科学研究。以分子植物科学为主体，促进和带动植物-昆虫-微生物交叉学科研究。

朱健康现为中国科学院上海植物逆境生物学研究中心（以下简称植物逆境中心）主任。2015年至今，分子植物卓越创新中心已经完成3次成员遴选，植物逆境中心人员也参与其中。"'环境互作与应答'是分子植物卓越创新中心四大方向之一，与植物逆境中心的研究方向契合，这为团队成员进入分子植物卓越创新中心奠定了基础。"他说。

分类改革后，植物逆境中心多年来的科研用地难题，依托分子植物卓越创新中心协调推动，得以顺利解决。2017年，上海市政府批复同意上海市绿化和市容管理局划拨5万平方米建设用地的专项规划。

植生生态所研究员、中国科学院合成生物学重点实验室主任覃重军坦言自己是所里最有名的经费"负翁"。多年来，他的研究组"赤字"已超过300万元。近5年，他也没有发表一篇与酵母相关的论文，"换成别的单位，或许早就卷铺盖走人了"。最终，覃重军研究团队在国际上首次人工创建了单条染色体的真核细胞，成果于2018年8月2日发表在《自然》上，被誉为"人造生命"领域具有里程碑意义的重大突破。

其次要解决科研空间紧张的迫切问题。为了让引进的人才有足够的研究空间，分子植物卓越创新中心在寸土寸金的上海市内环枫林路园区，立足有限资源，夯实支撑条件。

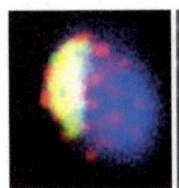

天然酿酒酵母　　16条染色体

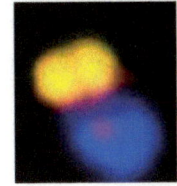

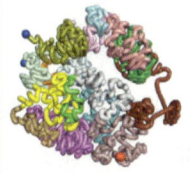

人造单条染色体酵母与天然酵母细胞对比图

人造酿酒酵母　　1条巨大染色体

植生生态所所长助理、综合管理处处长龚颂福介绍，枫林路园区1.5万平方米的新科研楼于2017年3月投入使用。"我们划拨出70%的空间，优先支持分子植物卓越创新中心成员，并把一个楼层提供给植物逆境中心研究组首批入驻。"

再次要加强整体预算管理与经费调控能力，将有限的经费资源用于重点领域、重点发展方向和关键人才的培养发展上。

"和很多研究所不同，我们的研究组长薪金、社保由单位统一承担。"植生生态所财务处副处长邵靖介绍，"除此之外，从中国科学院部署项目、战略性先导科技专项（B类），到国家自然科学基金委员会各类项目，再到国家重点研发计划与基地和人才专项等，分子植物卓越创新中心通过多个经费渠道为人才持续稳定做研究提供保障。"

截至2019年7月，分子植物卓越创新中心已经形成了64人的卓越创新团队，其中特聘核心骨干人才7人、特聘骨干人才28人、青年骨干人才29人。团队成员的平均年龄只有44岁，分布在7个研究机构。

2018年，分子植物卓越创新中心顺利完成了国际学术评估。专家组对分子植物卓越创新中心几年来取得的成绩和发展态势高度认可，认为其在植物学、昆虫学和微生物学等领域成就显著。52位参评研究组长中有26位被评为"优秀",占到总数的50%。

分子植物卓越创新中心围绕研究方向和科研布局,依托国际同行评议,以创新性和前沿性为评价的中心维度,建立基于国际评估结果的人员动态调整机制,以保持研究队伍的卓越性。

"我们要将优秀人才培养为卓越人才。"韩斌谈道,"一方面,依托国际一流的专家团队对人员遴选进行把关;另一方面,为人才营造潜心做研究的宽松环境。以科学问题为导向,鼓励自由探索。"

科教融合,通过高水平科学研究支撑高水平科技人才培养是保持人才可持续发展的关键。植生生态所人事教育处副处长王晴说,分类改革以来,分子植物卓越创新中心对研究生助学金进行了调整,增幅达30%以上,让学生的生活条件有所改善。

"选择到这里深造的原因很简单,这里有国内做植物研究最好的平台,能让我获得最系统的训练。"在读博士研究生黄永财说。黄永财是巫永睿研究员的学生,从事玉米胚乳发育与品质研究。每年五六月份,黄永财会在松江农场近40℃的植物大棚里给玉米授粉,每天挥汗如雨,但他说"这是研究的基础,非常享受这个过程"。

2019年4月8日,巫永睿研究团队的科研成果在线发表于《植物细胞》(*The Plant Cell*),论文的第一作者正是黄永财。他也成了2015级植物遗传方向首位以第一作者身份在该领域知名期刊上发表文章的学生。

目前,分子植物卓越创新中心已经初步形成了以院士为引领,以"国家杰出青年科学基金"获得者、"万人计划"入选者等为领军人物,以"国家优秀青年科学基金"获得者等为科研骨干,以中国科学院"青年创新促进会"会员、博士后等为优秀青年人才的梯队结构。

国际合作　追求卓越

到2019年5月,来自韩国的赵政男研究员在分子植物卓越创新中心工作已满 9 个月了。每天早上，他会去植物房、人工气候室照看一下种植的模式植物拟南芥，或者和学生一起探讨研究进展。

2018 年 9 月，赵政男从英国剑桥大学完成博士后研究。在比较了英国、韩国的科研机构后，他选择分子植物卓越创新中心作为科研生涯的起点。目前，37 岁的他已是中国科学院-英国约翰·英纳斯中心植物和微生物科学联合研究中心（Centre of Excellence for Plant and Microbial Science，CEPAMS）研究组长、博士研究生导师。

"这里有一流的科研环境和优秀的同行，对科研的支持力度非常大。"赵政男坦言自己当初是"慕名而来"的。

2018 年 8 月，覃重军研究团队的首例人造单染色体真核细胞重大成果发表。当时还在英国的赵政男听到身边的科学家都在谈论中国科学院这一轰动合成生物学领域的新闻时，感到兴奋不已。他告诉同事，中国科学院就是自己要去工作的地方。

近年来，分子植物卓越创新中心立身于国际视野，通过深化国际合作，探索以才引才、筑巢引凤的方式，吸引集聚海外优秀青年人才。2017 年以来累计引进包括赵政男在内的研究组长 6 人，分别来自韩国、希腊、加拿大等国家，均隶属于 CEPAMS。

"分子植物卓越创新中心的建设要求研究水平在本领域内达到国际领先，因此通过开放合作，提高研究水平和国际影响力是分子植物卓越创新中心建设的必由之路。"韩斌说。

CEPAMS 由中英两国共同出资筹建，在北京、上海设有两个园区，分别依托约翰·英纳斯中心、遗传发育所和植生生态所，于 2016 年在上海揭牌成立。

据韩斌回忆，白春礼为此专门发贺信，"联合中心的建立不仅对植物科学的进步和全球农业的可持续发展具有重要意义，同时也说明中英两国可以联合起来做一些对两国及世界有益的事情"。

"在新落成的科研大楼里，专门给 CEPAMS 留了两个楼层的科研空间。"植生生态所所长助理王佳伟介绍说。分子植物卓越创新中心每年

5月在《自然》发布CEPAMS招聘启事，邀请美国科学院院士牵头组成评审专家顾问委员会，全方位考察应聘对象。考察标准不唯论文，侧重应聘者的综合素质。"曾经有个应聘者各方面都很优秀，但评审专家认为她缺乏科研必需的那股子闯劲儿，最后还是落选了。"王佳伟说。

CEPAMS是分子植物卓越创新中心对外延展的一个重要平台。"能吸引国外顶尖科研机构和我们合作，让全球植物科学领域的英才前来工作，体现了分子植物卓越创新中心的初心和定位。"王佳伟说。

CEPAMS成立以来，中英双方通过科研人员互访、联合培养学生等方式，形成了一个具有世界影响力并引领学科发展方向的植物代谢国际团队和网络。今后，双方将在作物改良、植物碳氮代谢、植物天然产物合成等方面开展深层次合作。

百花成蜜　未来可期

经过几年的发展，分子植物卓越创新中心已经取得了一批原创性、突破性重大系列成果：在《自然》《科学》等上发表多篇科研成果论文，一些学科领域已经居于国际引领地位；"破解水稻杂种优势之谜"入选2016年度中国科学十大进展；"国际上首次人工创建了单条染色体的真核细胞"获2018年度中国科学十大进展和2018年度中国生命科学十大进展。

收获的不仅仅是科研硕果。植生生态所人事教育处处长许华介绍，2018年，分子植物卓越创新中心有3名青年科学家获得"国家杰出青年科学基金"资助，5位科学家入选"万人计划"领军人才。"能取得这样的成绩，在改革前我们是想都不敢想的。"

"这一切都体现了改革对于人才活力的释放。"郭金华感慨不已。他补充说："改革后，行政管理也逐步走上正轨。对内，我们3个园区的党务、人事、科研、研究生、财务、外事、后勤等已实行行政一体化管理；对外，直接对接中国科学院、科学技术部、国家自然科学基金委员会、上海市科技系统等相关部门，信息通畅，同台竞技。"

改革没有完成时。上海生科院原院长、中国科学院院士陈晓亚认为，从知识创新工程到"率先行动"计划，植生生态所一直走在改革的前列。今后，分子植物卓越创新中心在立足前沿科学领域的科学探索之外，还应该与相关创新研究院协同创新，有效发挥创新研究院的转移转化优势，让科研成果走出实验室，更好地满足国家和百姓需求。

科技创新、科学普及是实现创新发展的两翼。对此，分子植物卓越创新中心联合办公室主任鞠泓这样总结："仰望天空，面向世界重大科学前沿开展科技创新；深植大地，面向国民大众做好科学普及。科技创新与科学普及，让我们的科学家可以顶天立地。"

每年5月，科研人员都会精心准备一系列科普盛宴，迎接"国际植物日""中国科学院公众科学日"。无论是在枫林路园区还是在辰山植物园，总能看到着迷于科普展和科普报告的大小朋友们。

2015年和2018年，分子植物卓越创新中心的陈晓亚和许智宏两位院士先后荣获上海科普教育创新科普杰出人物奖。

充分释放创新智慧，让创新力量充分涌流。在这里，从院士、普通研究人员、管理人员到学生志愿者，以科研带动科普，已经逐渐成为科研人员工作的重要组成部分。

追溯植生生态所70余年的发展历程，丰厚的历史积淀、深厚的文化土壤，滋养着这里的每个人。罗宗洛、殷宏章等老一辈科学家求真务实、勇于创新、孜孜不倦的科学精神与家国情怀，在当代科学家身上传承着。

在新一轮科技创新和深化改革的大潮中，他们把握机遇，汇聚各方智慧力量，深化创新文化建设，营造创新、包容、进取的科学氛围，为植生生态所发展开辟更加广阔的空间。

播下的是科学的种子，期待未来，芬芳满庭。

（何静撰文；原文刊发在《中国科学报》2019年6月11日第4版，有删改）

迎"霾"而上

——中国科学院区域大气环境研究卓越创新中心改革纪实

大气污染已经成为关乎民生和国家发展的重要问题。2015年9月，依托中国科学院战略性先导科技专项（B类）"大气灰霾追因与控制"团队组建的中国科学院区域大气环境研究卓越创新中心（以下简称大气环境卓越创新中心）正式成立。从成立之初，大气环境卓越创新中心的目标就十分清晰——建设世界一流的大气环境科学研究平台。

围绕这一目标，一系列体制机制改革逐步推进：完善多家研究所共建与协作机制，密切中心成员间的合作与交流，形成了较鲜明的"污染特征-机理机制-预报预测-观测技术-控制技术"大气环境学科创新价值链条，以科研成果为导向，打破中国科学院内研究所以往争取重大项目单兵作战的做法……

4年来，大气环境卓越创新中心的科学家们一直朝着"建设世界一流的大气环境科学研究平台"这个目标孜孜以求、锐意探索，为推动我国大气环境科学与技术研究的原始创新、提高科技支撑大气污染防治能力贡献力量。

细细算来，中国科学院内从事大气环境研究的机构并不少，大气物理研究所（以下简称大气物理所）、生态环境研究中心、合肥物质科学研究院（以下简称合肥研究院）……但其中存在的资源配置重复、研究力量分散的问题，并不利于从整体上承担国家重大任务、引领国际前沿科技探索。这也为中国科学院谋划面向未来、创新发展的改革方略埋下了伏笔。

2013年7月17日，习近平总书记视察中国科学院并做出"四个率先"重要指示。一年后，中国科学院党组审时度势、前瞻部署，一场以研究所分类改革为"牛鼻子"的"率先行动"正式开启。

卓越创新中心是研究所分类改革设定的一类创新单元，它面向前沿基础科学，担负起创新"尖刀连"的作用，这与当初中国科学院内从事大气环境研究的机构所期待的发展理念高度契合。

2015年9月，大气环境卓越创新中心正式成立，目标锁定为建设世界一流的大气环境科学研究平台。

4年来，大气环境卓越创新中心的科学家一直朝着这个目标孜孜以求、锐意探索。

从追霾开始

近几十年来，伴随着社会经济的快速发展，我国大气污染日益严重，这引起了社会的高度关注。中国科学院作为国家重要的科技力量，有责任也有义务联合相关部门及科研院校，在提高科技支撑的大气污染防治能力上贡献力量。

时间追溯到2012年9月，中国科学院正式启动B类战略性先导科技专项"大气灰霾追因与控制"（以下简称灰霾专项）。该专项为期5年，13家中国科学院院内研究机构、9家院外单位的共计300余名科研人员，共同应对大气灰霾追因溯源。

不得不说，组建起由如此数量众多的科研人员参与的团队并不容易。自2008年开始预研后，直到2012年专项团队才形成了整建制队伍。

中国科学院生态环境研究中心研究员贺泓任灰霾专项首席科学家。在他看来，灰霾专项有效组合了中国科学院内外的大气环境研究力量，极大促进了灰霾追因与控制研究中团队交叉合作和联合攻关成果的产出。

根据大气复合污染的特点和研究需求，灰霾专项分为灰霾追因模拟、灰霾观测溯源、灰霾数值模拟与协同控制方案、灰霾监测关键技术与设备、灰霾重点污染物控制前沿技术5个方向，并逐渐凝练出5支相对固定的团队。

为了将这种行之有效的团队交叉合作形式制度化，2015年9月，中国科学院依托灰霾专项团队组建了大气环境卓越创新中心，贺泓任首席科学家。大气环境卓越创新中心的依托单位设在中国科学院城市环境研究所（以下简称城市环境所），共建单位有中国科学院生态环境研究中心、大气物理所、合肥研究院、过程工程研究所、广州地球化学研究所和中国科学院大学。

大气环境卓越创新中心进一步凝聚了中国科学院在大气物理、大气化学、环境光学、卫星遥感、大气污染控制和环境政策等研究领域的优秀团队，充分发挥共建单位的研究优势。

"对于我们来说，承担这一任务既是机遇也是挑战。"大气环境卓越创新中心负责人之一、时任城市环境所所长朱永官清楚地认识到，城市环境所在大气环境学科上并不具有明显优势。

城市环境所综合处处长陈伟民一直参与大气环境卓越创新中心的筹建，他现在是大气环境卓越创新中心运行办公室主任。在陈伟民看来，这样的安排是中国科学院从战略层面考虑后做出的。他记得中国科学院领导曾多次说过：城市环境所与大气环境卓越创新中心的领域方向较接近，理应成为研究大气污染的主力军，只是目前研究水平有待提高，但这也恰恰是以新建研究所为核心打造网络式团队的契机。

贺泓对中国科学院党组的顶层设计表示认同。"放在新建研究所，更利于大气污染与控制交叉学科的发展。"

灰霾专项启动后，科研人员的"追霾行动"随即展开。贺泓介绍，科研人员按照既定方向和目标展开研究，一切都显得有条不紊。然而2013年1月，北京突如其来的一场重度灰霾，打乱了大家的节奏。

"这么大的灰霾，你们采取什么行动了？多快能把灰霾形成的主要原因搞清楚，向社会公布？"就在贺泓团队商量对策时，中国科学院领导的电话打了过来。"你们应该拿出像抗震救灾那样的心态从事这份工作。"

这通电话对贺泓的触动非常大，他开始反思此类科研任务的社会责任问题。带着强烈的责任感和使命感，贺泓和团队成员长期坚守在一线，不敢有丝毫懈怠。每次灰霾来临，他们都要立即行动起来，准确预报、加强监测、分析成因。这些工作往往是在加班加点、废寝忘食的状态下完成的。

2015年以来，全国空气质量总体向好，这样的结果让贺泓很欣慰。"但目前在二次颗粒物致霾上还有许多科学问题要解决。"这是贺泓带领大气环境卓越创新中心科研人员接下来要做的工作之一。

在探索中完善

其实，大气环境卓越创新中心最初叫"中国科学院城市大气环境研究卓越创新中心"，名字源于其依托单位城市环境所。在2016年大气环境卓越创新中心召开的理事会上，作为中心理事长的丁仲礼提出，城市大气环境的范围过于狭窄，不符合大气环境研究的规律。该观点得到与会专家的共鸣。

在贺泓看来，作为大气环境领域的卓越创新中心，其名称应在研究对象、空间尺度、过程效应及防控范围等要素上有所体现。

例如，大气科学研究常以京津冀城市群、珠三角国家自主创新示范区、长江三角洲地区、成渝城市群、东部沿海城市群等区域作为研究对象，并结合区域的地理条件、气候特征及主要的污染物排放清单，开展区域大气污染的形成机制、迁移转化研究，以及空气质量预测预报。

2016年11月，经中国科学院审批，正式更名为"中国科学院区域大气环境研究卓越创新中心"。

早在成立之前，大气环境卓越创新中心相继制定了科技成果考核奖励办法、成员津贴发放管理办法、经费统筹管理办法、共建共享协议等一系列文件，加强规章制度的保障建设。

但改革往往不是一帆风顺的。大气环境卓越创新中心的第一次评估验收并没有通过，这使得大气环境卓越创新中心全体人员的压力倍增。

"大家并没有气馁，坚定信念，把压力变为动力。"朱永官表示，他们认真分析未通过的原因后，采取了强有力的措施。

成立之初，大气环境卓越创新中心就成立了执行委员会、运行办公室，完善多家研究所共建与协作机制。此后，根据中心人员的分布特点，分别在合肥研究院和大气物理所成立了分中心，旨在进一步完善多家研究所共建协作机制，密切中心成员间的合作与交流。

与此同时，大气环境卓越创新中心进一步强化执行委员会功能，提高协同作战能力。陈伟民介绍，执委会成员基本是中心的核心骨干和骨干成员，每2~3个月召开一次执委会会议。

加强青年人才的培养力度也是大气环境卓越创新中心的一大亮点。例如，大气环境卓越创新中心利用有限的经费，为青年人才设置了具体项目。"成员尽量不在一个单位，利于不同领域的交叉。"贺泓说。

2019年4月28日，大气环境卓越创新中心在合肥研究院举办了青年人才项目交流汇报会，生态环境研究中心副研究员马庆鑫、大气物理所副研究员唐贵谦和杨婷、中国科学技术大学教授刘诚、过程工程研究所副研究员李双德等青年项目负责人分别代表各自研究团队做了项目进展汇报。

会后，贺泓点评道："这些青年人才研究的内容也正是大气环境卓越创新中心下一步要开展的重点工作。"

除此之外，大气环境卓越创新中心不断建立和完善激励与评估机制，以科研成果和影响力为导向，通过中期函评、定期调整、5年会评等形式，实现人才的合理流动。

2017年10月13~14日，中国科学院组织开展大气环境卓越创新中心建设试点工作验收专家组评议，结果是"大气环境卓越创新中心全面完成筹建期目标"。专家组评议意见里还提到，大气环境卓越创新中心队伍结构合理，人员创新能力和团队协作能力强，中年骨干人才展现了蓬勃向上的工作热情。

截至2018年底，大气环境卓越创新中心人才创新团队有院士4人、"国家杰出青年科学基金"获得者9人、国家优秀青年科学基金获得者3人、中国科学院"百人计划"入选者7人、国家海外高层次人才引进计划（后简称"千人计划"）入选者1人、国家"万人计划"入选者5人、中组部"青年千人"入选者4人。

立足平台再出发

2017年9月初的厦门，晴空万里，空气宜人，金砖国家领导人第九次会晤在这里举行。会上，以全球第二大经济体中国为首的几个新兴经济体商讨如何加强合作，为全球化提供新的助力。会下，大气环境卓越创新中心的科学家在争分夺秒，为保障会议期间的空气质量而努力工作着。

为金砖国家第九次会晤保障

厦门会晤环境质量会商指挥中心就设在大气环境卓越创新中心，包括大气环境卓越创新中心在内的专家根据空气质量观测站、大气环境观测超级站（以下简称大气超级站）及走航观测的数据，结合气象分析报告，研判厦门及周边城市空气质量的演变趋势、潜在污染问题，最终提出系统性的解决方案。

大气环境卓越创新中心副主任陈进生记得，习近平总书记在欢迎宴会致辞时盛赞厦门"抬头仰望是清新的蓝，环顾四周是怡人的绿"。这句话

率舞潮头 先帆竞发 中国科学院研究所分类改革纪实

让大气环境卓越创新中心的科学家倍感兴奋。

陈进生表示，大气环境卓越创新中心从智力支持与装备支撑两大方面，全过程、全方位地参与空气质量保障活动，成为空气质量保障工作的主力军与主导力量，有力促进了空气质量"双优"（小时均值和日均值）目标的实现。

在装备支撑上，大气超级站功不可没。据介绍，与普通的空气自动监测站相比，大气超级站充分利用光学、物理学与化学等综合手段，实现了地空一体的多参数、立体与高时间分辨率的空气质量观测。

在城市环境所综合楼楼顶的一个房间里，常规空气质量监测仪、颗粒物水溶性离子色谱监测仪、单颗粒气溶胶质谱仪、臭氧激光雷达等30余台（套）仪器正在全速运行。2017年7月，大气超级站在这里全面建成。

气溶胶观测装备

在《中国科学报》记者采访陈进生的前一天，他与团队成员受福建省环保部门的邀请，就第二届数字中国建设峰会召开期间的空气质量保障进行会商。相关数据正是来自大气超级站。

科学家期待，在大气超级站的支撑下，大气环境卓越创新中心将以长江三角洲地区和东部沿海城市群作为研究对象，开展沿海地区海陆交汇带的大气污染规律研究，探索臭氧光化学污染机制。

由大气环境卓越创新中心支持建设的大气超级站并不只有这一处。目前大气环境卓越创新中心构建了全国环境空气质量立体综合观测网络，还在环渤海地区、长江三角洲地区、珠三角国家自主创新示范区、海峡西岸城市群等区域建设大气超级站，对污染物、气象参数、颗粒物浓度、成分和粒径开展实时、高时间分辨率的立体观测。

不仅如此，大气环境卓越创新中心还建设了国内先进的烟雾箱群，用来模拟大气中的各种反应。"从理论上说，烟雾箱越大，模拟效果越好。"贺泓说。截至2018年底，大气环境卓越创新中心分别在生态环境研究中心、广州地球化学研究所和化学研究所建设了室内外烟雾箱。

此外，大气环境卓越创新中心还建设了先进的大气环境功能材料研发平台，包括环境功能材料量产技术研发平台、烟气脱硝催化剂应用技术研发平台和室内空气净化材料研发平台。值得一提的是，大气环境卓越创新中心专门建立了连接实验室研究与企业应用的中试平台。

科研平台建设为大气环境卓越创新中心稳定服务中心定位、持续增强创新能力及集聚和培养高水平研究队伍提供了重要保障。

开辟新战场

事实上，大气灰霾污染具有长期性、艰巨性和复杂性的特点，虽然灰霾专项结题了，但大气环境卓越创新中心科学家的工作并没有结束，他们又着手开拓新的研究领域。

大气环境卓越创新中心2019年在举办青年人才项目交流汇报会的同时召开了执行委员会会议。贺泓最先发言："我们已经在二次颗粒物致霾形成机制方面做了很好的前期工作，下一个战场可以进一步考虑臭氧、挥发性有机物、氮氧化物等问题。"

"完全同意。监测方法怎么建、测量标准怎么设、仪器怎么应用，国内目前还做得太少，这对于我们来说是个机会。但这些工作一定要同数值模拟结合起来。"大气环境卓越创新中心核心骨干、大气物理所研究员王跃思补充道。

大气环境卓越创新中心提出以臭氧等污染物为研究对象不无道理。根据综合观测网络的观测数据，臭氧未来可能会成为城市首要污染物。"为什么颗粒物不超标时臭氧浓度仍然很高？"贺泓解释，臭氧产生的3个因素是氮氧化物、挥发性有机物（VOCs）和光照，颗粒物降下来后，光照就会增强，而氮氧化物和VOCs仍有较高的浓度，通过光化学反应，导致臭氧浓度超标。

众所周知，在平流层，紫外光特别强，能把氧气变成臭氧，形成臭氧层，有效保护人类健康。但对流层并不需要臭氧，且对人体健康有害。如何控制，是科学家要研究的问题。

"下一步可不可以针对不同区域，如京津冀城市群和长江三角洲地区，搞清楚大气污染是怎么传输的，要做出一个模板。"

……

经过热烈讨论，对于大气环境卓越创新中心下一步的研究重点，大家逐渐明确了目标。

项目牵引是大气环境卓越创新中心团结协作的法宝，它打破了研究所在争取重大项目时过度竞争、单兵作战的做法。而大气环境卓越创新中心也正是充分发挥了这一牵引作用，配合中国科学院前沿科学与教育局部署了对科学技术部大气专项和国家自然科学基金委员会重大专项等项目的申报工作，并取得了良好的效果。

为此，大气环境卓越创新中心申请到国家重点研发计划专项"大气污染成因与控制技术研究"、国家自然科学基金委员会"中国大气复合污染的成因、健康影响与应对机制"、2017年"大气重污染成因与治理攻关"总理基金等项目。

据不完全统计，自筹建以来，大气环境卓越创新中心承担上述重大项目及各类人才项目80余项，合同经费达6.2亿元。

但贺泓也清楚，大气环境卓越创新中心的成员分散在各个单位，"非常需要项目牵引与凝聚，围绕一个共同的科学和应用目标，协同攻关"。他表示，大气环境卓越创新中心还需要增强国家层面的决策影响力，准备新增经济政策方向。

"每个研究机构的成立都有时代的烙印,那就是国家的需求。"朱永官表示,大气环境卓越创新中心将继续探索以学科前沿为导向、国家需求为牵引的创新科研新机制,推动我国大气环境科学与技术研究的原始创新,为我国可持续发展提供科技支撑。

(秦志伟撰文;原文刊发在《中国科学报》2019年9月3日第4版,有删改)

见微知著

——中国科学院纳米科学卓越创新中心改革纪实

纳米,原本是一个长度单位,指 1 米的 10 亿分之一,相当于人类头发直径的万分之一。许多物质在纳米尺度将产生新功能,因而纳米尺度是一个重要的"分水岭"。纳米科学应运而生。

近年来,中国科学家在基于纳米科学的产业制造技术上收获颇丰,极大地促进了锂电池、绿色印刷、天然气高转化率制乙烯等相关产业的发展。突破纳米科学上的重大问题、开辟新的研究方法等,成为纳米科学家对走向"卓越"的共同期待。

2015 年,中国科学院纳米科学卓越创新中心(以下简称纳米科学卓越创新中心)成立。4 年来,研究人员潜心基础科学问题,聚焦"0 到 1"的创新,开展前沿科学研究。在鼓励协同合作的氛围中,研究人员在纳米科学卓越创新中心打破学科壁垒,打破研究所藩篱,碰撞出新火花,取得了"里程碑"式的成果。

纳米科学让人类获得"上帝之手"般的"超能力"。我们来看中国科学家在操控原子、分子间如何见微知著。

国家纳米科学中心研究员聂广军收到了一张奖状。在 2018 年第一届"率先杯"未来技术创新大赛决赛中,他带领团队完成的项目"肿瘤治疗纳米机器人"获得优胜奖。

他拿起手机,第一时间把这个好消息告诉了合作者——国家纳米科学中心研究员丁宝全。事实上,几个月前,俩人已经分享过一次成功的喜悦，这次算是喜上添喜。

2018年2月，聂广军与丁宝全、国家纳米科学中心主任赵宇亮及美国亚利桑那州立大学颜灏等4个课题组合作，在《自然-生物技术》(*Nature Biotechnology*)上发表了一项成果。他们首次利用智能纳米机器人在活体实验动物血管内稳定工作，高效完成定点药物输运。2018年，该成果与人工智能、孤性繁殖等一起入选美国《科学家》(*The Scientists*)杂志评选的"世界七大技术进步"。2019年初，该成果还入选了2018年度中国科学十大进展。

这一"里程碑"式的成果，正是依托国家纳米科学中心建立的纳米科学卓越创新中心4年建设发展历程的代表性工作，也是"卓越"两字的生动体现。2019年，聂广军等人正在推进脱氧核糖核酸（deoxyribonucleic acid，DNA）纳米机器人产业化的相关工作。

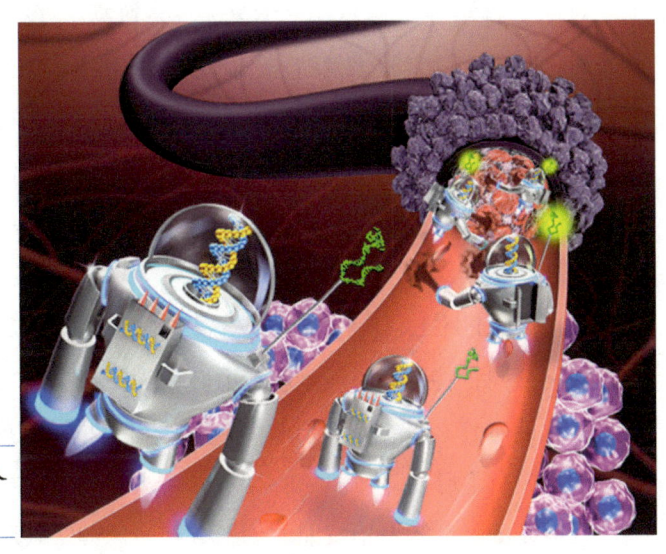

DNA纳米机器人示意图

"聚焦'0到1'的科学问题，吸纳全世界优秀人才，长期围绕一个重大科学问题进行深入、系统研究，以实现创新引领发展的国家战略。"接受《中国科学报》记者采访时，赵宇亮谈到自己对卓越创新中心的理解。

作为当今世界上最活跃的科技前沿，纳米科学汇聚了现代物理学、化学、材料科学、生物学等学科领域在纳米尺度的焦点科学问题，促进了多学科交叉融合，孕育着众多原始创新和科技突破的机会，正在逐步成为技术变革和产业升级的重要源头。

见微知著，正是纳米科学技术最令人着迷之处。

"产业需要纳米科学"

纳米原本是1个长度单位，指1米的10亿分之一，相当于人类头发直径的万分之一。在过去的研究中，科学家发现，许多物质到达纳米尺度将产生原来不具备的新功能，因而纳米尺度是一个重要的"分水岭"。例如，金属材料的晶胞维持在几纳米时具有非凡的强度和韧性，而纳米尺度的蛋白质分子则开始具有生物学功能。

纳米材料的奇特性质，为各领域的科学研究提供了巨大的发展空间。

对此，赵宇亮更愿意用"纳米+"来概括。"纳米科学、纳米技术，具有一种平台型科学技术的特点，纳米科学家最了解不同物质在纳米尺度下的特点。"他说，"纳米+不同学科，有望创造新知识及其新应用。"

2013年，中国科学院启动"变革性纳米产业制造技术聚焦"战略性先导科技专项（A类）（以下简称纳米专项）。纳米专项从启动之初就被寄予厚望。

2013年11月13日，中国科学院时任副院长詹文龙在纳米专项启动会上特别强调，将纳米科技创新能力转化为社会生产力，要不断加强和落实与企业的合作。"产业需要纳米科学！"詹文龙的讲话，让参会的上百位科学家振奋不已。

资料显示，纳米专项按照"创新链到产业链""领域核心技术""制造共性与评价"等3个逻辑层次，划分为4个项目，分别是"长续航动力锂电池""纳米绿色印刷与器件制造技术""纳米结构在特定能源、环境与健康中的应用""纳米制造共性技术与标准化体系"。

在纳米专项实施过程中，科学家相信，基于纳米科学的产业制造技术，一定会成为推动我国相关产业实现跨越式发展的重要力量。

结果没有让人失望。以锂电池为例，研究人员突破了高能量密度动力电池关键核心技术，开发了多种动力电池电芯，锂离子电池能量密度达到305瓦·时/千克，在长安、奇瑞、知豆、北汽等国产品牌电动汽车上得到应用。

同时，研究人员在绿色印刷制造产业链、大规模印制电路、千吨级绿色油墨、蓝光激光器和相变存储材料的规模制造、天然气高转化率制乙烯的工业放大等方面取得的进展，也极大地促进了相关产业发展。

2018年11月13日，纳米专项以优异的成绩结题。特别是专项执行5年来，纳米专项引导社会资金投入及新增产值超过50亿元，取得了显著的经济社会效益。出席纳米专项结题会的中国科学院重大科技任务局局长于英杰在看完专项成果展后，用"令人震撼"评价上述成果。

纳米科学家并没有躺在功劳簿上睡大觉。一种可能的新发展范式正在他们的心中形成。

一直从事纳米科学基础研究的研究员唐智勇在与同行交流中发现，有些产品的质量重现性欠缺。"这次做的产品和上次做的不一致，有时候性质特别好，有时候一般。"这引发了唐智勇的思考："在好多基础问题没有完全吃透之前就去做产业化，是不是我们走得太快了？"

用更专业的话说，纳米科学能否突破纳米制备的极限，在尺寸、晶面、缺陷和表/界面结构等实现精准控制，已成为这一领域的最重大挑战。

回到基础研究中去，聚焦"0到1"的创新，无疑是直面这些问题的不二选择。

"纳米科学从服务于应用出发，科学家又发现了新的科学问题，重新回到基础科学中去。"国家纳米科学中心研究员魏志祥认为，"这是一种'螺旋式上升'的认识。"

走向"卓越"是一种必然选择

2014年，中国科学院启动实施"率先行动"计划，推进研究所分类改革，给了纳米科学家启示。中国科学院院长白春礼在多个场合强调："中国科学院研究所分类改革的重要目标之一就是打破单位间的藩篱，加强资源统筹。"

的确，除了国家纳米科学中心，中国科学院有很多研究所从事纳米科学与技术研究，也都取得了一些重要突破。但由于各个研究所各自为战，存在布局分散、交叉重复等碎片化和孤岛现象。那段时间，国家纳米科学中心如何落实"率先行动"计划，一直是纳米科学家思考的重点问题。

答案逐渐清晰，那便是"卓越创新中心"。

根据"率先行动"计划的顶层设计，纳米科学卓越创新中心侧重基础与前沿，以明确的重大问题为目标，建设同领域的世界级科学研究中心。突破纳米科学上的重大问题、开辟新的研究方法等，正是纳米科学家对走向"卓越"的共同期待。

"建设纳米科学卓越创新中心，是落实'率先行动'计划的重要举措。"赵宇亮说，"有利于充分凝聚中国科学院在纳米科学领域的优势，更有利于提升原始创新能力和水平。"

"不改革就会被改革""以时不我待的紧迫感推进改革"，白春礼的讲话时刻萦绕耳边，令纳米科学家不由得加快了谋篇布局的步伐。

2015年4月8日，在中国科学技术大学理化大楼一楼科技展厅里，来自中国科学院大连化学物理研究所、中国科学院苏州纳米技术与纳米仿生研究所、中国科学院合肥物质科学研究院（以下简称合肥研究院）、中国科学技术大学等中国科学院多家研究机构、高校的顶尖纳米科学家齐聚一堂，一场事关纳米科学未来的"头脑风暴"正在展开。

时任国家纳米科学中心主任的刘鸣华介绍了纳米科学卓越创新中心的3个领域布局后，热烈的讨论开始了。

其中，裘晓辉研究员负责"亚纳米尺度的表界面结构与动力学"项目。2013年11月1日，他带领的团队改装了"非接触式原子力显微镜"，并获得世界上首张氢键照片，发表在《科学》上。

对于未来，中国科学技术大学化学物理系教授罗毅等专家的建议是，目前对于纳米尺度的研究已经可以从空间、时间单一层面做到精准测量与表征,未来的挑战将是如何从空间、时间这两个方面进行同时测量;而对于精准制造的纳米材料表征,则需要精细测量。

这次会议上,学科带头人进一步梳理了纳米科学卓越创新中心的领域方向,整合了研究队伍,为纳米科学卓越创新中心科技目标的完成奠定了坚实基础。

2015年6月,纳米科学卓越创新中心建设实施方案论证会在北京召开。纳米科学卓越创新中心依托"变革性纳米产业制造技术聚焦"战略性先导科技专项(A类)建设,是会议形成的重要共识之一。一个月后,中国科学院院长办公会通过了这份方案。

同年9月,在与第六届中国国际纳米科学技术会议同期召开的"全球纳米科技中心主任论坛"上,来自全世界多家纳米中心的30余位主任和嘉宾集中探讨了纳米科学及技术中的关键共性问题。"这次大会的举办对纳米科学卓越创新中心科技目标的凝练和工作的完善产生了事半功倍的效果。"赵宇亮回忆道。

2015年11月,纳米科学卓越创新中心召开第一次学术研讨会。这意味着短短半年时间,纳米科学卓越创新中心的雏形已构建完成。

上"书架"与上"货架"

2016年2月,纳米科学卓越创新中心启动了人才遴选工作。其遴选标准,一方面要看科研做得好不好,另一方面也要看其研究方向是否与纳米科学卓越创新中心相契合。

中国科学技术大学教授俞书宏便是按照这样的标准成了纳米科学卓越创新中心核心团队的一员。多年来,俞书宏带领研究团队在纳米结构单元的宏量制备与宏观尺度组装体的功能化研究领域取得了长足进展。2016年,俞书宏团队因该领域的相关研究再次荣获国家自然科学奖二等奖。

在这里,俞书宏感到的是一种"默契"的科研氛围——在纳米科学卓越创新中心开展的基础研究，绝非以发表文章为终点，更希望能变革产业。

多位科学家一致认同："纳米科学卓越创新中心的研究，既要上'书架'，也要上'货架'。"

有利于开展科研创新的"软环境"是对人才的最大激励。"体制机制创新也是纳米科学卓越创新中心快速发展的基础。"赵宇亮强调，"我们在建设过程中做了诸多尝试。"例如，在人事管理方面，纳米科学卓越创新中心对成员实行双聘制，即同时拥有在纳米科学卓越创新中心的岗位及原单位的岗位，保留在原单位的各项待遇；纳米科学卓越创新中心从中国科学院外聘用的工作人员，人事关系由依托单位管理，并签订三方工作协议。

在成果共享方面，知识产权同时归属于纳米科学卓越创新中心及成员人事关系所属单位。

"比起论文数量，纳米科学卓越创新中心更注重科研工作的质量。"赵宇亮介绍，成员署名纳米科学卓越创新中心的高水平研究成果属于基本要求。为了鼓励纳米科学卓越创新中心内部的高水平合作，重点奖励共同合作完成的高质量研究成果。

与此同时推行的"人员动态调整机制"则让科学家感受到一定压力。

2019年，纳米科学卓越创新中心已形成一支包含12个卓越课题组、73位研究人员的队伍，几乎汇聚了国内顶尖的纳米科学家。

"纳米科学卓越创新中心是一个很好的平台，科学家干劲十足。"俞书宏进一步评价，"有远大的科学目标，主攻'从0到1'的重大科学问题，在纳米科技领域发挥了引领作用。"

协同合作擦出科学火花

的确，这些制度的实施让科学家能够心无旁骛地聚焦科学研究。

截至2018年底，纳米科学卓越创新中心共发表科学论文1592篇，其中《科学》和《自然》共4篇。2018年7月，判别基础科学研究水平的自然指数（nature index）数据表明，纳米科学卓越创新中心已超越全球同类研究机构，在纳米科技领域的排名升至世界第一位。

纳米科学卓越创新中心研究人员利用高分辨原子力显微镜"看到氢键"后，又实现了复杂分子体系超高分辨成像的突破；用"组装与矿化"相结合的仿生合成方法，实现人工贝壳材料的仿生设计与制备；首次揭示纳米发电机的理论源头，摩擦纳米发电机输出电压、电流大幅提高；首次报道碳纳米管对甲基苯丙胺所致精神依赖性的显著抑制作用……

这些成果的取得，与纳米科学卓越创新中心鼓励协同合作是分不开的。

生物学专家聂广军、纳米安全性与纳米药物专家赵宇亮，与分子机器专家丁宝全的合作，成就了一段佳话。自2011年来，聂广军一直从事肿瘤微环境研究，希望找到一种具有凝血功能的物质，通过阻断肿瘤血管，"饿死肿瘤"的策略治疗肿瘤。

"当时，在临床和基础研究者看来，我们的想法几乎是不可能实现的。"聂广军表示。体内凝血一旦不能在肿瘤血管内精准进行，便极有可能在其他地方出现血栓，威胁生命。

对于聂广军研究中的瓶颈，赵宇亮看在眼里。在纳米科学卓越创新中心的框架下，他"撮合"丁宝全和聂广军开展合作研究，期待来自不同背景的研究人员能够碰撞出火花。

丁宝全团队具有设计构建DNA分子机器的丰富经验，在6年多的研究中，研究人员针对肿瘤血管的生理特点，用DNA"折纸术"策略，设计出DNA纳米机器人。

聂广军（左一）带领研究人员做实验　　丁宝全在实验中

"我们首先用人工合成的 DNA 制造出一张长宽分别为 90 纳米、60 纳米的长方形折纸，装上凝血酶，用类似'锁扣'结构卷成管状结构，制作成分子机器。"丁宝全解释道。当分子机器识别到肿瘤血管内皮细胞标志物"核仁素蛋白"时，"锁扣"打开，DNA 从管状恢复到片层结构，凝血酶随即发挥作用。

随后，聂广军团队开展了小鼠和猪的动物实验，赵宇亮团队则在纳米机器人的生物安全性方面开展实验。"长期、系统围绕同一个科学问题开展深入研究，是纳米科学卓越创新中心应当做的事。"赵宇亮强调。

唐智勇和合肥研究院固体物理研究所研究员赵惠军有关催化剂制备的合作也在纳米科学卓越创新中心的支持下进行。"我们把材料真正合成出来之后，用实验验证也行得通，但还不够。"唐智勇解释，"如果能用理论计算研究这种材料为什么行得通，就可以找到更普适的规律，指导将来的设计。"

"纳米科学卓越创新中心践行了'率先行动'计划，凸显了纳米科学面向卓越追求的改革成效。"赵宇亮这样总结。

越来越小、越来越精准，纳米科学让人类获得"上帝之手"般的"超能力"，在操控原子、分子间，见微知著。

（甘晓撰文；原文刊发在《中国科学报》2019 年 7 月 2 日第 4 版，有删改）

凝才聚智　引领国际"潮流"
——中国科学院凝聚态物理卓越创新中心改革纪实

21世纪以来,物理科学研究呈现更加复杂、更大规模化和交叉性特征,一个团队"单兵作战"无法应对已然到来的"大科学时代"。

由中国科学院物理研究所(以下简称物理所)牵头成立的中国科学院凝聚态物理卓越创新中心(以下简称凝聚态卓越创新中心)凝聚了一批有特色、已取得一定成果的优势方向,建立学术方向制,营造良好科研生态,最大限度地激发了科研人员创新热情,让创新成果不断涌现。

科学咖啡厅在物理"圈"中负有盛名,各种思想"火花"相互碰撞。谈笑风生、公开辩论的场面随处可见。

诸多卓越的合作之"花"被催生。比如,外尔费米子的发现、首次观测到三重简并费米子、在铁基超导体中发现马约拉纳束缚态等。这些原创性重大成果居国际领先地位。

凝聚态卓越创新中心的目标是建成国际一流的凝聚态物理学前沿研究中心。在中心负责人看来,所谓国际一流,一定要解决重大前沿科学问题,引领国际物理学研究发展方向。他也深知,在探索之路上,必定会出现不同的想法和问题,但都值得被鼓励。"最重要的还是要沉下心来,踏踏实实做好自己。"

2017年1月,因在高温超导领域的卓越贡献,物理所研究员、中国科学院院士赵忠贤荣获2016年度"国家最高科学技术奖"。

2018年3月,物理所联合研究团队利用极低温-强磁场-扫描探针显微系统首次在铁基超导体中观察到了马约拉纳任意子,这一发现对构建稳定、高容错、可拓展的未来量子计算机的应用具有极其重要的意义。相关成果在《科学》上刊发。

2019年1月,由物理所和清华大学科研人员组成的联合攻关团队的"量子反常霍尔效应的实验发现"项目荣获国家自然科学奖一等奖,这一成果是该领域中的一项重要科学突破。值得一提的是,从理论研究到实验观测的整个过程均由我国科学家独立完成。

5年来,物理所在锂离子电池、室温钠离子电池、碳化硅等应用技术方面突破壁垒,并实现了技术成果的转移转化,其中依托锂离子电池技术入股的苏州星恒电源股份有限公司在国内锂离子电池电动自行车市场占有率第一,且已成功进入欧洲纯电动汽车市场。

……

国际上,凝聚态物理研究竞争激烈,而物理所大多时候能"旗开得胜"。现在看来,其"卓越"的基因或许早已蕴藏。

乘东风,凝优势力量

21世纪以来,物理科学研究呈现更加复杂、更大规模化和交叉性特征,一个团队"单兵作战"无法应对已然到来的"大科学时代"。尤其是在凝聚态物理学基础研究领域,理论预言、样品制备和实验观测相得益彰,必须环环相扣方能取得成功。

因此,物理所人十分清楚,在当前激烈的国际竞争中,团队紧密合作十分重要。但他们更清楚的是,尽管同在物理所,但科学家的合作程度还不够,交流也不尽充分。

如何让科学家的合作更加自由、充分,凝聚成1+1>2的合力?什么样的环境才能充分释放科研人员的创新活力，使其不断产生新思想？这些是物理所未来发展道路上的几大难题。

物理所的"理想"是：凝聚不同研究方向的科研人员，在有问题、有想法时，能有一个"立刻联系、马上讨论、快速解决"的条件和氛围。

2014年底，中国科学院启动实施"率先行动"计划，旨在清除各种有形无形的"栅栏"，强化跨学科、跨领域联合合作和协同创新。2015年1月，依托物理所，凝聚态卓越创新中心成立，这为物理所在实现"理想"的道路上加注了新的动力。

凝聚态卓越创新中心自成立后经过探索实践，建立了协同化、集成化、规模化的现代科研组织结构模式——学术方向制，更加聚焦国家目标、更符合科技创新规律、更高效配置实验室资源，有利于科研人员间的跨领域有机合作，以及科学思想、实验技术和仪器设备的共享，最大限度地激发了科研人员的创新热情，让创新成果不断涌现。

在同一个机构内部迅速完成从理论预言、样品制备到实验观测的全过程研究，这在国际上都很难做到，而凝聚态卓越创新中心则具备了这样的条件。

在自然界中，我们接触到的绝大部分物质都可归类为凝聚态。凝聚态除了表示物质背后"凝聚的力量"，其实，凝聚态卓越创新中心中的"凝聚"还有另外一层含义，即"凝聚一批有特色、已取得一定成果的优势方向"。

物理所有90余年的辉煌历史，它推动了中国物理基础科学研究从无到有、由弱渐强的发展历程，被认为是中国乃至国际物理科学领域的标杆性科研机构。改革开放以来，物理所在国际竞争洪流中独树一帜。尤其是在以高温超导、拓扑绝缘体、量子反常霍尔效应等为代表的基础前沿研究领域取得了一大批原创性科研成果。

《科学》曾刊发专题评述文章指出："中国如洪流般涌现出的研究结果标志着，在凝聚态物理领域，中国已经成为一个强国。"

而由物理所牵头建设的凝聚态卓越创新中心则希望保持这来之不易的领先和优势地位，并期望在未来能做得更好。

那么，如何布局才能"做得更好"？

从科技发展的战略出发，寻找新材料和新物态、发现新现象新效应、调控这些新效应并探索发展新器件，或许可以解决当前科技发展的瓶颈问题，最终促进材料、信息和能源领域的基础与应用研究取得重大突破。

事实上，中国科学院对此早已有所布局。2014年，中国科学院启动了"拓扑与超导新物态调控"战略性先导科技专项（B类）。该项目由物理所承担，是凝聚态卓越创新中心建设的有力"抓手"。

经专家学者多次论证，凝聚态卓越创新中心立足凝聚态物理基础研究和应用研究，聚焦重大科学问题，最终凝练出新奇量子现象、先进量子材料与结构、凝聚态理论与计算、尖端科学仪器、交叉与应用物理五大方向。凝聚态卓越创新中心整体围绕"理论计算、材料制备、物性测量、器件研发"，通过高度集成和建制化攻关的模式，开展全链条研究。

2018年1月，凝聚态卓越创新中心获评"优秀"，顺利通过验收并进入正式运行期。

创氛围，"合"重大突破

新成立的凝聚态卓越创新中心实行了一系列改革举措，催生了诸多卓越的合作之"花"。

比如，外尔费米子的发现是由凝聚态卓越创新中心3个不同方向的科研人员合作攻关完成的，分别有擅长量子材料的计算和设计的理论物理学家、专攻功能材料单晶生长的材料制备专家，以及擅长解析相关材料结构与实验研究的实验物理学家。

2015年1月，凝聚态卓越创新中心的理论物理学家通过第一性原理计算，首次理论预言砷化钽（TaAs）家族材料是外尔半金属。由于这一结果与之前的理论预言不同，随后立刻引起了国内外实验物理学家的重视，许多研究组开始了竞赛般的实验验证工作。

外尔费米子示意图

其中，凝聚态卓越创新中心材料制备专家迅速制备出了高质量砷化钽晶体，实验物理学家团队随后立即对砷化钽（001）表面电子态进行了高精度测量，证实了表面费米弧的存在，并且确定了费米弧与外尔点在（001）表面投影的连接方式，提供了砷化钽材料外尔电子态的直接实验证据，此后又测量了砷化钽体电子态，直接观测到外尔点及其附近的三维狄拉克锥，提供了进一步的实验证据。实验结果与理论物理学家的计算结果高度吻合。

凝聚态物质中外尔费米子的发现入选了英国物理学会《物理世界》2015年十大突破。该成果作为唯一来自中国本土的研究工作，于2018年入选美国物理学会纪念《物理评论》系列期刊诞生125周年精选论文集。实际上，该论文集所包含的49项科学成就中已有34项获得了诺贝尔奖。

在寻找外尔费米子的竞赛中，中国科学家独立、率先取得胜利是大家通力合作的结果，理论、样品、实验，缺了哪个环节都不行。

事实上，近年来重大原创性成果的涌现，都得益于凝聚态卓越创新中心"良好的科研生态环境"。其实，有很多新发现并非在预料之中，而是科研人员自发自愿的创新。

作为学术骨干加入凝聚态卓越创新中心的科研人员都越发意识到和领域里不同方向学者交流合作的重要性。在他们看来，"鼓励大家交流合作，并且认可每个人的贡献，是物理所的文化"。

基础研究具有很强的探索性和不可预测性，而科学家自身的兴趣和好奇心是推动科研创新的原动力。如何最大限度地激发科研人员的创新活力，是凝聚态卓越创新中心在建设过程中思考最多的问题。

"既要埋头苦干，又要闲聊天，灵感不可或缺，有时的胡思乱想、说笑，其实也是不断提高和创造的过程。"物理所负责人强调，"良好的科研生态环境就是我们的'绿水青山'和'金山银山'，这件事情做好了，才能够真正建设成为世界一流的研究机构。"

物理所科学咖啡厅就是一个缩影，这间通过"众筹"方式建设的咖啡厅在物理"圈"中负有盛名。

这里不仅有醇香的咖啡，还有各种思想碰撞的"火花"。无论是学生、新员工，还是泰斗级学术"大咖"、物理所领导，大家共坐在一起，谈笑风生、公开辩论的场面随处可见。

"刚开始可能是闲聊，但说着说着就聊到科研和合作上了。跟物理所领导也是，聊着聊着就会说起物理所里的管理建设问题，在办公室就很难有这样的环境。"一位科研人员透露，他的研究几乎都需要与别人合作，而这种环境能让他们充分"释放和激发创造力"。

科研圈流传着这样一个说法：英国剑桥大学60余项诺贝尔奖是在下午茶时间喝咖啡"喝"出来的。事实上，喝咖啡只是一种形式，背后是鼓励自由交流与合作的文化氛围。凝聚态卓越创新中心的咖啡厅文化亦是如此。

有咖啡厅，没时间"喝咖啡"也不行。为了保证科研人员有时间"喝咖啡"。凝聚态卓越创新中心的科研管理坚持一个传统，即科研人员在"一线"，行政人员是"二线"，"二线以一线为先"，"二线服务于一线"。这种服务理念，让科学家颇感"科研做得顺畅、舒服"。

对于科学研究来说，设备仪器早一天到位，实验就能早一天开始。一位科研人员记得，有一次研究中需要用到一种材料，很紧急，财务管理人员告诉他可以先买再走程序，这使得材料当天就到位了。

科学家感受到，"凝聚态卓越创新中心的管理是按照'解决问题'的思路运行的"。

凝聚态卓越创新中心将人才从烦琐的行政事务中"解放"出来，保证科研人员潜心进行科研。据统计，这里人才投入科研的总时长和连续科研时间在同行中均排名前列，为科研产出提供了时间保证。

5年来，凝聚态卓越创新中心产生多项国际领先的原创性成果，尤其是在拓扑和超导领域引领了国际潮流。

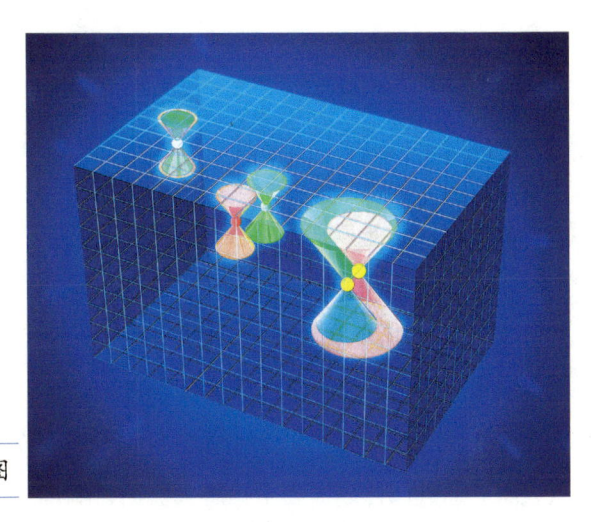

三重简并费米子示意图

拓扑研究不断突破，比如，2017年在国际上首次观测到三重简并费米子，为固体材料中电子拓扑态研究开辟了新的方向；建立国际上第一个"拓扑词典"和非磁性拓扑材料数据库等。

超导领域涌现出诸多重大成果，比如，发现了第一个锰基化合物超导体；在铁基超导体中发现马约拉纳束缚态；首次确定了铜氧化物高温超导体的超导配对关联谱函数等。

此外，凝聚态卓越创新中心还始终致力于尖端实验技术的研发和科研平台的建设，比如，自主研制成功新型-光学扫描隧道显微镜系统、纳米图型化和超宽频磁电特性测量系统、超高分辨宽能段光电子实验系统等一大批特色鲜明、国际领先的科研装备与平台，为物理学基础和前沿问题研究、产业技术提升及满足国家重大需求提供了强有力的技术支撑。

值得一提的是，基于全链条的科研布局与基础研究也取得重大突破——建立了适用于锂离子电池新材料开发的高通量计算理论工具与研究平台，利用该平台发明了多个新型固体电解质材料；基于硅基负极材料的研究积累，成立了溧阳天目先导电池材料科技有限公司，推进硅基材料的产业化。

在2018年中国科学院科技成果转移转化排名中，凝聚态卓越创新中心位居前列。不过，在中心负责人看来，这都是在数十年间，经由几代科学家在基础领域辛勤积累，才最终走到应用的结果。

出良策，聚天下英才

良好的科研生态，让凝聚态卓越创新中心乃至整个物理所在国内"抢人大战"中稳定地吸引了不少人才。

不过，凝聚态卓越创新中心依然深感在高水平人才引进中面临着激烈的竞争。在吸引人才方面，他们丝毫不敢放松。

凝聚态卓越创新中心自筹建以来，实施了两类人才计划，即"特聘核心骨干人才"和"特聘骨干人才"两类特聘研究员。截至2019年，共有55人入聘。通过该计划提高了科研人员的薪酬待遇，稳定了现有的核心队伍。

凝聚态卓越创新中心建立了"海外人才招聘会"制度。比如，在每年美国物理学会举办的"三月会议"上组织人才招聘会专场，实现人才的精准引进，也为海外人才回国工作提供了便捷途径。

凝聚态卓越创新中心引才注重从科研布局需求而非"头衔""帽子"出发，不拘一格降人才。其中"小百人计划"（以下简称"小百人"）颇值得一提。

成为"小百人"便成了物理所里的正式职工，可以独立开展科研工作，与是否加入国家其他人才计划并没有实质影响，而国内相当多高校录用人才的前提条件是，必须首先申请到国家的人才计划。

"小百人"政策给予了更多优秀年轻人机会。事实证明,这一举措是正确的。近来,"小百人"们产出了不少重要科研成果。

凝聚态卓越创新中心还十分重视对青年人的培养。设立"科技新人奖"、成立"青年学术小组",以健全对青年人才的内部普惠性支持。此外,以与国际顶尖机构联合培养博士后为切入点,凝聚态卓越创新中心建立了一套相对完备的学术交流体系。

人才汇聚,就要充分激发他们的创造活力。为此,凝聚态卓越创新中心改革了人才机制。

在人才考核评价方面,减少各种名目繁多的评估,避免"帽子""头衔"对人才的干扰。科研人员职称评审和任期考核不数文章篇数、不看影响因子,通过开展国际评估等方式,将高水平论文与成果考核有机结合,只强调成果的质量和价值。

不得不承认,评价导向影响科研行为。科学家是一个职业,但也需要"养家糊口",易受到所在单位一些规则制度的影响。不符合科研规律的评价制度,既让科研人员变得短视,也对一个单位保持自身的长期竞争力非常不利。

凝聚态卓越创新中心评价科研人员主要看长期表现,甚至会考虑到一个人在研究生和博士后阶段的表现。

新引入的研究人员6年内不需要接受任何考核,不必为了应对考核及担心经费而被动改变研究方向。在科研经费支持上,凝聚态卓越创新中心以稳定支持机制为主、以竞争性经费为辅。核心人员原则上不申请人才、条件类项目外的研究经费。

"凝聚态卓越创新中心不认外面的'帽子',评价只有一个标准——原创性成果,晋升也只有一个程序——研究员。"物理所负责人说。

在这里,大家的共识是,评上了研究员,便是"最高荣誉"。即使一名科研人员获得过一些荣誉和社会认可,要想晋升"研究员",依然需要物理所"小同行"委员会的评审通过才能实现。

但科研人员也有危机感,凝聚态卓越创新中心的淘汰机制业界闻名。每3年一次由国际专家组和物理所内学术委员会对各领域方向做出评议,排名末尾的课题组将面临被关停的结局。

考核不淘汰人，只淘汰方向，意味着科学人员必须确保其所研究的方向位居国内乃至国际领先地位。虽然这样做会"逼"走一些人才，但保证了凝聚态卓越创新中心的可持续发展，以及高水平人才的聚集度与活力。

在当前科技发展形势下，凝聚态卓越创新中心还在推动另一件重要的事情：全面推进国际化战略，面向全球建立广泛而深入的国际科技合作与交流。

2018年1月，国际著名凝聚态物理学家、与物理所直接合作超过15年的美国教授厄尔·沃德·普拉默获得了"中华人民共和国国际科学技术合作奖"。他说："未来20年内，中国将成为世界科技舞台上的领军力量。而国际化将成为中国科研发展的关键挑战。"

改革，给物理所带来了更高水平的开放和交流。随着凝聚态卓越创新中心科研实力的增强，这里的国际化不是停留在交流和学习阶段，而是主动提出计划，进行更加平等的实质性国际合作。正是在这个过程中，物理所逐步在凝聚态物理领域树立起了国际一流研究机构的形象。

改革成效初显，据统计，截至2019年，物理所在研重点国际合作项目17项。凝聚态卓越创新中心每年在境外开展合作交流的科研人员和学生人次逐年增长，2018年出访达到737人次，相比10年前的372人次翻了近一番。

建一流，筑科学高峰

2019年6月17日，从广东东莞传来好消息——由物理所牵头、耗资约120亿元的"松山湖材料实验室"项目动工奠基仪式在松山湖举行。这标志着物理所"一村三湖"战略布局进入新的全面建设阶段。

"一村"，指北京中关村基础研究本部；"三湖"，指北京雁栖湖（大装置平台）、东莞松山湖（应用与材料科学中心）、溧阳天目湖（成果转化与学术交流中心）。这些都是在凝聚态卓越创新中心的框架下组织建设的，凝聚态卓越创新中心的成员是建设中的"主力军"。依托凝聚态卓越创新中心，物理所更有能力承担和建议国家层面的大项目、大计划。随之而来的是，科研经费保障也大幅增加。

2019年，由物理所承担建设的"综合极端条件用户实验装置"也正处于快速建设期。近年来，利用极端实验条件取得创新突破已成"国际惯例"，由此产生了不少获诺贝尔奖的成果，欧美等发达国家和地区均在此展开激烈竞争。物理所正在①建设的这一大科学装置坐落于北京怀柔雁栖湖畔，是北京怀柔科学城第一个得到国家发展和改革委员会资助的建设项目，建成后将能拓展物质科学的研究空间，促进新物态、新现象、新规律的发现。

科研人员都翘首以盼这一"国之重器"落成之后的样子，一位科学家曾表示：倘若科学家能利用装置做出室温超导体，电影《阿凡达》中壮观的"哈利路亚山"（悬浮山）就有望成为现实。

凝聚态卓越创新中心的目标是建成国际一流的凝聚态物理学前沿研究中心，在凝聚态卓越创新中心的负责人看来，所谓"国际一流"，一定要解决重大前沿科学问题，引领国际物理学研究发展方向。他也深知，在探索前进的路途中，必定会出现不同的想法和问题，但这些都值得被鼓励。"最重要的还是要沉下心来，踏踏实实做好自己。"

正像普拉默所预言的，中国必将领军世界科技。到那时，我们有理由相信，国际领军力量中必有一支代表中国特色的凝聚态物理学流派，他们将引领着国际物理学研究发展方向，而他们也必将出自凝聚态卓越创新中心。

未来，值得我们期待。

（韩扬眉撰文；原文刊发在《中国科学报》2019年8月20日第4版，有删改）

---

① 截至2019年8月。

"化"育万物

——中国科学院分子科学卓越创新中心改革纪实

化学作为创造物质的学科，为经济社会发展做出了重大贡献，展示了基础科学与应用的强大结合能力。为更深入揭示化学的基础科学属性、解决化学的重大核心问题，中国的化学家提出了"分子科学"的概念。

鉴于多年来在分子科学前沿领域取得的科技成就和展现出的良好发展态势，依托中国科学院化学研究所（以下简称化学所）的分子科学卓越创新中心（以下简称分子科学卓越创新中心）建立起来。追求"科学卓越"和"教育卓越"成为分子科学卓越创新中心的双重使命。

在科学卓越上，科学家回到基础科学问题的"初心"，在分子合成、分子组装、分子功能等三个研究领域方向上取得诸多进展，显示出强大的创新动力。在教育卓越上，前沿科学家走上三尺讲台为本科生讲授基础课程，真正实现了"教学相长"。

科学家相信，未来，在"分子科学"的概念下，化学将逐渐成为一门中心学科，形成"化"育万物的繁荣景象。

2019年5月中旬，化学所园区里一栋实验楼一不小心成了"网红"。为举办"国际化学元素周期表年"的公众开放日，研究人员布置了一栋楼那么大的元素周期表。

不久前，在这栋楼里的一间实验室里，化学所研究员、中国科学院院士李玉良带领的团队通过一种简便、可扩展的合成工艺合成了一种零价钼原子锚定在石墨炔上的原子催化剂，研究成果发表在《美国化学会志》上。

元素周期表"网红"楼

"这是一种真正的零价原子催化剂，是第一种高效、高选择性地产生氨和氢的双功能原子催化剂。"李玉良向《中国科学报》记者介绍这项最新的成果。

对于分子科学卓越创新中心的科研人员而言，在"分子科学"概念下，化学逐渐成为一门中心学科，形成"化"育万物的繁荣景象。

"世界新科技革命发展的势头迅猛，作为重要基础科学的分子科学，正在孕育着新的重大突破。"分子科学卓越创新中心主任、化学所所长张德清表示。

从化学到分子科学

化学，是一门古老的学科。历经数百年，化学学科建立了完备又严密的研究体系，发展出无机化学、有机化学、物理化学、分析化学、高分子化学等多个二级学科。面向未来发展，这种"分片式"化学学科恐怕难以碰撞出更多的思想火花。

同时，化学作为创造物质的学科，在社会和经济发展中做出了重大贡献，展示了基础科学与应用的强大结合能力。在新的时期，如何更加深入地揭示化学的基础科学属性、解决化学的重大核心问题，通过交叉融合实现方法理论的突破与研究领域的拓展，孕育更多改变世界发展进程的知识与技术，这是全世界化学家的新使命。

"当时我们隐隐约约有这个看法，能不能叫作'分子科学'？"20 世纪 90 年代末，时任化学所所长朱道本提出了设想，"好的应用固然重要，但我们仍然应当坚持化学是一门科学。"

他请化学所文献情报室的研究人员去查询，到底有没有"分子科学"这个概念，世界上有没有化学家在开展"分子科学"研究。

当时，站在世纪之交的中国科学家预见到，即将到来的 21 世纪的科学一定是交叉学科的未来。朱道本更愿意用"交响乐"来形容学科交叉，指的是优秀的科学家在一起紧密合作，演奏出比独奏更美妙的乐曲。

探究化学键和分子间相互作用的本质进而创造新分子、构建新的分子功能体系——"分子科学"概念和基本任务首次在中国化学界被提出。

化学所继 1994 年成为科学技术部和中国科学院基础性研究改革试点单位后，又在 1999 年的中国科学院知识创新工程试点中启动"分子科学中心"的建设。

作为我国"分子科学"研究的发源地，化学所围绕分子科学布局的蓝图就此展开。2003 年与北京大学联合筹建北京分子科学国家实验室（筹），并于 2017 年共建北京分子科学国家研究中心。

2014 年 8 月，中国科学院启动实施"率先行动"计划，为化学所的改革发展提供了创新动力。鉴于多年来在分子科学前沿取得的科技成就和展现的良好发展态势，化学所提出建设分子科学卓越创新中心。

在 2014 年 12 月召开的分子科学卓越创新中心咨询论证会上，中国科学院相关部门邀请了 12 名院内外同行专家和管理专家，对分子科学卓越创新中心的实施方案进行咨询论证。"战略定位清晰、主要方向组织体现了优势和竞争力、有望实现科学卓越和教育卓越"，这是专家组对分子科学卓越创新中心的评价。

2015年1月15日，中国科学院院长办公会批准分子科学卓越创新中心启动筹建。

正如20年前所预见的一样，分子科学走上科学史的舞台。"作为研究分子的结构、合成、转化与功能的科学，"张德清指出，"分子科学将为可持续发展提供新知识、新技术、新保障，为新能源技术、生物技术、电子信息技术、航空航天技术等高技术提供物质基础。"

"这真的是化学实验室吗？"

身着白大褂的实验人员手握试管，将五颜六色的液体倒进烧杯、锥形瓶中，观察化学反应的结果——如果抱着这样的想象走进化学所实验室，人们大概会惊呼："这真的是化学实验室吗？"

前几年，一位受朱道本邀请来访的学者来到有机固体实验室。"他看到我们有好多研究物理的设备，对我们在学科交叉上做的努力感到非常惊讶。"朱道本为此感到自豪。

他强调，有机固体研究具有显著的交叉性。团队成员的专业包括有机化学、物理化学、高分子化学、理论物理和器件物理。"他们发挥各自的专业背景和研究特点，互相配合。"朱道本说。

在学科交叉的基础上，科学家按分子合成、分子组装、分子功能的逻辑布局了分子科学卓越创新中心的三个研究领域，分别研究共轭分子导向的合成与剪裁、分子的可控组装及调控、分子功能体系的构筑与应用。

张德清介绍，合成与制备化学是分子科学的核心，但更加强调分子合成过程的精准化和绿色化。"合成化学家将致力于革新惰性化学键的活化和成键模式。"他告诉《中国科学报》记者。

自组装作为创造新物质和产生新功能的新手段，是21世纪分子科学将要解决的重大科学问题之一。分子科学研究则要更注重探索超分子、分子聚集体及其高级结构的形成、构筑、性能及分子间相互作用的本质。

对科学家而言，确认了目标，毫无疑问这是"对"的方向！

近年来，他们在中国科学院战略性先导科技专项（B类）"功能 π-体系的分子工程"（以下简称专项）中，开垦出分子科学的诸多处女地。

分子中碳原子通过 sp^2 或 sp 键合方式相互连接或与杂原子连接形成 π-离域轨道有机分子，通常被称为"π 分子"。这类分子的特殊结构使其能具有丰富的物理化学性能。

因此，共轭分子中惰性键的活化新方法，共轭分子的高效、绿色合成，共轭分子的多级次可控组装与功能，光电功能、生物功能、力/热功能等方向，成为科研人员聚焦的重点。

如今，该专项已进入收官阶段。科学家已在综合性能优异的有机半导体、柔性电子器件的构筑、兼具高发光和高迁移率的分子材料、有机电泵浦激光等方面取得多项突破。"通过专项的执行，分子科学卓越创新中心正在全面引领该领域的发展。"张德清介绍。

未来，分子科学的发展必将越来越依赖于学科交叉。例如，同步辐射光源、散裂中子源、强磁场等关键研究工具和变革性研究方法的出现，为中国分子科学取得新的重大突破创造了条件。

聚焦基础研究原始创新

分子科学研究面向应用，但从事分子科学研究的出发点，则是基础科学问题。回到基础科学问题的"初心"，这一点在分子科学卓越创新中心几乎成为一项共识，也在化学所的科研人员中薪火相传。

在朱道本带领的有机固体研究团队中，研究人员长期聚焦于有机功能材料的电输运特性，成为国际上发现高迁移率有机半导体材料最多的团队之一。据介绍，迄今，该团队已有30余人成为本领域的学术带头人，10人获得国家自然科学基金委员会"国家杰出青年科学基金"资助，4人当选为中国科学院院士。

2010年，李玉良带领的团队，用六炔基苯在铜片表面的催化作用下发生偶联反应，合成出另一种新的碳材料——石墨炔。这是世界上首次通过合成化学方法获得的全碳材料。这项研究的"初心"离不开科研人员对化学键断裂与精准形成的基本科学问题的思考。

20世纪90年代，化学所有机固体实验室在朱道本的带领下开展了碳材料富勒烯研究。碳具有sp^3、sp^2和sp三种杂化态，通过不同杂化态可以形成多种碳的同素异形体。唯独含sp杂化的新结构碳材料还没有被人工合成。

"这类碳材料电荷分布不均匀，存在化学反应的活性点，有可能会成为新一代电子、光电器件及催化的关键材料。"李玉良向《中国科学报》记者表示。

近10年里，李玉良团队已经实现了石墨炔可控的单层制备。如今，基于对石墨炔本身的深入了解，研究团队重点在石墨炔储能、原子催化方面的性质上开展研究。

该研究还吸引了生命科学、催化、燃料电池、太阳能电池等不同领域的科学家的合作。作为一项基础研究的突破，石墨炔已经在跨学科、跨领域的应用中展现出强大的生命力。

二维碳石墨炔结构模型

2019年5月，他们发现了石墨炔锚定零价原子催化剂，在《美国化学会志》上以封面文章发表研究成果，挑战了单原子催化剂领域最难攻克的科学问题——锚定零价金属钼原子。研究人员不仅在石墨炔表面负载了零价钼原子（重量百分比为 7.5），还实现了其表面活性组分的高度分散。该催化剂具有确定的结构、明确的反应活性位点等特点，实现了在常温、常压下高选择性、高活性、高稳定性合成氨和产氢。

在石墨炔出炉的同一年，王健君回国加入化学所。"化学所的领导和前辈都主张，分子科学研究要面向真正的科学难题，要开辟自己的特色。"

问问"初心"，王健君在实验室主任宋延林的支持下，很快确定了研究领域。"水是怎么变成冰的？这个问题到现在也没有答案。"王健君告诉《中国科学报》记者。这个听起来很简单的问题，实际上蕴含着冰核如何形成、冰晶如何生长等深奥的科学问题。

一头扎进这些科学问题中，王健君从滑冰运动中受到启发，制备了一种新型的自润滑水层防覆冰涂层材料。"滑冰时，冰刀与冰面间存在液态的水润滑层，我们才能在冰面上自由滑行。"他解释，"如果能在我们需要防冰的材料表面引入一层水，不就好了吗？"

2013 年，王健君带领团队由多巴胺修饰的透明质酸在弱碱性条件下发生交联反应，并沉积修饰到固体材料表面得到这种材料。其分子能携带 500 倍以上的水分，是目前发现的自然界中最好的保湿性物质。这一材料的引入，极大地降低了冰的黏附力。几年来，该团队在揭示生物控冰分子机制、仿生构建高分子控冰表面及设计构建实用高分子控冰涂层等方面取得了长足进展。

2019 年 6 月，王健君又有一系列新的研究突破，研究人员深受鼓舞。"我从回国到第一篇文章发表，大概经历了 3 年时间。分子科学卓越创新中心为我们创造了宽松的环境，去享受新发现、攀登真正的基础科学高峰。"他说。

据了解，为改善科研氛围和研究条件，分子科学卓越创新中心专门布局人才专项、建立新型人事制度。同时，试行的团队绩效评价办法，让骨干人才和试点团队的薪酬稳定支持部分逐年提升。"这些措施使科研人员能够潜心治研、安心工作，为做出原创的、里程碑式的科学成果，引领分子科学领域的发展而努力。"张德清说。

人工模拟光合作用水裂解催化中心的提出就是一个典型案例。化学所研究员张纯喜自 1997 年以来一直潜心水裂解催化中心的结构和机理研究。2015 年，他成功合成得到当时与生物水裂解催化中心结构最接近的人工模拟物。研究成果发表在《科学》上。"一个新的催化中心结构很快会发表。"张纯喜表示。

在科研人员的共同努力下，分子科学卓越创新中心在 2017 年的国际评估中获得"A 级"的评价。2018 年 1 月 8 日，分子科学卓越创新中心通过验收进入正式运行阶段。

科教相长：温故而知新

2018 年 8 月 15 日召开的分子科学卓越创新中心理事会上，中国科学院院长、党组书记、分子科学卓越创新中心理事长白春礼指出，分子科学卓越创新中心要进一步瞄准世界科学前沿，加强重大科学问题和目标导向的研究，创新体制机制，集中优势力量，取得更多重大成果，实现科学卓越。同时，他要求，分子科学卓越创新中心应继续做好科教融合，承办中国科学院大学化学科学学院。

2014 年，伴随着分子科学卓越创新中心成立，中国科学院大学迎来第一届本科生。当年 6 月，在筹建分子科学卓越创新中心的同时，化学所承担了新学期中国科学院大学化学专业本科教育工作，目标是培养"科技精英中的精英"。无机化学、分析化学、物理化学、高分子科学与材料等 7 个教研室建立起来，组织集体备课、分配教学任务，确定对学生的考核内容……科学家忙碌起来。

"我做了一辈子科研，给本科生上课还是头一次。"中国科学院院士、化学所研究员李永舫告诉《中国科学报》记者。

当时，经过一年准备，李永舫和时任化学所副所长杨国强、研究员宋卫国一起，共同教授中国科学院大学化学与化工学院本科一年级下学期的化学原理课。

长期在科研一线工作的科学家上基础课，自然会给学生们带来新鲜的"料"。宋卫国对《中国科学报》记者说："讲了5年课，我每年的教案、演示文稿都会大改。"其中，增加科研进展是他在备课中格外重视的。例如，宋卫国在讲"晶体结构"的课堂上会以近年来钙钛矿太阳能电池的新发现为例，帮助学生理解阴离子与阳离子如何结合。

科研促进教学的效果显而易见。2016年9月和2017年10月，中国科学院前沿科学与教育局组织教育领域的专家对中国科学院大学科教融合学院进行评估，中国科学院大学化学科学学院连续两年均获得"A"的优异成绩。在教育部第四轮学科评估中，中国科学院大学化学学科获得了"A+"。

反过来，教学如何促进科研，更能体现"科教融合"的深意。对李永舫和宋卫国而言，"教学相长"并不是一句空话。

李永舫看到，科研人员埋头研究工作时，往往只关注一个极小的领域。"给本科生上基础课，需要对整个学科的基础知识进行完整而系统的整理，对科研会有新的启发。"他表示。

例如，在准备"晶体结构"一章的课程时，从事有机和钙钛矿太阳能电池研究的李永舫受到"离子半径决定了化合物稳定性"这一规律的启发。"要提高钙钛矿光伏材料的稳定性，是不是可以通过从结构上去调整组分的离子半径来实现？"他想。

对此，宋卫国也深有体会。2019年以来，从事催化相关研究的他对设计催化剂的策略有了新想法。他带领团队在设计之初从电子结构入手，有针对性地挑选磁性材料，以实现回收的目的。

这也是宋卫国在本科生课堂上经过"温故"而"知"的"新"——电子结构中的不成对电子是材料磁性的原因。"上课就是给自己补课，跳出科研，回到基础知识中，对继续前进有很大帮助。"他说。

从化学到分子科学，从基础到应用，再回到基础，从科研到教学，从化学所到分子科学卓越创新中心……多年来，无论名称、机构、定位如何变化，中国化学家不懈攀登、科教报国的决心依然不变。

"化"育万物,"育"出的不仅是创造美好生活的新物质,更是一流的人才、一流的思想、一流的成果,为我国由"化学大国"迈向"化学强国"做出贡献。

(甘晓撰文;原文刊发在《中国科学报》2019年7月23日第4版,有删改)

怀"材"为国

——中国科学院半导体材料与光电子器件卓越创新中心改革纪实

"我们擅长什么？我们的科研文化是什么？我们的价值追求又是什么？"回望中国科学院半导体研究所（以下简称半导体所）近60年的历史，科研骨干们一致决定，成立半导体材料与光电子器件卓越创新中心（以下简称半导体卓越创新中心）。

4年来，他们冲破壁垒，探索建立符合半导体卓越创新中心发展需求的组织管理和运行机制，汇聚起一支高水平的科研创新团队，只为聚焦半导体与光电子技术领域的战略性、前瞻性重大科学问题，在支撑国家重大需求、科教融合与人才培养、成果转移转化等方面贡献力量。

从研制出我国第一台单晶炉、第一根锗单晶、第一只砷化镓半导体激光器起，半导体所人就从未与"使命"二字分离。在这个中国半导体领域风起云涌的时刻，且看他们如何做好半导体科学技术的"垫底"工作，"根"深不惧风摇动。

"到底怎么进行分类改革？哪种选择能给自己的科研工作带来更多支持？当初，我们内心并不十分清楚。"研究员张韵感到有些迷茫。

2015年3月6日，半导体所全体研究员被召集到会议室，在听取了中国科学院院士、时任半导体所所长李树深对中国科学院研究所分类改革工作的介绍之后，每个人都要投下郑重的一票。

这是半导体所面向未来的一次重大抉择——选择建设半导体卓越创新中心，还是创新研究院？前者致力于科学和技术原创，后者侧重于服务经济发展和国家安全。

自 2014 年 4 月开始筹备争取分类改革试点工作，酝酿 1 年后，半导体所必须在两者之间做出最后的取舍。半导体所领导班子做了一个从未有过的决定：把选择权交到科研骨干手里。

"宜早不宜晚，我的建议是卓越创新中心。"看到年轻人的犹豫，中国科学院院士夏建白起立表态。

看不准方向时，答案常常就在梦开始的地方。

1956 年，在我国《1956—1967 年科学技术发展远景规划纲要》中，作为当时采取的一项紧急措施，"在计算机、自动化、电子学和半导体四大前沿高技术领域新建四个研究所"的设想被提了出来，而半导体所是其中基础性地位最强的一个。

近 60 年的发展，每个半导体所人都深知，这个团体一直是以基础前沿为引领来立身的。黄昆、王守武、林兰英、王守觉等老一辈半导体所人严谨、扎实的学风品格，熔铸了这里浓郁的基础研究传统。

"我们擅长什么？我们的科研文化是什么？我们的价值追求又是什么？"从回望历史中寻找答案，张韵有一种豁然开朗的感觉。回答了这三问，建设卓越创新中心的选择也就顺理成章了。

求变：不破不立

2015 年 4 月，半导体卓越创新中心启动筹建。它的核心任务有二：一是探索建立符合半导体卓越创新中心发展需求的组织管理和运行机制，二是汇聚培养一支高水平的半导体材料与光电子器件科研创新团队。

2017 年 9 月 25 日，半导体卓越创新中心如期迎来评估验收。所长助理张韵负责向来自美国、加拿大、日本等国的 15 位国际同行专家进行汇报。

"成立半导体卓越创新中心对于半导体所的发展究竟有什么不可替代的

作用？"现场来自国际专家的这个提问，顿时把张韵拉回到两年前——这不就是筹建团队无数次论证、决策、改进筹建方案想要回答的那个问题吗？

放眼国内外半导体科研机构，像半导体所这样拥有半导体物理、材料、器件研究及系统集成应用完整链条的综合性研究所，独此一家。

然而，经过多年发展，其中的弊端也随之显现。"半导体研究需要团队作战，可整个链条上的不同研究方向仍存在脱节，无法特别有效地拧成一股力量。"半导体所副所长谭平恒对此直言不讳。

"问题就出在原有的科技布局与组织模式上。"在半导体所副所长（法定代表人）、半导体卓越创新中心主任祝宁华看来，想要克服过去分散封闭、交叉重复等碎片化和孤岛现象，就必须以半导体卓越创新中心为契机，重新进行一体化顶层设计，建立以重大科学问题与预期重大产出为核心的目标导向机制。

改革从来没有坦途。一个组织的积淀越深，冲破壁垒的阻力往往也越大。祝宁华深知，最大的挑战在于打破原有科研单元的界限，凝聚研究方向和优势力量。

最终，半导体卓越创新中心明确了三大突破方向和五大培养方向。三大突破方向分别是量子材料物性调控及器件机理、全波段半导体光电功能材料、半导体光电子器件与集成技术；五大培养方向分别是半导体神经网络与智能芯片、微纳结构与柔性半导体器件、高功率全固态激光技术、半导体激光传感与成像系统、神经接口与脑机交互技术。

4千瓦全固态激光器组装生产线

祝宁华介绍说，这与半导体所"一三五"规划[①]的内容方向不尽相同。"我们的想法是，半导体卓越创新中心更强调基础与前沿。除了稳住原有优势阵地，还要培育有潜力的课题方向。"

神经接口与脑机交互技术就是一个例子。20世纪90年代起，中国科学院院士王守觉开始试水用硬件手段实现高速人工神经网络功能，在半导体所开创了神经网络学科方向。10年后，他的学生鲁华祥接力，聚焦神经计算芯片及其类脑计算技术应用。揭示人脑奥秘、发展人工智能都属于21世纪最热门的尖端技术，半导体卓越创新中心必须提前布局。

改革的关键在于"人适其事，事得其人"。谭平恒举例，研究员牛智川、吴南健的科研内容都与器件机理有关，但他们的方向却更偏重光电子器件集成。因此，尽管他们过去所在部门是物理方向的半导体超晶格国家重点实验室，但最后却以骨干研究员身份转到半导体光电子器件与集成方向。这样的例子不在少数。

2017年12月21日，半导体卓越创新中心经中国科学院院长办公会审议，顺利通过验收，进入正式运行阶段。

正是由于半导体卓越创新中心以重大科研任务为牵引，打破壁垒，建立起了跨部门协同组织机制，并对科研单元的人员和科研资源的管理模式进行重新设计，统一组织协调科研人员申请和承担各类重大项目，它所承担的重大任务数量获得了比过去更持续、更快速的增长。

如今，半导体卓越创新中心已牵头承担国家重点研发计划项目16项、课题62个，项目总经费3.8亿元，留所经费3.3亿元。

求贤：筑巢引凤

2012年，张韵作为归国高端人才加入半导体所。那时除了依据国家政策给予的一次性补贴外，单位几乎没有额外的待遇支持。但是相同的条

[①] 2011年，中国科学院正式提出"一三五"规划目标，要求各研究院所围绕国家科技战略需求，明确本单位未来5年的"一个研发定位、三个重大突破和五个重点培育方向"。

件，现在却几乎吸引不到人才了。因为科研人员的职业吸引力、生存压力都有了巨大改变。

在这个基础研究无比艰苦、工艺开发无比枯燥的领域，大到国家半导体产业要实现突破，小到一个研究所要求发展，都必须靠三条腿支撑——资金、政策和人才。

"2017年专家组评议前后，我们真正意识到，按照过去每年引进一两名科研骨干的速度，恐怕跟不上半导体卓越创新中心发展的节奏。"张韵记得，当时领导班子讨论得出的唯一结论，就是用充足的资金、灵活的政策支持平台建设，进而吸引有实力的人才聚集。

为此，半导体卓越创新中心突出重点、集中发力。先是加强科研平台建设，通过国家重点实验室建设经费、修购专项经费等渠道投入资金1.3亿元。把半导体集成技术工程研究中心建设成了国内工艺设备齐全、加工水平先进的综合性平台之一。再加上新成立的中国科学院北京信息电子技术大型仪器区域中心，以微电子、光电子和电力电子为核心，集加工、测试、评估、验证于一体，为半导体卓越创新中心提供了有力的设备和条件支撑。

半导体集成技术工程研究中心

同时，半导体卓越创新中心对承担重大科研任务的方向和团队给予全力支持，对青年科研骨干的前瞻性研究，分批次给予科研条件及经费方面的定向支持。特别是在2018年，半导体卓越创新中心设立了主任基金并自主部署前沿项目，投入 5000 万元对前沿研究方向和青年科研团队进行择优重点支持。

2019 年春天，半导体所发布了最新的"青年千人计划"入选者招聘启事。为了引进高端人才，身为人事处处长的徐艳坤费尽了心思。目前，"青年千人计划"入选者的科研启动经费已经从过去的 70 万、100 万涨至 200 万，还包括年薪、生活补贴等一系列政策支持。

"在这则招聘启事中，有一条并不起眼——'允许设立独立课题组，协助建立研究团队'，但它打破了半导体所的一项传统规定——新进人才必须归入已有课题组。"徐艳坤说。

事实上，就在 2018 年，半导体卓越创新中心出台的课题组管理办法还明确规定了单个课题组的人数下限为 6 人，为的就是凝聚力量，便于联合作战。像张韵这样，经过 6 年"打拼"才独立出自己的课题组，已属不易。

这两条规则看似矛盾，却恰恰体现了新人才政策的灵活性。张韵认为，"这就好比给了新进人才一个合理范围的开放特区，允许他们自主决策、独立发展"。半导体卓越创新中心则协助他们申请资金、招聘成员，充当孵化器的角色。这也凸显了半导体卓越创新中心求贤若渴的诚意和决心。

不仅如此，祝宁华还提到："过去，半导体所对各个实验室、课题组的人才招聘参与度不高，缺乏整体规划。现在，招人才不是为了资源竞争，而是有严格的顶层设计、方向布局，只选我们最需要的。"事实证明，半导体卓越创新中心主动出击的姿态，也让人才吸纳变得更有全局性和针对性。

截至 2019 年 7 月，半导体卓越创新中心已引进了 4 名"青年千人计划"入选者、9 名中国科学院"百人计划"入选者。新增"国家杰出青年科学基金"获得者 3 人、"国家优秀青年科学基金"获得者 2 人、"万人计划"入选者 2 人。让祝宁华更为欣慰的是，高层次人才的稳定性在中国科学院系统内是位居前列的。

一流人才带来一流"效益"。

2015 年加入半导体所的青年人才游经碧，主要从事钙钛矿太阳能电池研究。进入半导体卓越创新中心短短几年，他就以通讯作者或第一作者发表了《自然》及其子刊系列研究论文7篇，其中单篇论文最高引用超过450次。2018年，他在不到一年的时间内便刷新了由美国国家可再生能源实验室（National Renewable Energy Laboratory，NREL）编制的钙钛矿太阳能电池认证效率的世界纪录。

据中国科学技术信息研究所发布的中国科技论文统计结果显示，半导体所在"国际论文被引用篇数较多的研究机构"中，2015～2017年连续排名全国第三。2017～2018年，获得国家自然科学奖二等奖、国家科学技术进步奖二等奖、国家技术发明奖二等奖等奖项共计5次。

求实：育人不怠

2008年起，半导体所作为主承办单位在中国科学院大学建立了科教融合的材料科学与光电技术学院（以下简称材料学院）。2014年，中国科学院连续印发4个关于推进"科教融合"组织建设的文件，将"科教融合"上升为全院范围的一项制度安排。这也让筹备中的半导体卓越创新中心加快了科教融合的步伐。

2018年10月14日，恰逢中国科学院大学40周年校庆。庆祝仪式上，首次授予两位教师"李佩教学名师奖"。半导体所退休研究员余金中名列其中。多年来，一贯注重科教融合的半导体所，涌现了一批科研与教学并重的优秀人才，余金中就是其中的代表之一。如今半导体卓越创新中心的很多研究人员，都曾听过余金中的课。

20世纪90年代末，余金中和半导体所内其他两名研究员在中国科学院研究生院开设"半导体量子器件物理"课程。他负责讲授的"半导体光子学"课程，一讲就是20余年。

如今，余金中依然每周两次乘坐班车去往中国科学院大学的不同校区上课，只是现在，他的座位边上时不时会冒出许多当年他教过的学生。

截至2019年7月，半导体卓越创新中心在中国科学院大学4个学院共设立了19个教研室，开课数量达到170门，岗位教师125人，再加上非岗位教师 30 人，融合力度远超过去。

不过，在中国科学院大学校长、长期担任材料学院院长李树深的严格把关下，教师的遴选门槛从未降低。院士、"青年千人计划"入选者、"国家杰出青年科学基金"获得者、中国科学院"百人计划"入选者，这些科研领域的领军人物成了岗位教师队伍的主力。李树深本人就是首届本科生 1412 班班主任及学业导师，并开设了"材料科学基础"课程。

"为了保证质量，材料学院还会定期对所有课程进行梳理，学生评价不满意的，我们坚决关停。"材料学院副院长陈广超的回答很干脆，尽管这样的情况并不多见。

分别自 2015 年和 2017 年起，谭平恒为研究生和本科生开设了"显微拉曼光谱学""固体物理"课程。让他格外惊喜的是，2019 年在"显微拉曼光谱学"的课堂里，有来自 22 个不同研究所的 20 个不同专业的总共 55 名研究生听课，另外还有因为各种原因选不上课的 15 名研究生到场旁听。

余金中常说，"就冲这学生不要学分的劲儿，我也不能怠慢了他们的课"。

科研人员对科教融合的认可，让祝宁华大胆深入改革。过去两年里，他一次次探索出别开生面的深度融合新举措，这也让陈广超感到异常兴奋。

2017 年，中国科学院大学材料科学与工程学科入选教育部"一流学科"建设名单，给了材料学院和半导体卓越创新中心一剂强心针，这也意味着学科建设更依赖与相关研究所的密切合作。

但在近几年推动科教融合的过程中，祝宁华始终有块心病，那就是："不解决合作成果的署名问题，无法提供非岗位教师的待遇保障，校内校外始终'两张皮'。究竟怎么做才能让这些校外的老师更有归属感呢？"

2018 年 10 月 13 日，在中国科学院大学雁栖湖校区国际会议中心，材料学院正式成立材料光电研究中心，与材料口一流学科建设相关的 26 个研究所的代表共同见证了这一具有特殊意义的时刻。

成立材料光电研究中心的初衷，就是为了提高各参与单位及其所属教职员工对学科建设的积极性和参与度。材料光电研究中心不仅是合作研究的共同署名机构，还可以统筹使用中国科学院大学规定的学科建设经费，对在"一流学科"建设中做出重要贡献的单位及其教职员工进行奖励。祝宁华透露，材料光电研究中心2018年的这部分投入达到了600万元。

除此之外，2018年下半年，半导体卓越创新中心和材料学院一拍即合，计划共同创建科教融合实验室，加强培养学生除基础理论知识以外的动手能力。凭借这一想法，材料学院将开辟总面积近300平方米的三个实验室，供研究生集中教学使用。

2019年初，与祝宁华商议后，材料学院又抛出了一个大手笔。每年拨款370万元用于支持科教融合的6个教学项目和20个科研项目。

"这是一个需要咬紧牙关、风险共担的决定。"陈广超相信，不论哪种举措，半导体卓越创新中心和材料学院的科教融合都将走在中国科学院大学的前列。

求索：深"根"固本

2019年4月11日，已退休返聘8年的半导体所研究员胡雄伟突然因病离世。就在一年多前，他作为项目主要完成人和团队一起被授予2017年度国家科学技术进步奖二等奖。

整整20年，胡雄伟把自主知识产权的宽带光网络用平面光波回路（planar lightwave circuit，PLC）光分路器芯片及阵列波导光栅（arrayed waveguide grating，AWG）芯片从实验室带上了生产线，开启了我国高端光电子芯片的产业化之路。2015年后，年产光分路器芯片占据了全球50%以上的市场份额。由于这些芯片在信息网络中居于不可替代的地位，所以这一突破对保障"宽带中国战略"具有重大意义。

当了胡雄伟近20年的学生，半导体所研究员安俊明清楚地记得，2019年春节过后，胡雄伟仍在筹谋着项目的申请，规划着课题组的未来，沉淀着新的产业化课题，没有一刻停歇。他，就是半导体所和半导体卓越创新中心的"芯"力量。

AWG 晶圆

正是有太多这样的力量存在，才使得半导体卓越创新中心铸就了一个又一个"科学卓越"和"技术卓越"。

——超晶格国家重点实验室王开友团队及其合作者，在室温无外加磁场条件下，利用电场-电流的方法成功实现了垂直铁磁器件的自旋可控翻转。这一突破性的成果为新型磁随机存储器和磁逻辑的设计与发展开辟了新的发展思路。

——祝宁华团队及其合作者，多年来承担了国内第一批光电子集成器件的重点研究项目，解决了集成化激光器模块在研究开发过程中面临的核心技术问题。

——全固态光源实验室主任林学春团队，突破了工业用高功率全固态激光器系列化关键技术，开发出多种高功率全固态激光器产品并实现工业示范应用，促进了我国高功率全固态激光在工业中的应用。

……

然而，半导体基础研究是一项"垫底"的工作，它最终隐身于庞大的系统集成之中被推向市场，因此其常常不被人所瞩目。

但重要的是，"根"深才能不惧风摇动。在国内半导体产业风起云涌的时刻，在全球新一轮科技革命和产业变革蓄势待发、摩尔定律遭遇到技术与成本两方面发展瓶颈的时刻，中国新一代半导体技术必须为信息网络、人工智能、新材料、先进制造等领域的技术创新和加速突破提供坚实的基础。

从研制出我国第一台单晶炉、第一根锗单晶、第一只砷化镓半导体激光器起，半导体所人就从未与"使命"二字分离。放眼未来，作为我国半导体科学技术领域的"国家队",以半导体所为依托的半导体卓越创新中心责任在肩。

对此,祝宁华态度坚定,"我们将致力于实现重大科学突破,提出重大原创理论,开辟重要学科方向。特别是要以第三代半导体材料、高端光电子及集成器件、大功率激光材料与器件为重点,突破先进光电子器件及集成等关键技术,从而支撑宽带通信和新型网络、光电信息等技术的快速发展。在全面服务国家重大需求和国民经济发展中发挥出不可替代的基础支撑作用"。

(胡珉琦撰文;原文刊发在《中国科学报》2019 年 8 月 9 日第 4 版,有删改)

跃动的"生物大分子"

——中国科学院生物大分子卓越创新中心改革纪实

在生命科学研究日益呈现复杂性、交叉性的今天，单个课题组或许能取得一些"点"的突破，但很难形成"面"的集聚效应。

由中国科学院生物物理研究所（以下简称生物物理所）牵头建设的中国科学院生物大分子卓越创新中心（以下简称生物大分子卓越创新中心），基于长期积累形成的研究基础和优势，结合前沿科学问题，明确了聚焦生物大分子功能与结构和细胞生命过程的关系这一研究方向，力争在染色质与遗传信息解码、膜蛋白结构功能与生物膜整合、生物大分子复合体研究的新技术新方法三大领域取得重大突破。

朝着成为公认的国际一流的生物大分子研究中心和国际公认的生命科学人才培养高地这一雄心勃勃的目标，他们以平台建设为抓手，改革体制机制，强化条件保障，着力建设一支精干的人才队伍，在30纳米染色质纤维高级结构研究、植物光系统Ⅱ结构研究等方面取得了一系列重大突破，在生命科学领域书写着令人满意的答卷。

2019年2月27日，科学技术部基础研究管理中心公布了"2018年度中国科学十大进展"，生物物理所研究员李栋课题组的研究成果"创建出可探测细胞内结构相互作用的纳米和毫秒尺度成像技术"成功入选。

这项新技术发展了可视化活细胞内的细胞器与细胞骨架动态相互作用和运动，有助于更好地理解活细胞条件下的分子事件，也提供了一个从机制上洞察关键生物过程的窗口。在中国科学院外籍院士、美国杜克大学教授王小凡看来，这项技术将把细胞生物学带入一个新时代，甚至对生命科学产生重大影响。

实际上，在我国生命科学领域，近几年来像这样有分量的重大产出还有很多，而其中不少均指向了同一个地方——生物大分子卓越创新中心。

考卷

故事要从2013年说起。

2013年7月17日，习近平总书记来到中国科学院考察工作，对中国科学院提出"四个率先"要求，即"率先实现科学技术跨越发展，率先建成国家创新人才高地，率先建成国家高水平科技智库，率先建设国际一流科研机构"。

在那个夏天，无论在中国科学院机关还是各个研究所，大家都在讨论同一个问题：作为我国科技国家队的中国科学院，如何才能把中国科学带到世界前沿？

中国科学院院长白春礼曾指出，从中国科学院的自身情况来看，初步具备了实现"四个率先"的基础和优势，但在科研布局和科研能力、创新人才队伍建设、科技智库建设、体制机制等方面，与国家战略需求和世界先进水平相比，还存在较大差距，"实现'四个率先'目标，全面深化改革是必然途径"。

"至于如何深化改革，在中国科学院的顶层设计下，大家普遍达成了一个共识，那就是一定要整合院内的优势力量。"生物物理所所长许瑞明说。

在我国生命科学领域，生物物理所可谓实力雄厚。例如，中国科学院院士邹承鲁，中国科学院院士、第三世界科学院院士梁栋材，中国科学院院士杨福愉都是生物物理所在蛋白质科学领域的学术带头人；我国第一批建立的生物大分子国家重点实验室依托单位也是生物物理所，30年来积累了良好的研究基础。

"可以说,在这个领域,生物物理所是全国的排头兵。"许瑞明介绍道,自建所开始,生物物理所就定位于基础研究,瞄准世界前沿科学进行技术攻关。"例如,在'两弹一星'研制工作中,生物物理所做出了很多贡献;20世纪六七十年代,参与了胰岛素的晶体结构解析等重大科研项目。这么多年来,研究所凝聚了一批在基础研究方面非常优秀的科学家团队。因此,在研究所分类改革中,建设卓越创新中心最为合适。"

很快,一张考卷便展现在生物物理所面前——在生命科学领域如何引领中国科学走向世界前沿。

这张考卷并不好答。卓越创新中心怎么体现卓越?国内、国际生命科学领域现在有什么,未来还要有些什么?重点聚焦哪些前沿科学问题?什么样的体制机制才能保证卓越创新中心的凝聚力和创新的持久性?一系列问题亟待理清。

构思

生命科学是一个非常广的领域,面面俱到势必会分散科研人员的精力和科研经费。因此,在一系列问题中,确定研究方向是当务之急。

"在生命科学领域,不同时期的学科特色是不一样的。比如,以前的结构生物学,其本身结构解析方法就是一个非常难的课题,因为那个时候没有超级计算机,国内也没有同步辐射光源。等这些硬件条件逐渐成熟后,我们就更多地聚焦于生物学问题。"许瑞明说,"此前,生物物理所已经在遗传信息解码方面凝聚了一支优秀的队伍,在膜蛋白方面也部署了前瞻的课题。可以说,我们在蛋白质研究方面有着深厚的基础。"

经过生物物理所时任所长、中国科学院院士徐涛及所领导班子,中国科学院院士饶子和,以及中国科学院院士、中国科学技术大学教授施蕴渝等国内多个生物大分子研究团队带头人的多次调研、讨论后,研究方向的轮廓逐渐清晰:结合之前的研究基础和优势,同时聚焦前沿科学问题。

研究方向进而明确，即聚焦生物大分子功能与结构和细胞生命过程的关系这一核心科学问题，以此来起草那张"考卷"的答案。

经过周密筹备，由生物物理所牵头，联合中国科学技术大学、中国科学院上海药物研究所（以下简称上海药物所）、中国科学院动物研究所（以下简称动物所）、中国科学院遗传与发育生物学研究所（以下简称遗传发育所）组建的生物大分子卓越创新中心于 2015 年 1 月正式筹建，实行理事会领导下的主任负责制，由徐涛担任主任。

成立后，生物大分子卓越创新中心围绕上述核心科学问题，力争在染色质与遗传信息解码、膜蛋白结构功能与生物膜整合、生物大分子复合体研究的新技术新方法三大领域取得重大突破，并重点培育了疾病发生与防御的分子机制、记忆与抉择的神经回路及其分子机制、感染与免疫的分子机制、非编码 RNA 的功能与应用、生物大分子药物创新与转化等研究方向。

在科研方面，他们以中国科学院战略性先导科技专项（B 类）"生物超大分子复合体的结构、功能与调控"为核心科研任务，以成为公认的国际一流的生物大分子研究中心为发展目标；在科教融合方面，以建设中国科学院大学生命科学学院为核心任务，以成为国际公认的生命科学人才培养高地为发展目标。

在这些任务和目标的背后，是一个个具体的举措和实际行动。

1+1>2

要想成为公认的国际一流的生物大分子研究中心，只有某个点的突破是不够的。

之前，我国在科研体制上基本都是采取课题组长（PI）形式，每支团队都有自己的研究方向，大家各自为战，彼此交流、交叉相对较少。具体到生命科学领域，研究往往只有个别亮点，并没有遍地开花，与国际上相比还比较落后。

"什么叫卓越？就是不仅在国内，更是在国际上，别人一提到生物大分子卓越创新中心，就知道很厉害，我们的团队做得很好。"生物物理所副所长朱冰说，通过卓越创新中心建设，鼓励大家加强合作，围绕若干重大科学问题，发挥不同科研团队的特长和多学科交叉的优势，有的擅长细胞生物学，有的擅长结构生物学，有的更多关注技术方法，尽量把分散的力量集中起来，"取长补短，相互补益，只有这样，才能真正做到1+1>2"。

实际上，学科交叉一直都是生物物理所的立所之本。在中国科学院院士贝时璋建立生物物理所之初，这里就汇聚了数学、化学、物理学、生物学等不同专业的人才。而今，学科交叉的理念又被延续到生物大分子卓越创新中心的建设之中。

"生物大分子卓越创新中心成立后，我们就向全院发出了《中国科学院生物大分子科教融合卓越创新中心核心骨干成员遴选通知》，围绕研究方向，遴选特聘核心骨干、特聘骨干人才和青年骨干三类人才，要求其每年投入不少于9个月的时间进行生物大分子卓越创新中心研究方向的工作。"许瑞明介绍，包括来自生物物理所、中国科学技术大学、上海药物所、动物所、遗传发育所在内的科学家50余人加入其中。

在这里，围绕"生物大分子功能与结构和细胞生命过程的关系"这一核心科学问题，不同研究方向的团队本着自愿原则彼此结合，效果逐渐得到体现。对此，生物物理所研究员柳振峰深有感触。

2011年，柳振峰全职回到生物物理所后，主要通过结构生物学的方法研究光合作用。后来，其课题组与章新政课题组，常文瑞、李梅课题组合作，对植物光系统Ⅱ的结构展开研究，并于2016年5月以长篇研究论文的方式在《自然》上刊发了研究成果——"菠菜光系统Ⅱ-捕光复合物Ⅱ超级复合物3.2埃分辨率的结构"。

该成果在国际上首次解析了菠菜光系统Ⅱ-捕光天线超级复合物的高分辨率冷冻电镜结构，揭示了捕光天线与光系统Ⅱ核心复合物间的相互装配机制和能量传递途径，在光合作用的结构机理研究中取得了重大突破。

"我们这项研究在国际上有很多竞争者，比如荷兰、英国、日本等国家的研究团队。但直到我们发表成果一年之后,荷兰一个研究团队才在《自然》子刊上发表成果,但分辨率比我们低很多。我们做到了 3.2 埃,他们只做到了 5 埃。"柳振峰说。

他表示,"我们 3 个课题组每个组都出一部分人参与共同的研究,我是总协调,章新政研究员主要负责冷冻电镜的数据处理和结构解析的整个过程,常文瑞院士和李梅研究员在样品分析上做了很多工作。如果没有这样一个机制,仅靠单个课题组很难做出这个成果,而彼此相互合作,效率就提高了。"

平台

"当然,除了科研人员自愿组合开展研究工作之外,我们还着力为大家营造良好的氛围,鼓励、引导这种合作。"许瑞明说,"除了与加入生物大分子卓越创新中心的其他单位研究员签订三方协议、实现一体化考核之外,更重要的一项工作就是建设中国科学院蛋白质科学研究平台,以此支撑大家的科研工作。"

中国科学院蛋白质科学研究平台依托生物物理所建立,于 2004 年启动建设,一期、二期先后共投入 3.7 亿元,基本建成了基于先进科研装备、以技术服务为目标、以技术创新为特色的国内最高水平的蛋白质科学研究开放共享平台之一。生物大分子卓越创新中心成立后,生物物理所便将这一平台纳入其中,并把所有仪器都委托平台的专职人员管理。

"我们把仪器集中在一起,由 60 余位在编的专职人员管理,科研人员用的时候无需自己购置,可以直接到平台使用,而且有专业人员为大家服务。"许瑞明说,这是一个向全国开放的平台,可以说,它支撑了整个中国科学院甚至全国的蛋白质研究。

"有了这个平台的支撑,就相当于给科学家插上了翅膀,因为这个共性的工具,让他们做了很多之前想做而做不了的研究。"朱冰补充道。

截至 2019 年 6 月,中国科学院蛋白质科学研究平台共拥有结构与功能分析技术实验室、蛋白质组学技术实验室、生物成像中心、动物实验中心4个专业技术实验室,以及仪器设备创新研制和技术服务中心特色实验室,建立了适应学科前沿发展及生命科学装备需求的技术支撑人才队伍,已经建成包括FRE高强度X射线衍射晶体结构数据收集系统、300千伏低温透射电子显微镜、600兆赫低温探头核磁谱仪、单-双光子激光共聚焦显微镜、质谱分析仪等大型仪器设备,以及符合国家标准的免疫缺陷实验动物中心等大型设施。

据统计,截至2019年6月,中国科学院蛋白质科学研究平台共拥有仪器设备350台(套);事业编制职工60人,其中高级职称36人;5年来为472家科研单位和企业提供了技术服务,上网预约服务12.75万次,有效机时42.94万小时。

"值得一提的是,这一平台不仅在2015年中国科学院条件保障与财务局组织的专家复评中获得优秀,而且在2018年科学技术部组织的对全国高等学校与科研机构400余个类似仪器中心的首次评估中也获得了第一名。这让我们备受鼓舞。"生物物理所科技处处长许航说,"如今,中国科学院蛋白质科学研究平台已经成为中国科学院标杆所级平台。"

成绩

几年来,相关机制的出台与平台建设的推进,让生物大分子卓越创新中心的这张答卷越来越充实——2017年10月顺利通过验收,进入正式运行阶段,重大成果产出也逐步显现。

值得一提的是,除了入选"2018年度中国科学十大进展"的"创建出可探测细胞内结构相互作用的纳米和毫秒尺度成像技术"、2016年发表在《自然》上的"菠菜光系统Ⅱ-捕光复合物Ⅱ超级复合物3.2埃分辨率的结构"这两项重大成果外,还有解决了分子生物学领域重大科学问题的"30纳米染色质纤维结构及其动态调控"。

这是一道数十年悬而未决的重大难题。

1953 年，英国剑桥大学卡文迪许实验室的沃森和克里克发现脱氧核糖核酸（DNA）双螺旋结构，揭开遗传信息如何传递的"生命之谜"，开启现代分子生物学时代。之后，科学家一直都在苦苦探索：集中到一根 DNA "绳子"上约有 2 米长的人类基因组的 30 亿对碱基，究竟是如何有序安放在直径只有几微米的细胞核里？

由于缺乏系统性、合适的研究手段和体系，之前科学家对于 30 纳米染色质纤维这一超大分子复合体的组装和调控机理的研究十分有限。可以说，30 纳米染色质纤维高级结构研究一直都是现代分子生物学领域面临的最大挑战之一。

不过，通过生物大分子卓越创新中心成员、生物物理所研究员朱平与长期从事 30 纳米染色质及表观遗传调控研究的研究员李国红的通力合作，成功建立了一套染色质体外重建和结构分析平台，利用一种冷冻电镜单颗粒三维重构技术在国际上率先解析了 30 纳米染色质的高清晰三维结构，在破解"生命信息"的载体——30 纳米染色质的高级结构研究中取得了重要突破。

该结构揭示了 30 纳米染色质纤维以 4 个核小体为结构单元，各单元之间通过相互扭曲折叠形成一个左手双螺旋高级结构。同时，该研究也首次明确了连接组蛋白 H1 在 30 纳米染色质纤维形成过程中的重要作用。

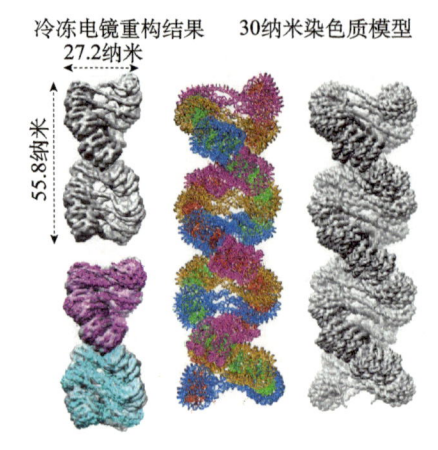

30 纳米染色质左手双螺旋结构模型

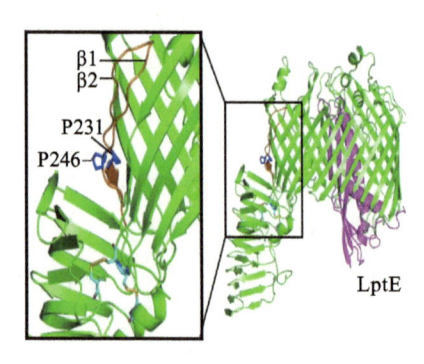

致病菌福氏志贺菌 LptD-LptE 膜蛋白复合体高分辨率晶体结构模型

这一研究成果以长篇研究论文形式发表在《自然》上。正如该论文的评审人所说，该结果是"目前为止解析的最有挑战性的结构之一"，"在理解染色质如何装配这个问题上迈出了重要的一步"。

实际上，近几年，生物大分子卓越创新中心在疾病发生与防御的分子机制、膜蛋白结构功能与生物膜整合、生物大分子复合体研究的新技术新方法等方面也取得了一系列重要成果。

例如，在疾病发生与防御的分子机制方面，首次揭示了真菌组蛋白伴侣调节组蛋白修饰酶活性的分子机理，是染色质领域第一个组蛋白修饰酶与完整底物复合体的结构；首次揭示了灵长类动物和啮齿类动物在衰老和寿命调节通路方面的差异，为开展人类发育和衰老的机制研究及相关疾病的治疗奠定了重要基础。

如今，生物大分子卓越创新中心正一步一个脚印，续写改革创新答卷；而未来，它将继续稳扎稳打，奔着成为公认的国际一流的生物大分子研究中心和国际公认的生命科学人才培养高地这一雄心勃勃的目标迈进。

人们坚信，他们的成就将值得世人期待。

（王之康撰文；原文刊发在《中国科学报》2019年9月10日第4版，有删改）

数系天地　卓越未来
——中国科学院数学科学卓越创新中心改革纪实

过去半个多世纪，中国科学院数学与系统科学研究院（以下简称数学院）群星璀璨、成果卓著，一直是中国的数学中心。这一次，他们站在高原上攀登高峰，打造一支"尖刀连"，拿出"拳头性"成果，成立了中国科学院数学科学卓越创新中心（以下简称数学科学卓越创新中心）。

大胆挑战世界难题、力争冲击菲尔兹奖，数学科学卓越创新中心追求学术卓越和人才卓越。长期、稳定支持科研人员聚焦重大数学问题研究；岗位晋级实行国际评审制度；拿出专项经费支撑起国际性高水平数学合作交流中心；与高校共建"华罗庚班"，探索育才之道……

数学科学卓越创新中心对标世界一流数学科研机构，创新体制机制，引进并稳定了一批杰出人才，凝聚了一支真正实现重大创新和挑战世界难题的队伍，营造了宽松自由的学术环境。

中国距离数学强国有多远？或许，培养出本土的世界一流数学家、产出更多原创性成果，中国便离数学强国不远了。而这也恰是数学科学卓越创新中心未来十年的目标。

田野，给出了千禧年七大数学难题之一——伯奇与斯温纳顿-戴尔（Birch and Swinnerton-Dyer，BSD）猜想的答案线索，这被喻为"中国继陈景润之后最好的工作"；周向宇，解决了Demailly强开性猜想，提供了"优美的最终完整的解决";孙斌勇,完成 L-函数特殊值的算术性质"Kazhdan-Mazur 非零假设"证明,"使整个领域更加引人注目"……

"这些在国际上非常有影响力的工作,背后是越来越多中青年数学家在国际舞台上崭露锋芒。"数学院院长、中国科学院院士席南华如此评价。

在席南华看来,汇人才、聚成果,很大程度上得益于近年来中国科学院深化改革的一系列重大举措。数学科学卓越创新中心因此而诞生,数学才俊的涵养沃土因此而孕育。

"卓越"两件事

席南华进入数学院迄今已有 31 年,他对这里的一切了如指掌。

1952 年,华罗庚带领一批年轻人建立了中国科学院数学研究所。1998 年,中国科学院开展"知识创新工程"期间,数学研究所、应用数学研究所等 4 个研究所合并为数学院。重组后的数学院逐渐成长为国内乃至世界范围内学科分布最全的数学科学研究中心。

一直以来,数学院可谓人才济济、积淀深厚。前有华罗庚、吴文俊、冯康、陈景润、王元、杨乐等数学名宿,后有马志明、郭雷、席南华、袁亚湘、周向宇等数学大家。

2012 年,数学院参加有关国际评估时,被专家组评价为"几乎是国际上唯一一个在纯数学和应用数学如此众多的方向上开展研究且做出高质量工作的研究机构"。

然而,席南华心里清楚,与国外一流的数学科研机构相比,数学院的差距依然明显——研究分散,存在短期行为,原创性成果不够多,没有特别有影响的数学家,等等。

这些差距,随着愈演愈烈的对数学人才的争夺,也变得颇为"刺眼"。在国外,欧美国家纷纷建立专业研究机构,投入大量经费支撑数学基础理论与交叉应用研究;在国内,北京大学、清华大学、浙江大学等高校密集建设研究中心,形成一批具备国际水准的学术团队。

席南华曾应邀到美国普林斯顿高等研究院、德国波恩马普数学研究所等世界一流的数学研究机构访问交流。所见所闻、所思所想，让他改变现状的想法越来越强烈。

有一批优秀的数学家，也不乏国际一流的成果，如何在基础科学前沿方向和重大问题上实现重要突破，成为横亘于前的一个急迫命题。

2014年仲夏，中国科学院启动"率先行动"计划，研究所分类改革成为全面深化改革的突破口。对于数学院来说，缩小差距的机会来了。

聚焦基础前沿，以多学科协同创新为特色，致力于实现重大科学突破、提出重大原创理论、开辟重要学科方向的数学科学卓越创新中心，成为与数学院定位匹配度最高的组织模式。

数学科学卓越创新中心副主任高小山回忆说："这一次，我们是站在高原上继续攀登高峰，希望打造一支'尖刀连'，拿出'拳头性'成果。"

2014年9月4日，数学院召开专题会议，杨乐、陈翰馥、崔俊芝、马志明、严加安、郭雷、席南华等院士及数学院领导和科研骨干济济一堂。大家各抒己见，讨论相当激烈：数学学科的发展现状、国际趋势是什么；数学科学卓越创新中心怎么建，应该选择哪些学科进入；如何吸引并留住杰出人才……

有争议，但最终达成了共识。此后，数学院学术委员会、领导班子又进行多次调研、反复酝酿。2015年1月，数学科学卓越创新中心正式成立，席南华担任中心主任。

成立后的数学科学卓越创新中心就做两件事：一是学术卓越，二是人才卓越。

"学术卓越，就是要凝聚一支真正实现重大创新和挑战世界难题的队伍，营造能够诞生数学与系统科学国际最高奖（如菲尔兹奖等）的学术环境；人才卓越，重点在于稳定、培养、吸引人才，并联合国内有关研究力量，建设数学科学研究的国际制高点。"高小山解释说。

他们希望，未来在数学科学的重大难题、理论及应用前沿研究方面取得一批重大原创性成果，形成根植于中国大地的新的学科方向和研究学派。

宽松 自由 进取

过去十余年，孙斌勇一直致力于朗兰兹纲领中关于典型群表示论的重大问题研究。加入数学科学卓越创新中心之后，他旺盛的创造力被持续激发，很快成为领域内的学术带头人。

"数学是一项长期工程，需要宽松的环境、浓厚的学术氛围和稳定的支持。"在孙斌勇看来，相比较而言，数学科学卓越创新中心可能是"最适合做数学研究的地方"。

曾在普林斯顿高等研究院、哥伦比亚大学工作过的万昕与孙斌勇同属数论方向，在BSD猜想研究上已有了许多重要成果。

2016年初，31岁的万昕正考虑回国工作，国内诸多知名高校向他抛来橄榄枝。普林斯顿大学教授张寿武得知后，向他推荐了数学科学卓越创新中心，"那里的体制很特别，适合做数学研究"。同时，张寿武也向数学科学卓越创新中心引荐了这位优秀的年轻人。

一直以来，数学科学卓越创新中心并不直接参与人才招聘，而主要依靠像张寿武、张益唐、丘成桐这样的国际知名华裔数学家的推荐。因为这些业内"大咖"最了解领域内的优秀人才及他们的强项所在。经张寿武介绍，数学科学卓越创新中心陆续引进了巴黎第十一大学的李文威、申旭，以及巴黎第十三大学的田一超等人。

这些年轻人聚焦于朗兰兹纲领、同余数猜想、BSD猜想、黎曼猜想等重大难题，他们组建的团队甚至被称为"国际上算术代数几何领域最强青年研究组之一"。万昕就是这个团队的青年骨干。

数学科学卓越创新中心选才引才，指向非常明确，即重点"猎取"世界一流科研机构毕业的博士研究生或已取得永久职位的顶尖人才。2015年以来，数学科学卓越创新中心先后引进了7名杰出的青年人才。

数学不同于其他学科，尤其是基础数学的前沿问题，多为千百年来的"未解之谜"。这些问题研究周期长、成功率低，研究者必须心无旁骛，才可能略有所成。

"在现有机制下，有利于重大成果产出与杰出人才成长的学术氛围没有完整建立起来，数学家很难做到耗费数年甚至更长时间钻研一大问题。"一位科学家坦言。

数学科学卓越创新中心，就是要打造一个"少干扰"、宽松自由的"数学天地"。在数学院首任院长、数学科学卓越创新中心学术委员会主任、中国科学院院士杨乐看来，这就意味着"数学科学卓越创新中心要按照国际顶尖数学研究机构的惯例和数学学科发展规律来做"。

这或许正是像万昕一样的青年骨干选择数学科学卓越创新中心的原因。

万昕刚入职不久，杨乐便找他长谈了一番。"希望你两三年甚至更长时间做出一个被国际同行认可的成果。"杨乐提出了明确要求，万昕决定为此"拼一下"。

在不少人眼中，数学科学卓越创新中心的学术环境与拥有9位菲尔兹奖获得者的法国国家科学研究中心（Centre National de la Recherche Scientifique，CNRS）很像。比如，考核不数论文或者单纯看引用率，而是主要考虑其研究的学术意义和发展前景。其中，国际同行的意见是重要的参考依据之一。

"每年考核，我们只需写一个报告，说明写了什么文章、做出了什么结果，由国内外同行进行评估，有些尚未公开发表的工作也可以写进去。"万昕说。

在这里，科研人员有长期、稳定的经费支持，从而可以充分开展学术研究。长期，是以至少4年为一个周期；稳定，是保证有充足的科研经费和人员经费。此外，在职称评审上不看头衔、不数论文和科学引文索引论文，而主要看3篇代表性论文。

高小山介绍，有些做重大课题的研究人员，只有少量甚至没有论文发表，学术委员会则通过其已有论文的水平、进展的重要性来研判未来可能取得的重大成果，从而决定其职称晋升、成果评优等。

这两年，万昕就在这样的宽松氛围下潜心做研究。他也没有辜负杨乐的期望。2017 年，继加藤（Kato）、张伟等学者的研究进展，万昕和合作者证明了更为一般的非正规情形下秩为 0 与 1 时的 BSD 公式，被同行称为"集数十年来发展的几乎所有方法之大成的皇冠性成果"。

同为"算术代数几何卓越创新国际团队"核心骨干，田野比万昕更早进入数学科学卓越创新中心。他对这里宽容纯粹的科研氛围感触更深。"我几乎没有在'跑经费、争项目'上操过心。"他说。

有一次，他的一个项目临近结题却尚未取得重要进展，杨乐专门为他申请了专项科研经费，全力支持他继续研究。"只要是好的问题、深刻的问题，数学科学卓越创新中心都会给予最大的鼓励和支持。"田野对此尤为赞赏。

全球严选　国际触角

宽松并不意味着毫无压力，自由也不意味着没有约束。数学科学卓越创新中心"优待"人才的同时，又对他们要求甚"严"。

2018 年，被视为数学界"新星"的万昕已经被国内外大多数同行认识。他申请晋升研究员时，评审委员会邀请了数位国内外顶尖的数学家做评审。

"被国际同行都认可的成果才能算是重要成果。"高小山解释说。数学科学卓越创新中心的晋升考核全部采取"国际同行海外评审"机制。晋升研究员需要 10 名专家评审，其中至少 8 名是国外专家。

如此严格的评审标准，体现的正是"严把人才关"的要求，它同时对应一个非常具体的目标：向菲尔兹奖进军。

自 2017 年起，为进一步增强国际竞争力，数学科学卓越创新中心启动了国际特聘博士后计划。特聘博士后来自国际最顶尖学校，每位入选者可获得 30 万元资助。截至 2018 年底，已有 100 余人申请，10 人入选。

数学科学卓越创新中心对新聘科研人员实行预聘-长聘（Tenure-Track）制度，严格执行科研人员"非升即离"和"非升即止"的制度，迄今已有 20 名未获晋升的副研究员落聘。"要想真正成为一流，严格很重要，必须优中选优。"杨乐说。

2015 年至今，数学科学卓越创新中心诞生了 1 名中国科学院院士、7 名国际学术组织会士与院士、3 名"国家杰出青年科学基金"获得者、9 名"国家优秀青年科学基金"获得者，以及 10 余名优秀青年学者。优秀人才喷薄而出，活跃的国际交流合作在其中发挥了突出作用。

此前，数学科学卓越创新中心与国际顶尖机构、学者接触交流的机会比较缺乏，这容易让数学研究陷入滞后、闭塞中。为了弥补短板，数学科学卓越创新中心实施了高水准、规范化的系列合作交流计划。

2017 年，数学科学卓越创新中心争取到首批国家自然科学基金基础科学中心项目支持，获得 5 年 1.45 亿元的研究经费。截至 2019 年，该项目是国家自然科学基金委员会试点建设以来资助力度最大的项目。为此，数学科学卓越创新中心每年都从项目经费中拿出 600 万元，专做"国际交流合作"这件事：①开展为期 6 个月的针对跨学科、综合性问题的"学术年"活动；②针对数学重大难题，组建由海外科学家领衔的国际团队进行攻关；③开设前沿问题讨论班，由美国科学院院士、欧洲科学院院士等名家主讲；④聘任张益唐、范剑青、陈贵强等 10 余位著名数学家担任数学科学卓越创新中心特聘研究员，每年来访 2～3 个月；⑤每年邀请菲尔兹奖得主来数学科学卓越创新中心合作交流。

杨乐（左一）、席南华（左二）等与国际专家组成员交流

现在，数学科学卓越创新中心的研究人员越来越觉得，这里有法国 CNRS 的身影，有美国普林斯顿大学的味道，有国际性高水平数学研究中心的样子了。

人才"卓越"，成果自然也"卓越"。4 年多来，数学科学卓越创新中心重大成果不断涌现：周向宇团队解决了多复变函数的核心问题"最优 L^2 延拓问题与 Demailly 强开性猜想"，美国《数学评论》评价其为"近年来多复变与代数几何领域最伟大的成就之一"；郭雷等解决了智能群体趋同的最小半径问题，被应用数学顶尖期刊《美国工业和应用数学学会评论》（*SIAM Review*）作为特选论文；相关团队首次在多自主体系统的集体行为分析中给出原始 Vicsek 模型严格分析，突破了 20 余年的未解难题……

2017 年 9 月，9 位国际著名科学家对数学科学卓越创新中心进行了评估，一致认为数学科学卓越创新中心是"世界一流数学与数学科学中心之一""带动中国其他数学机构发展的火车头"。

探索自我育才之道

"招一个优秀人才非常不容易，这是哪家单位发展都会面临的问题，西方国家也一样。"席南华说。由此，加大本土优秀人才的培养、增加自我造血功能，必然成为数学科学卓越创新中心人才战略两翼中的重要一翼。

数学科学卓越创新中心把目光投向高校，希望从中寻找和培养一批有潜力、热爱数学的本科生。2014 年，中国科学院大学首招本科生。首届学生中不乏全国奥林匹克数学竞赛金牌获得者、数学竞赛选手。

在中国科学院科教融合战略的统筹部署下，数学院与中国科学院大学决定共建数学科学学院，后由数学科学卓越创新中心负责。"我们按照高标准的精英教育、培养数学家的目标，配备老师、设置课程，希望通过长时间培养遴选出一批未来的数学家。"高小山说。

为此，席南华、周向宇、袁亚湘等院士纷纷走上讲台，从基础数学课程讲起，设计课程、选择教材、组织考试也都亲力亲为。受此感召，一批"国家杰出青年科学基金"获得者、科研骨干也纷纷承担了相应的专业课程。

袁亚湘为本科生授课

教材包括"难度很大"的莫斯科大学卓里奇的《数学分析》、柯斯特利金的《代数学引论》等，国内只有中国科学院大学与清华大学"基础科学班"在使用。

自 2015 年以来，数学科学卓越创新中心以学术卓越支撑了中国科学院大学的数学科教融合。在 2016 年的全国第四轮学科评估中，中国科学院大学数学科学学院的数学、系统科学两个学科均获评 A+；以席南华为负责人的中国科学院大学 40 人"数学教师团队"被教育部评为首批"全国高校黄大年式教师团队"。

中国科学院大学首届数学系本科生不负所望，展现出"很强的科研能力"。2014 级贾璧宁的毕业论文，解决了数学大师、沃尔夫奖（Wolf Prize）获得者阿诺德（Arnold）与阿维斯（Avez）的专著 Ergodic Problems of Classical Mechanics 中提出的一个公开问题。

首届本科生毕业后，大多选择留在数学院或出国深造。

数学院还先后与中国科学技术大学、北京航空航天大学、山东大学、大连理工大学联合创办"华罗庚班"，从培养兴趣和数学思维入手，探索数学学科高端人才培养新模式。

从本科四年级开始,"华罗庚班"的学生到数学院学习高年级专业课程,由数学科学卓越创新中心的导师们"手把手"指导选课,完成毕业设计和本科论文,优秀学生还有机会到国外顶尖大学交流访问。

2017年,"华罗庚班"毕业生总计有121人。其中,31%赴海外一流高校留学深造,59%在国内高校和科研院所攻读研究生。

不过,"爱才如命"的数学科学卓越创新中心,却有一个曾被"质疑"的人才培养法:自己的硕士研究生、博士研究生即使再优秀也不留所工作。"数学人才的新陈代谢很快,只在一个地方学习,研究会有局限性,学术能力也很难超过导师。"杨乐解释说。

为避免学术"近亲繁殖",数学科学卓越创新中心鼓励26~40岁的人才到国际上最优秀的地方访问交流,学习不同的技巧、方法。

那么,自己培养的人才出去后不回来怎么办?"我们这边条件好了,他们是愿意回来的。"席南华说。

事实也正如此。最近,一位毕业于爱因斯坦母校瑞士苏黎世联邦理工学院的博士研究生正在申请数学科学卓越创新中心的国际博士后,他在简历上说自己是"华罗庚班"的学生。近年来,人才回流已成趋势,在数学科学卓越创新中心科研岗位的申请者中,有不少都曾在数学院学习过。

从一开始,数学科学卓越创新中心就对标世界一流数学科研机构。席南华坦言,数学科学卓越创新中心的最大挑战还是在于人才竞争,"吸引最优秀的人,并让他们在这里安心工作,这是最本质的问题"。这也是数学科学卓越创新中心目前努力在做的事情。

中国距离数学强国有多远?或许,培养出世界一流数学家、产出更多原创性成果,中国便离数学强国不远了。

而这,恰也是数学科学卓越创新中心未来十年的目标。

(韩扬眉撰文;原文刊发在《中国科学报》2019年5月31日第4版,有删改)

大科学研究中心

依托国家重大科技基础设施集群和重大创新平台，建设一批具有国际一流水平、面向国内外开放的大科学研究中心。通过高效率开放共享、高水平国际合作、高质量创新服务，有效集聚国内外科研院所、大学、企业，开展跨学科、跨领域、跨部门协同创新。

光耀"科学城"
——中国科学院合肥大科学中心改革纪实

"合肥这么多大科学装置，有条件建成一个世界级的大科学研究中心。"早在2014年初，在我国中部地区的科教重镇建一座未来"科学城"的想法已开始酝酿。

2014年8月，中国科学院启动实施"率先行动"计划，其中就包括整合院内外各类资源，依托已建成运行、在建和规划建设的一批国家重大科技基础设施，形成大科学装置群，建设高效率开放共享、高水平国际合作、高质量创新服务的大科学研究中心，集聚国内外科研院所、大学、企业，开展跨学科、跨领域、跨部门协同创新。

曾经，这是一幅令人魂牵梦萦的场景：大科学装置吸引了全球成千上万名科学家汇聚于此，并激荡释放出源源不断的思想和智慧火花……

2014年11月，随着中国科学院合肥大科学中心（以下简称合肥大科学中心）的诞生，众多科学人的梦想正在变为现实。合肥大科学中心有着更深远的计划，就是在当前改革创新的基础上，加快建设国家级综合科学中心，最终建成国际一流的综合性科学中心。

合肥董铺岛，由于岛上集中了中国科学院几家研究所而得名"科学岛"。不仅如此，这个不大的半岛还在全国科技创新领域占有一席之地——岛上拥有两个国家重大科技基础设施。2018年12月14日，第

率舞潮头 先帆竞发 中国科学院研究所分类改革纪实

三个大科学装置——聚变堆主机关键系统综合研究设施也正式开启园区建设。

看着眼前热火朝天的建设场景,中国科学院合肥物质科学研究院(以下简称合肥研究院)院长匡光力不禁感叹,4年前与合肥研究院党委书记王英俭、时任中国科学技术大学校长侯建国共同商议建设一座"国际一流综合性科学研究中心"的情景还历历在目。

曾经,这是一幅令人魂牵梦萦的场景:大科学装置吸引了全球成千上万名科学家汇聚于此,并激荡释放出源源不断的思想和智慧火花……由此,合肥或将成为媲美美国旧金山湾区、日本筑波的著名科学城。

2014年11月,随着合肥大科学中心的诞生,众多科学人的梦想正在变为现实。

安徽合肥综合性国家科学中心

梦想走进现实

"合肥这么多大科学装置,有条件建成一个世界级的大科学研究中心,你牵头去做一些前期调研吧。"中国科学技术大学国家同步辐射实验室原主任陆亚林清楚地记得,2014年2月春节假期之后,时任校长侯建国找到他,描述了一个"科学城"的宏图,在他心中第一次种下了合肥大科学中心的种子。

大科学装置是指通过较大规模投入和工程建设来完成，建成后通过长期的稳定运行和持续的科学技术活动，以实现重要科学技术目标的大型设施，是国家创新体系中最核心的基础力量。20世纪中叶以来，几乎所有关于物质结构研究的重大成果都和大科学装置有关联。2014年，全国拥有二三十个大科学装置，分散在各单位，相互之间并未形成合力，且面临着人才队伍流失的窘境。

而在全国的大科学装置中，中国科学院拥有的数量最多。恰逢2014年8月，中国科学院启动实施"率先行动"计划，其中就包括整合院内外各类资源，依托已建成运行、在建和规划建设的一批国家重大科技基础设施，形成大科学装置群，建设高效率开放共享、高水平国际合作、高质量创新服务的大科学研究中心，集聚国内外科研院所、大学、企业，开展跨学科、跨领域、跨部门协同创新。

合肥有三个大科学装置，即合肥研究院建设的全超导托卡马克核聚变实验装置（experimental and advanced superconducting Tokamak，EAST）、稳态强磁场实验装置，以及中国科学技术大学建设的同步辐射光源。难得的是，两家单位同属中国科学院，作为兄弟单位，一直有良好的合作，联合共建一个"国际一流综合性科学研究中心"的想法更是一拍即合。

全超导托卡马克核聚变实验装置

"合肥研究院大装置多，运行维护的力量更集中，偏重满足国家战略需求，大学更侧重前沿探索、人才培养，双方合作是非常好的互补。"合肥研究院院长匡光力表示。

随即，陆亚林等人投入紧张的前期筹备工作。他牵头申请了一个软课题，走访了美国劳伦斯伯克利国家实验室的先进光源（advanced light source，ALS）、英国纽卡斯尔科学城等世界著名科学中心。

这一调研使得一个前所未有的公共大型科技创新平台的轮廓在众人心中逐渐清晰起来。

"我们发现，西方发达国家强大的科技竞争力很大程度上是通过高水平大型科研基地体现的，而这些大型科研基地都拥有先进的大科学装置甚至大科学装置群作为支撑，不仅有完整的科研能力，更形成巨大的人才汇聚能力。相比而言，我国还缺少能与西方发达国家匹敌的'科研航母'。"陆亚林告诉《中国科学报》记者。

随后，双方迅速组织了一个方案研究小组，以尽快形成向中国科学院党组报告的材料。那段时间，参与筹建的这些人各处调研、沟通细节，最频繁的时候，一个星期往北京跑了三个来回。不到一年的时间里，他们反复地调研、沟通和讨论，对大科学研究中心的规划方案修改了上百回，目标直指国际一流综合科学研究中心。

如今回头看来，他们的努力是值得的，这些资料和成果在合肥申请综合性国家科学中心时发挥了重要作用。

紧张的筹备工作一直持续到向中国科学院党组汇报之前。合肥研究院党委书记王英俭记得，他和侯建国直到汇报会开始前，还凑在一起修改演示文稿。最终，侯建国向中国科学院党组汇报了合肥大科学中心的建设方案。汇报结束后，中国科学院院长白春礼等几位院领导又就筹建方案讨论了许久。

最终，2014年11月6日，合肥大科学中心正式开始筹建。合肥大科学中心依托合肥研究院，中国科学技术大学校长为主任，合肥研究院院长为常务副主任，拥有同步辐射光源、全超导托卡马克核聚变实验装置和稳态强磁场实验装置三大科学装置。

"这样的设置体现了以科学为牵引、为科学家服务的宗旨,希望结合两个单位的优势,创新体制机制,促进科学技术的新突破。"合肥大科学中心筹备组成员、中国科学技术大学副校长朱长飞这样认为。

"合肥大科学中心是中国科学技术大学和合肥研究院共同努力的结果,但我们还有更深远的计划,就是在此基础上建设国家级的综合科学中心,最终要建国际一流的科学中心。"王英俭对《中国科学报》记者这样表示。

筑巢引凤

科幻电影《流浪地球》中,聚变能成为地球"流浪"的永久动力。在合肥,就有一个承载着未来能源希望的"人造小太阳"——EAST。

核聚变是一种核反应形式,能够释放原子核内部的巨大能量。受控核聚变一旦成功,可向人类提供清洁且取之不尽的能源。位于合肥的EAST是世界上第一个非圆截面全超导托卡马克,也是世界上首个突破百秒量级高约束稳态运行的托卡马克核聚变实验装置,目标直指未来聚变能商用。2018年11月,"人造小太阳"EAST实现1亿℃等离子体运行,为未来的聚变堆实验运行奠定了重要基础。

据介绍,为了更好地建设EAST,该团队的人才队伍以青年人为主,通过项目发挥资深专家的传帮带作用,给青年人压担子、加任务,充分发挥青年人的创新优势。

稳态强磁场实验装置自2010年试运行至今屡创纪录,2017年建成全球第二个40特稳态磁场,3台水冷磁体技术指标创世界纪录。稳态强磁场的超强吸引力,也让张欣等"哈佛八剑客"回国效力。

中国科学院强磁场科学中心研究员张欣告诉《中国科学报》记者,利用强磁场可以观测到许多在弱磁场下难以产生或是无法观测到的现象,"有的实验只有强磁场能做,别的地方都做不了。所以在硬件条件上,这一点非常独特,比绝大部分美国实验室条件更好"。

"合肥大科学中心有国内独有的大科学装置，可以提供很好的科研平台，这是我最看重的。"通过中国科学院"百人计划"加入合肥大科学中心的郝宁研究员表示，合肥的基础科研实力较强、科研氛围较好，尤其是升级为国家综合性科学中心之后，政策力度明显加大。

继 2016 年完成重大升级改造后，合肥光源（Hefei light source，HLS）于 2018 年 7 月正式投入恒流运行模式，这标志着一个全新的 HLS-II 基本建成。其运行达到国际同行装置的优秀水平，10 条光束线站全面向用户开放，用户成果连续 3 年实现成倍增长。

在机制体制改革和装置不断升级的带动下，2018 年，HLS 在历史上首次实现关键技术人才倒流——4 名关键技术人才引进或回流。其中，引进了 2 名技术"百人"，还吸引了 1 名已成为国际知名技术专家的毕业生回国加盟。另外还引进了 30 余名技术人才。

"说到底，人是最重要的资源。"说起人才队伍，王英俭下意识地敲了敲桌子。

合肥大科学中心自成立以来一直很"忙"，几乎每年都有建设任务。

2016 年 1 月，HLS-II 完成重大升级改造；2017 年稳态强磁场实验装置通过国家验收；2018 年底，"聚变堆主机关键系统综合研究设施"启动建设；第四代合肥先进光源（Hefei advanced light source，HALS）也已启动预研。

随着建设工程的不断增加，装置缺人的问题开始严重起来，仅靠"招兵买马"似乎也难以解决问题了。

朱长飞回忆，人才流失是各大科学装置都面临的难题。大科学装置在建设时集中了一批工程技术人才，他们经过大项目磨砺，技术能力高、了解装置性能，但是工程建完之后却难以安置。一方面，工作量大大减少；另一方面，科研单位没有针对这类人才的评价体系。

但在合肥大科学中心的框架之下，这一问题得到妥善解决——工程技术队伍实现共享共用，一项工程的阶段性任务完成了再去开展另一项工程，保证了队伍的稳定性和专业性。

同时，自2018年起，合肥大科学中心创新评价体系，尝试将工程技术人员的工艺图纸、设计方案、解决方案等按照质量体系归档，再请同行专家进行行评，作为对工程技术人员的评价标准。

在合肥大科学中心装置运行部部长、合肥研究院研究员邱宁看来，有不少大科学装置的工程技术人员可以被视为掌握特殊技能的"大国工匠"。

1+1+1＞3

在一系列的机制体制改革举措下，合肥大科学中心"1+1+1＞3"的效能愈发凸显。

2017年是合肥大科学中心正式运行的第一年。这一年，三大装置共接待了来自150余个单位的1500余名科研用户，其中七成来自中国科学院院外单位。当年依托装置完成的课题超过630个，共发表SCI论文682篇，其中一区期刊论文超过200篇，授权发明专利45项。

经过几年的磨合，装置联用优势逐渐显现。例如，通过联用稳态强磁场实验装置及同步辐射光源，吴文彬、陈峰等首次制备出基于全氧化物外延体系的人工反铁磁体。《科学》审稿人称"该研究在样品质量和表征上堪称绝技，开辟了研究其他氧化物多层膜的新方向"。熊伟、黄光明等继20世纪六七十年代后，再度发现新的脑内谷氨酸生物合成通路，首次阐述日光照射引起与神经系统相关行为变化的深层机制……

为积极推动三大装置的运维资源整合与技术共享，合肥大科学中心成立了若干运维技术专业组，探讨解决各装置的共性技术问题。"2018年11月，我们刚开的一次低温专业组研讨及方案评议会效果挺好，今后还会以专业组研讨或专业组间、专业组与用户间研讨等形式加强交流，努力把跨装置业务研讨常态化。"邱宁说。

装置离不开用户。据合肥大科学中心综合管理部部长、中国科学技术大学生命科学学院教授田长麟介绍，合肥大科学中心自2015年起，通过经费机制改革上的探索，建立了一项高端用户培育基金，凡满足"三高"——高端科学问题、高端产出、高端技术的用户,高端用户费用直接划拨到各平台,由各平台更有针对性地使用。目前邀请和资助到的用户包括诺贝尔化学奖获得者、美国国家科学院院士等,产出SCI论文500余篇。同时,合肥大科学中心还有专项政策鼓励用户在不同装置间实现联用。

王英俭心中还期待着更深度的装置联用、学科交叉。"'大交叉'不是一朝一夕能够实现的,但未来很有希望。"他说。

合肥大科学中心的诞生在促进中国科学技术大学和合肥研究院的科教融合、协同创新方面更上一个台阶。例如,双方共建了中国科学技术大学核科学技术学院、环境科学与光电技术学院,自2014年起,合肥研究院学生全部纳入中国科学技术大学学籍。

双方启动了联合培育基金,要求由中国科学技术大学和合肥研究院组成的团队联合申请。目前,联合培育基金已组织了5次项目申报,资助了82个培育项目,发表SCI论文829篇,申请专利132项,获批专利24项。"双方科研力量各有所长,以前的技术力量协同不起来,现在则可以互通有无。"陆亚林说。

此外,2011年和2013年,中国科学技术大学和合肥研究院以双聘制互聘60余位研究员、教授,实现互评互认。成立合肥大科学中心之后,根据年度考核结果对他们提供增量绩效奖励,成效显著。

例如,中国科学技术大学合肥微尺度物质科学国家研究中心与中国科学院强磁场科学中心双聘研究员陆轻铀研制成功的组合显微系统为国际首创。该系统集扫描隧道显微镜(scanning tunneling microscope,STM)-磁力显微镜(magnetic force microscope,MFM)-原子力显微镜(atomic force microscope,AFM)三者于一体,能同时获得3种不同的信号,在稳态强磁场实验装置中大显身手。

瞄准国际一流

2016年12月,合肥大科学中心通过中国科学院的验收,正式运行。

相隔仅1个多月，2017年初，国家发展和改革委员会及科学技术部复函同意安徽省建设合肥综合性国家科学中心，"科技航母"即将起航。

当时，合肥大科学中心成为全国仅有的3家综合性国家科学中心之一，让不少人颇为意外。

陆亚林则认为这是"情理之中"的事情。除了省市领导的全力支持，合肥大科学中心打下的基础功不可没，合肥已先行一步搭建起各部门科技合作的基础框架和模式。后来，在合肥综合性国家科学中心建设初期，许多核心文件都来自合肥大科学中心的基础文件。

同时，合肥大科学中心确定了的"三步走"发展战略：2014~2015年为筹备建设期；2015~2020年为建设运行期，建成综合性国家科学中心；2020~2030年为完善发展期，建成国际一流综合性科学研究中心。这也与国家层面建设世界科技强国的战略布局不谋而合。

合肥大科学中心主任、中国科学技术大学校长包信和表示，根据国家对上海、合肥、北京等3个综合性国家科学中心的分工，合肥大科学中心主要聚焦关乎国计民生的4个领域——信息、能源、环境、健康。这与合肥大科学中心支撑发展的科研领域一脉相承。

包信和认为，大科学中心的建设就是着眼于未来的。"这些大装置10年、20年乃至30年，一定能够直接转化为经济贡献吗？这个现在还很难估计，但能肯定的是，它对科学研究的贡献将会是很直接、很巨大的。"

未来，依托大科学装置，合肥大科学中心将在核聚变与等离子科学、量子功能材料、物质科学与生命科学交叉三大主攻方向组织前沿交叉创新团队，产出重大科研成果；建立相对独立的管理体制机制，探索将合肥大科学中心建成中国科学院科研体制机制改革和政策创新的实验区；积极参与综合性国家科学中心建设。

2018年9月，中国科学院党组副书记、副院长侯建国在合肥调研时强调，合肥综合性国家科学中心建设作为一项国家战略，大科学装置群建设是其非常重要的组成部分。"大科学装置群的建成，对中国科学院而言是极其宝贵的资源。希望大科学装置群的领导者和研究人员积极创新，敢于突破，形成值得借鉴的改革经验并推广全院。"

目前，合肥大科学中心正作为核心单元积极全面参与综合性国家科学中心建设，在安徽省的创新格局中占据了重要地位。

面向未来，合肥大科学中心的集群优势日趋显著。

据悉，2018年12月开工建设的第四大科学装置"聚变堆主机关键系统综合研究设施"能够落地安徽，也与合肥大科学中心的"金字招牌"不无关系，它将成为国际磁约束聚变领域参数最高、功能最完备的综合性研究平台。

为了支持合肥综合性国家科学中心大科学装置的发展，安徽省划出一块约10平方千米的合肥综合性国家科学中心大科学装置集中区，地处蜀山之畔，距离科学岛仅1千米，周围是生态公园和水源保护地。

"我们的目标是建成世界最美科学园区。"畅想未来，王英俭面露微笑。

聚变堆主机关键系统综合研究设施开工建设之后，世界低能区最领先的第四代同步辐射光源——合肥先进光源正在推动立项中。在陆亚林心中，合肥先进光源的作用远不止如此。"合肥先进光源将建有60条线，每条线有1~3个工作站，每年可供近2万名科学家做实验。想象一下这么多'大脑袋'的人齐聚合肥，将会为这座城市带来怎样的未来。"

（陈欢欢、张楠撰文；原文刊发在《中国科学报》2019年5月10日第4版，有删改）

打造中国版"亥姆霍兹"

——中国科学院上海大科学中心改革纪实

如果科学研究有一个"理想国",它应该是什么样子?

上海光源曾以"自破土到出光仅用了3年时间"的速度,创下了一个世界纪录。2014年恰逢中国科学院研究所分类改革的契机,他们以建设大科学研究中心为抓手,立足上海张江这个全球密集的大科学装置群,为我国重大研究设施向社会开放探索完整的机制,树立起一块全国可复制、可推广的样板。2017年9月,张江实验室的挂牌、上海光源的整体划转,又逐渐拓展形成全新格局。

俯瞰张江科学城,一座座大科学装置拔地而起。中国科学院在上海张江所努力打造的,恰恰是集聚全球创新资源的"强磁场"、创新成果的"原产地",又是顶级科学家的"孵化器"、高水平科技人才的"培养皿"。

一个全球规模最大、种类最齐全、功能最强的光子大科学装置群正在逐步形成。在这座冉冉升起的创新"理想城",探索建立科研"理想国"意义非凡。

2019年5月6日,我国首台第三代同步辐射光源——上海光源,迎来了向用户开放十周年的"生日"。

这个从农田中破土而出的"鹦鹉螺",是由中国科学院与上海市共建的首个大科学装置。过去十年间,以上海光源为中心,院市合作、建设大科学装置的"东风"正在上海浦东张江涌流:国家蛋白质科学研究(上海）设施已投入使用；上海光源线站二期工程16条线站顺利推进；软X射线自由电子激光装置与活细胞成像装置不断优化；硬X射线自由电子激光装置已经启动；百拍瓦级超强超短激光装置也在加紧攻关……到2025年，这些装置全面建成时，张江综合性国家科学中心将成为世界上大科学装置最密集的地方。

如何将这些大科学装置连接成一个相互协同、紧密配合的"朋友圈"？一条可行之路是建立大科学研究中心，仿效德国亥姆霍兹联合会，打破大科学装置间的"围墙"，使它们能并指成拳，为中国乃至世界科技创新释放出更强大的力量。

以中国科学院研究所分类改革为契机，2014年11月，中国科学院院长办公会议批准筹建中国科学院上海大科学中心（以下简称上海大科学中心）——打造中国版"亥姆霍兹"，迈出了新征程的第一步。

崛起张江：科研重器构筑科技创新地标

2019年5月，美国加利福尼亚大学圣克鲁兹分校教授戴维德·贝朗格不远万里，慕名来到上海光源做实验。这缘于同行对上海光源优异性能的共同赞誉。

上海张江综合性国家科学中心

曾几何时，中国科学家只能站在"世界同步辐射俱乐部"的门外，靠申请国外大科学装置的机时艰难开展实验研究。

1993年12月，丁大钊、方守贤、冼鼎昌3位中国科学院院士前瞻性地向国家提议："在我国建设一台第三代同步辐射光源。"1995年3月，中国科学院与上海市政府商定，将这台大科学装置落地张江。

在十几年漫长的立项、预研与建设过程中，中国科学院调集了大量精兵强将来到中国科学院上海应用物理研究所（以下简称上海应物所），参与光源建设。2009年5月，上海光源建成。如今，经过十年运行，上海光源在国际同类第三代同步辐射光源中的产出成果数量与质量均位居前列。从2018年起，上海光源开始接受全球科学家的申请，迄今已服务了16个国家的177名科研人员。

上海光源的外形像巨大的鹦鹉螺，电子能量高达3.5吉电子伏的同步辐射光，从432米储存环中被一条条光束线站引出。上海光源已经成为支撑国内诸多学科前沿领域"领跑"和高技术发展不可或缺的实验平台。

稳定运行十年，用户从第一批20人增长到累计24 684人，每年向用户稳定供光5500小时，实验支持用户发表论文逾5000篇，其中发表在科学引文索引（Science Citation Index，SCI）一区期刊的高水平论文有1500余篇，包括在《自然》《科学》《细胞》上发表的96篇。

上海光源直接助力我国结构生物学实现快速发展。2009年以前，国内同步辐射装置解析出的蛋白质晶体结构仅有99个，而依靠上海光源，现在解析出的蛋白质晶体结构已多达3775个。其中，埃博拉病毒、禽流感病毒等重要蛋白质的解析，为全球公共卫生事件的解决做出了重要贡献。

借助上海光源，我国物理学家发现了外尔费米子、三重简并费米子。这是世界物理学界90年来的首次发现，对研发室温低能耗电子器件有重要价值，还可用于量子计算机的设计和制造。

在新能源、新材料、环境保护、文物保护等领域，上海光源频频助力用户取得突破。中国科学院院士包信和利用上海光源开展的纳米催化研究，成为上海光源首个登上《科学》的成果。

就在上海光源向用户开放之际，蛋白质设施开始兴建，并于2015年7月通过国家验收。作为全球生命科学领域首个以各种大型科学仪器和先进技术集成为核心的综合性大科学装置，截至2018年底，蛋白质设施累计提供用户机时46.7万小时；实验研究支撑发表SCI论文714篇，包括在《自然》《科学》《细胞》上发表的39篇。

以提升原始创新能力和支撑重大科技突破为目标，近年来，中国科学院在上海市持续布局建设了一批大科学装置，一个全球规模最大、种类最齐全、功能最强的光子大科学装置群正在逐步形成，将有力提升我国在相关研究领域的国际话语权。

与此同时，中国科学院与上海市政府联合，积极布局世界一流科学城、世界一流实验室，打造高水平创新基地。预计到2025年，这些国家重大科技基础设施与创新机构建成运行后，将吸引全球越来越多的科学家到上海市开展前沿科学研究，一座"科研重镇"的雏形已经显露出来。

"科研重镇"也将是人才高地。大科学装置为各类科技人员成长提供了广阔舞台，成为顶级科学家的"孵化器"和高水平科技人才的"培养皿"。

2019年，上海光源有两位优秀用户刚刚当选美国科学院外籍院士。"十年间，上海光源聚集了一批优秀科学家及团队。"上海大科学中心主任、上海应物所原所长、中国科学院上海高等研究院（以下简称上海高研院）副院长赵振堂说，在上海光源的用户中，有两院院士53人，中国科学院"百人计划"入选者、"千人计划"入选者、"国家杰出青年科学基金"获得者等科学家领衔的团队400余个。

张江实验室

破除围墙：大科学装置建起全球朋友圈

俯瞰张江科学城，当一座座大科学装置拔地而起时，科学家不禁思考起这样一个问题：由于建设主体单位不同，这些大科学装置是否会变成一个个科研创新的"孤岛"？即便每个设施都"力拔山兮"，若难以形成合力，也势必无法发挥出最强大的潜能。

赵振堂说，破除大科学装置之间的"围墙"，使所有大装置携手并进、各展所长，是筹建上海大科学中心的"初心"，也是其承担的使命。

2014年，中国科学院启动研究所分类改革。建立大科学研究中心，是负责运行上海光源的上海应物所给中国科学院提出的一个建议。同年12月，中国科学院党组做出决定：在上海建立大科学研究中心，探索大科学装置集群的新型运作机制。

"我们做了大量的前期准备工作，但体制机制上的'破墙'并非易事。"赵振堂说，最初设想是建立光子科学中心，但张江实验室的挂牌及上海光源的整体划转逐渐拓展形成全新格局。

作为中国科学院与上海市开展的新一轮院市合作项目，张江实验室致力于将中国科学院的学科基础优势和人才团队优势，与上海市突出的改革优势、创新优势和国际化优势相结合，使上海市成为国家实验室成长的"沃土"和"家园"。

2017年5月，中国科学院党组做出决定，将中国科学院在上海市的大科学装置全部划归上海高研院，以支持张江实验室建设。

当年9月，张江实验室挂牌。上海大科学中心成为支撑张江实验室的一个科研单元，挂靠上海高研院，为大科学装置打造"朋友圈"的"破墙"之路正式开启。

"这只是我们探索大科学装置联合机制的第一步。"赵振堂表示，打造一个世界级的共享实验平台，必须有一流的运行设施、高效开放的共享机制及先进的技术支撑和管理服务，实现"装置-方法-研究"紧密结合，以利于提升实验能力，产出重大和重要成果。

"因此，建设和稳定一支高水平的运维队伍十分重要，面对张江企业'四面楚歌'挖人的现状，我们还需要在凝聚队伍上做更多探索。"赵振堂说。有了出色的人才和高水平的运维队伍，才能不断改进用户实验的技术支撑条件（包括专业实验室、样品保存和准备、数据储存和处理等），并提高管理服务水平（包括课题申请、审批、执行与实验服务等）。在此基础上，大科学装置群才能面向世界科技前沿、面向国家重大需求、面向国民经济主战场，全方位开放合作，聚焦重点，加强产业和区域辐射，不断产出重大成果。

现在，上海大科学中心拥有一支600余人的精干研究团队。这支团队通过同步辐射光源、蛋白质设施、自由电子激光装置和光束线站的建设及运行，已成为我国重大科技基础设施设计建设、新技术研发、设施运维和前沿交叉研究的国际科技劲旅。

上海光源曾以"自破土到出光仅用了3年时间"的速度，创下了一个世界纪录。赵振堂表示，他们将利用好中国科学院研究所分类改革的契机，以建设大科学研究中心为抓手，立足上海张江这个全球最密集的大科学装置群，为我国重大科技基础设施向社会开放探索完整的机制，树立起一块全国可复制、可推广的样板。

上海光源储存环隧道

统筹协同：打造科研"理想国"

如果科学研究有一个"理想国"，它应该会是这个样子：一名科学家提出一个重大科学问题，来自不同领域的科学家帮他将问题分解，并设计出一系列实验，然后利用这里拥有的一流大科学装置，以最优、最快的途径探寻科学真知。

中国科学院在上海张江努力打造的，恰恰是这样一个集聚全球创新资源的"强磁场"、创新成果的"原产地"。在这座冉冉升起的创新"理想城"，探索建立科研"理想国"，意义非凡。

对大科学装置进行统筹管理，保持其性能的优越，最终目的还是服务用户。赵振堂认为，效仿德国亥姆霍兹联合会，打造中国版"亥姆霍兹"，是上海大科学中心的未来发展目标。

成立于2001年的亥姆霍兹联合会拥有18个国家科研中心，其最大特点在于打破了以往各法人科研中心各行其是的运行框架，也突破了政府部门主导科技经费管理的模式。它以重大科学问题为导向，在联合会内部实施科研人员主导的五年科技任务规划，并根据计划内容的国际竞争力配置国家拨付的科研经费。

"对于大科学装置集群的联合运行，亥姆霍兹联合会是一个很好的参考。"赵振堂透露，近两年来，上海大科学中心已建立了经费管理、岗位聘任、项目实施等统筹管理制度，为即将形成的大科学装置联盟夯实了基础。

首先，一家科研机构如果希望进入上海大科学中心，必须拥有"入会资格"。赵振堂说，拥有"入会资格"意味着"拥有大科学装置"。

其次，在上海大科学中心内部，将最终建立起一套提供"一门式"实验解决方案的流程。上海高研院研究员、国家重大科技基础设施上海光源二期工程总工程师何建华说："以后科学家带着科学问题来，由上海大科学中心召集各路专家，一起对问题进行分解，再合理安排使用各种大装置上的机时，使科学问题能得到最高效的解决。"

中国科学院上海有机化学研究所研究员周佳海是上海光源和蛋白质设施的"双料"用户。他的学生几乎每个月都跑去张江做实验。"如果去一次就能完成所有实验，那将使科研效率大大提升。"周佳海希望上海大科学中心早日推出"实验套餐"的定制服务。

最后,上海大科学中心将面向国家重大战略需求,依托国际一流的大科学装置集群,形成以大装置群为核心、以交叉研究平台为桥梁、集聚高水平科学与技术团队的研究基地,对接上海张江综合性国家科学中心的建设和管理模式,发展成为综合性国家实验室。

赵振堂透露,面向国家重大战略需求和重大前沿科学问题,上海大科学中心已经在光子科学、生命科学、物质科学等领域部署了一系列高端用户项目,未来将与全球科学家开展更广泛深入的合作。

(花梨舒撰文;原文刊发在《中国科学报》2019年7月5日第4版,有删改)

回眸亿年　遥指千河
——中国科学院天文大科学研究中心改革纪实

"中国天眼"从贵州走向世界，郭守敬望远镜光谱数突破千万量级，世界首张黑洞照片……近年来，中国天文的名字越来越频繁地被人们所提起。

成果的"井喷"，除了中国天文学家不懈的努力，也离不开体制机制改革所带来的强大驱动力——2015年起开始筹建的中国科学院天文大科学研究中心（以下简称天文大科学中心），就是这场天文科研机构改革的先驱之一。

必须建立一种机制，把天文台系统的力量联合起来。天文大科学中心不断探索中国科学院天文领域重大事项"五统筹、两共享"的机制。"五统筹"是统筹配置队伍资源条件、统筹制定重大装置规划、统筹组织重大前沿研究、统筹运行重大观测装置、统筹发展重大技术平台；"两共享"是观测装置共享和技术平台高效开放共享。

从天文领域重大事项共商共议机制的重构，到重大观测装置集群的顶层布局；从天文人才队伍建设的回归理性，到重大科学成果的不断催生……天文大科学中心的故事，究竟会给人们带来怎样的启示？

"嘟、嘟、嘟……"

"此曲只应天上有，人间能得几回闻。"2017年10月10日，在500米口径球面射电望远镜（five-hundred-meter aperture spherical radio telescope,

FAST）首批成果新闻发布会上，时任 FAST 项目科学家李菂"演奏"了一曲名副其实的"天籁"——那是来自宇宙的"心跳"，也是我国射电望远镜发现的第一颗脉冲星。

这是足以载入中国天文历史的一刻。而在此之后，FAST 迈入了批量发现脉冲星的时代。

时至今日，FAST 已探测到 91 颗优质脉冲星候选体，其中 65 颗已经得到认证，包括迄今流量最暗弱的毫秒脉冲星。

如今，FAST 可谓家喻户晓。但很少有人知道，在其背后默默支撑、耕耘，并结出这一个个重大成果的，是一个叫作天文大科学中心的创新平台。

FAST 全貌

第二次抉择

从古至今，灿烂的星空一直是人类的向往。天文学也是中国古代最发达的自然科学之一。但随着近代中国的闭关锁国、与近现代科技的失之交臂，这一颗颗璀璨的明珠渐渐被世人所淡忘。

1949 年，与中华人民共和国同年成立的中国科学院，重新整合了国内的天文观测力量。2001 年，形成了由国家天文台（含总部、云南天文台、南京天文光学技术研究所、新疆天文台、长春人造卫星观测站）、紫金山天文台、上海天文台组成的中国科学院天文台系统架构，带动了中国天文学的快速发展。

历经几十年的发展，中国科学院天文台系统各单位都为中国天文学的重新崛起做出了不可磨灭的贡献。郭守敬望远镜（大天区面积多目标光纤光谱天文望远镜，large sky multi-object fiber spectroscopy telescope，LAMOST）、FAST、65米天马望远镜、13.7米毫米波望远镜、1米太阳塔……一台台具有自主知识产权的先进天文观测设施在中华大地拔地而起，中国天文也终于能在国际舞台上拥有一席之地。

郭守敬望远镜

尽管这样，中国天文人所面临的发展危机，却似乎从未远去。

"几家天文台之间有一个台长联席会议，来讨论、协商中国科学院天文领域的公共、共性事项。"天文大科学中心主任、国家天文台党委书记、LAMOST科学委员会主任赵刚坦言，"可在当时，并没有形成常态化机制。作为一个学科整体，中国科学院各天文单位仍缺乏统筹管理的资源和制度支持。"

赵刚的这种感觉来源于天文学科的特殊性。

在很多人的脑海中，一提起天文学，似乎就会浮现出"一壶清酒，仰望星空"的诗意画面。其实不然，近十几年来，天文学竞争的焦点早已变成了天文观测装置的竞争。

作为一门实验科学,随着重大天文观测装置不断更新换代,国际主流的先进天文研究模式已进入大科学研究时代,即依托重大天文观测装置的前沿科学与技术研究,不断催生重大天文发现,不断革新人类对宇宙的认识。

据统计,近年来最重要的研究成果,绝大部分来自依托重大天文观测装置的观测研究。2009～2013年,国际天文领域发表的论文按照被引频次排序,前0.1%的论文中绝大多数(81%)都是基于重大天文观测装置完成的。

"世界各国不惜耗资数亿乃至数十亿美元建造各类重大地面和空间天文观测设施,以追求更高的灵敏度、更高的空间/时间/谱分辨率和更大的视场。"天文大科学中心副主任、紫金山天文台台长常进评论道,"简单来说,谁想比别人看得更多、更远、更暗、更清,谁就得拥有更先进、更灵敏的望远镜。天文学的确变得越来越贵,越来越依赖于大装置,这就是这个学科的特点。"

"天文观测对时域、空间域及基线长度的要求,使得天文学成为合作交流互动性最强、国际化程度最高的学科之一。现代天文观测装置,造价昂贵、技术先进、系统复杂,并在全球范围寻找最优观测台址进行建设。"天文大科学中心副主任、上海天文台台长沈志强介绍了国际合作对于天文学科的特殊意义。"以人类捕获首张黑洞照片为例,我国就是通过国际合作参与的观测。而天文大科学中心是我国参与该项国际合作的重要资助渠道之一。"

然而,由于历史的原因和体制机制的限制,国家天文台、紫金山天文台和上海天文台都是独立法人单位,这在无形之中筑起了一道道藩篱。

"一个单位实行包括自身在内的统筹管理,既是运动员又是裁判员。"

"各单位相对独立谋划未来发展,缺少统筹整体规划和顶层设计。"

"人财物资源相对分散,没有形成共享,影响集中力量办大事。"

"每个装置都有一套各自独立的运行维护队伍,其实力也不尽均衡。"

"部分技术研发平台,各单位间低水平重复建设、重复购置情况屡有发生。"

"装置、平台、科研相互间结合不够紧密,难以形成统一的有机创新链条。"

……

随着时间的推移,各种各样的质疑、问题接踵而来,天文学家愈发感到,再也无法躺在功劳簿上睡大觉,他们,必须要再一次做出抉择。

天文台系统的力量联合起来

"改革是现实挑战,也是发展机遇。挑战不容回避,机遇稍纵即逝。"在2014年的一次会议上,中国科学院院长白春礼向全院发出号召——不改革就没有"出路",不突破就难以"率先"!

2014年,中国科学院启动实施"率先行动"计划,通过在体制机制和政策制度安排方面的科学部署,拉开了研究所分类改革的序幕。得到这个消息后,国家天文台、紫金山天文台、上海天文台的负责人第一时间响应,讨论改革方案。

他们面临的第一个问题就是,究竟建设哪类机构更合适。

"一开始直觉的目标是卓越创新中心,因为天文学是一门很前沿的科学。"国家天文台台长助理、基础科研部主任薛艳杰说,"但后来大家一致认为,天文学不仅仅是理论研究,科学研究正越来越依赖于大科学装置;而学科的长远发展也不能单纯依靠研究所传统的课题组长(principal inrestigator,PI)制。卓越创新中心的定位其实并不最契合我们的需求。"

纵观全球,天文学较先进的国家和科研机构基本都是采用成熟的大科学研究中心模式,拥有一套统筹科学发展和高效运行管理的机制、若干一流大科学装置组成的功能强大的分布式观测网络,以及一流的运行维护、技术研发、科学研究团队,这些要素间紧密衔接。

"这种模式有利于观测装置和设备的科学有序发展及高效开放运行,

进而成为重大天文发现的发源地、尖端观测技术方法的孵化器、学科跨越发展的推动力。"天文大科学中心综合管理部主任、战略规划办公室主任赵冰说。

以欧洲南方天文台（European southern observatory, ESO）为例，其总部设在德国，主要观测设施分布于智利的拉西拉、帕瑞纳、诺德查南托、塞鲁阿玛逊斯等台站。通过组织欧洲各国政府的合作，欧洲南方天文台实现了人力、财力、物力、技术、专长等资源的统筹整合和配置，设计、建造了多个全球领先的地基天文观测设施。欧洲南方天文台统筹和代表欧洲天文界进行国际合作、协调、吸纳世界创新资源，如领导欧洲极大望远镜、联合领导阿塔卡马大型毫米波/亚毫米波阵列（Atacama large milimeter/submilimeter array，ALMA）等项目。最终，通过一系列举措，欧洲南方天文台成功支撑欧洲天文学家达到了"天文学新高度"，与欧洲核子研究中心、欧洲航天局一起被誉为振兴欧洲科技的三大体制创举。

薛艳杰认为，大科学研究中心的模式对中国科学院这几家天文单位是合适的。"早前几家单位力量分散，不能形成大的合力。必须建立一种机制，把院内天文口的力量联合起来，在有限资源支持的情况下，集中力量办大事。"

对这个提议，国家天文台、紫金山天文台、上海天文台三家单位一拍即合。

2015年3月13日，中国科学院院长办公会批准启动天文大科学中心筹备工作，并成立筹备组，中国科学院时任副院长王恩哥任组长，中国科学院机关相关部门工作人员与天文领域人员为筹备组成员。

但是，四类机构的筹备是一场存量改革。原有的三个天文台仍然保留实体，新成立的天文大科学中心则作为非法人单位运行。

"既不干涉各自内部的事情，又要有一个平台、一个机制让大家坐在一起，'共商共议'天文领域的重大事项，绝不是'为改革而改革'，而是真正发挥大家对它期望的作用。"赵冰说。

"大家对它期望的作用"很快就显现出来。几年前，国家重点研发计划"大科学装置前沿研究"重点专项征询天文学界的意见,天文大科学中心承担了统筹组织的任务。该重点专项凝练哪些方向、优先支持哪些项目,大家通过讨论达成了共识。

"如果没有这个平台,能够想象,这样的项目很快就会演变成'你争我抢'的局面。"薛艳杰坦言,"但我们整个讨论过程都很平和,大家都觉得重要的工作得到了支持。"

通过一个个实实在在的项目,天文大科学中心渐渐得到了天文学家和科技管理者的信任。而这份信任,甚至跨越了部门的天然隔离——不管是中国科学院内部,还是全国高校的天文科研力量,只要有需要协商的事,都可以提出由天文大科学中心提供支撑。

2017年10月23日,天文大科学中心建设试点工作专家组验收会议召开。专家组一致认为,天文大科学中心战略定位准确,领域方向布局合理,全面完成了试点建设目标,同意通过验收。

随后,经中国科学院第13次院长办公会评议,天文大科学中心通过验收。至此,历经两年多的筹建,天文大科学中心终于进入正式运行阶段。

"5+2"的力量

天文大科学中心不断探索对中国科学院天文领域重大事项实现"五统筹、两共享"的机制。"五统筹"是统筹配置队伍资源条件、统筹制定重大装置规划、统筹组织重大前沿研究、统筹运行重大观测装置、统筹发展重大技术平台;"两共享"是观测装置共享和技术平台高效开放共享。

这种治理结构和工作机制,在很大程度上使我国天文领域的重大事项和相关顶层布局设计得以协调。

在装置方面,天文大科学中心将分布在我国各地运行、在建和规划的重大天文观测装置与我国参加运行和建设的国际先进望远镜相结合,分别组织形成了光学/红外、射电、太阳、天力天测四大装置集群。

每个装置集群统筹运行，发挥各自的集群优势；同时各装置集群又能联合作战，形成多波段的互补优势，支撑重大天文前沿研究。

以对"中国科学院天文台站设备更新及重大仪器设备运行专项经费"（天文财政专项）的管理为例，天文大科学中心更加强化科学目标导向，更加侧重共识度高、全局性和广泛性强的重大需求，加强绩效考评。赵刚说："这是我们几位台领导的一致共识。"

"统筹协调不是'撒胡椒面'。"赵冰对运行绩效评估进行了解释。"对运行效果好、科学产出多的装置，支持强度会大幅提升；对效果不好、产出欠理想的装置，则及时转为教学、科普等其他用途，通过'关停并转'，不再由天文财政专项予以支持。总的原则就是要实现资源向重大成果产出倾斜，确保资金使用效益。"

在人才队伍建设方面，天文大科学中心充分利用各类人才计划，通过引进和培养相结合，逐渐组建起一支结构合理的高水平科研、技术、运维和管理团队。

在 FAST 调试核心组，姜鹏、潘高峰、岳友岭、钱磊等众多青年人才获得了天文大科学中心 FAST 高端用户计划优秀骨干、特聘青年研究员项目的支持，也在改革的过程中加速成长。姜鹏现任 FAST 总工程师。

LAMOST 高端用户计划优秀骨干、特聘青年研究员赵景昆、刘超、李海宁、苑海波、李荫碧、邢千帆、闫宏亮、黄样、向茂盛等实现着 LAMOST 的科学突破。

"我们自己的团队里其实有很多优秀的技术人员，他们主要负责的是科学数据与装置之间的衔接。"LAMOST 运行和发展中心副主任、办公室主任王丹说，"这部分人的工作实际上特别关键，但长期以来都在'为他人作嫁衣'，成绩很难得到体现。"

更何况，由于体制机制的限制，国家重大科技基础设施、大科学工程、空间科学卫星项目运行费中的人员经费严重不足。FAST 电磁环境保护中心主任、工程办公室副主任张海燕补充说："这使得部分技术人员的收入偏低，不利于保持运行维护和技术支撑人员的积极性和稳定性。"

天文大科学中心综合管理部办公室主任田斌从另一个角度坦言："围绕大科学装置工作的科研人员还有个特点，就是做出了非常核心的贡献，但翻开简历，却发现他们在发表论文数量上很吃亏。"

为了改变这一状况，天文大科学中心成了打破"四唯"的探索者。在推荐国家和院级相关人才计划时，推优的原则之一就是向对大装置建设、运行做出重要支撑和贡献的骨干人才予以倾斜。

此举受到了科研人员的欢迎。李菂认为，天文大科学中心通过设立相应的人才计划，对这部分人给予倾斜支持，不仅提高了其收入，更提升了其荣誉感和归属感，对团结和稳定队伍起到了关键作用。而姜鹏则感到，天文大科学中心在相关领域科技人才的储备方面发挥了重要作用。

FAST工程原首席科学家兼总工程师南仁东（中）等在工程现场

大中心　干大事

2019年4月30日凌晨，《自然-天文学》（*Nature Astronomy*）在线发表了国家天文台领导的中日合作研究重大成果，利用LAMOST强大的巡天能力，在银河系中发现了一颗重元素（包括银、铕、金、铀等）含量超高的恒星起源自被银河系瓦解的矮星系，首次揭示了这类稀有恒星的吸积起源，深化了对重元素产生机制的认识，为基于恒星化学成分识别来自附近矮星系的恒星提供了重要线索。

近年来，LAMOST呈现爆发式、井喷式科研产出态势，给银河系"重新画像"，"星海拾珍"搜寻奇异天体，捕获来自遥远宇宙的信息……

从2003年起即担任LAMOST项目总经理的国家天文台研究员赵永恒的情感是复杂的——

"虽然我们本职工作的重点之一是高效、稳定运行和维护望远镜，但只满足于运行好远远不够，还要吸引、鼓励更多科学家用户来使用我们的数据做研究。否则即使是块金子，没人知道也会蒙尘的。"

在中国科学院的支持下，天文大科学中心实施了特聘客座研究员计划，聘请国内外顶尖天文学家，围绕中心装置建设、运行和研究开展深度合作。天文大科学中心还实施了高端用户计划冠名教授、杰出学者项目，吸引国内外高水平用户，带领团队深入开展基于LAMOST、FAST等的相关科学和技术研究。

截至2019年5月，中国、美国、德国、比利时、丹麦等国家的124所科研机构和大学的769位用户利用LAMOST数据开展研究工作，共计发表438篇有显示度的SCI科研论文，引用4200余次，取得了一系列有影响力的研究成果。

在天文大科学中心的"加持"下，装置集群观测能力大幅提升，重大科学成果不断涌现，开放共享服务更加高效：

——2019年4月，FAST项目通过中国科学院组织的工艺鉴定和验收。专家组一致认定，望远镜的灵敏度水平已经显著领先国际上其他望远镜，实现了我国射电天文望远镜由追赶到领先的跨越，对促进我国在相关学科实现重大原创突破具有重要意义。基建、设备、档案、财务4个专业组已通过验收。此外，FAST已于2019年4月开始通过试开放的形式向国内天文学家开放观测时间。FAST完成国家验收后，也将向国内外天文学家正式开放。

——2017年11月，暗物质粒子探测卫星"悟空号"获得世界上最精确的太电子伏（TeV）电子宇宙射线能谱，不但拓展了科学家观察宇宙的窗口，而且对于判定部分电子宇宙射线是否来自暗物质起着关键作用。

……

"其实，LAMOST 刚建成的那几年，我们的压力是很大的。"赵永恒感慨，"对比来看，这几年的成果可以说是爆发性的。这充分说明，把数据放在那儿等别人去发现和主动组织大家一起来做事，效果是截然不同的。"

经过 4 年的筹建和运行，天文大科学中心已经发展成为中国天文学界的一个品牌。面向未来，天文大科学中心将继续探索有利于促进重大成果产出和高效开放共享的新机制，成为重大天文发现的发源地和重要天文技术的突破者，为建成特色鲜明、国际著名的天文大科学研究中心而不断前行。

"我国天文学科布局中，中国科学院具有'设备集中、领域集中、队伍集中'的特点，是代表国家水平的天文研究'国家队'及引领我国天文学科发展的'火车头'。"赵刚说，"在中国向天文强国努力发展的道路上，天文大科学中心将肩负起引领我国天文事业跨越发展的使命，这也是我们义不容辞的责任。"

（丁佳撰文；原文刊发在《中国科学报》2019 年 5 月 28 日第 4 版，有删改）

特色研究所

面向国民经济主战场,依托具有鲜明特色的优势学科,建设一批具有核心竞争力的特色研究所。针对部分行业、区域经济和社会发展的独特需求及特殊学科领域,通过院内外科教合作、与地方政府和行业共建等方式,巩固和发展特色优势,增强核心竞争力,服务经济和社会发展。

破 "土" 而出
——中国科学院南京土壤研究所改革纪实

1953年成立的中国科学院南京土壤研究所（以下简称南京土壤所）的定位一直很清晰——面向国民经济主战场和区域经济社会可持续发展。这样一个在"土壤科学领域有重要影响力、不可替代的研究机构"、有着良好发展态势的研究所，为何还主动求变？这是一个值得深入剖析的样本。

不能为了改革而改革。哪里是问题所在，哪里就是改革的发力对象。近年来，南京土壤所以问题为导向深化体制机制改革，组建对应国家需求和学科前沿的科研单元，优化人才队伍结构，健全分类考核激励机制，合理配置存量和增量资源，解决科技成果转移转化中的"卡脖子"问题，持续引领土壤学科的发展，向着"我国土壤科技创新高地和国际上有重要影响的特色研究机构"的目标不断前行。

未来，南京土壤所人将进一步聚焦党的十九大提出的实施乡村振兴和建设美丽中国等重大战略部署，以不断深化体制机制改革为牵引，进一步提升服务国民经济主战场和区域经济社会可持续发展的科技供给能力。

对于中国土壤学界而言，2018年是一个可以写入历史的年份。

2018年8月12日，南京土壤所所长沈仁芳率领23位科研人员到巴西里约热内卢参加世界土壤学大会。他们此行的重要任务之一是申办第23届世界土壤学大会。

经过与加拿大代表团的激烈角逐，中国代表团最终胜出——2026年，全球土壤科学界最大的盛会将首次来到中国。

消息传来，中国土壤学界一片欢腾。到2026年，国际土壤学联合会（International Union of Soil Sciences，IUSS）就102岁了。"终于轮到中国主办世界土壤学大会。整整一个世纪，这是几代中国土壤人的梦想。"沈仁芳的眼中透出"申奥"成功般的喜悦。

然而，他的目标还不止于此，"将来我们要引领世界土壤学科的发展"。

作为我国土壤科学的国家战略科技力量，南京土壤所被认为是"土壤科学领域有重要影响力与不可替代的研究机构"。5年来，南京土壤所通过以问题为导向的体制机制改革，更好地调动了科研人员的积极性，持续引领土壤学科的发展，正在向"我国土壤科技创新高地和国际上有重要影响的特色研究机构"的目标进发。

特色定位　孕育萌芽

2015年1月7日，南京土壤所全体研究人员聚集在会议室里，一次事关研究所未来发展的动员大会即将召开。

几个月前，中国科学院启动"率先行动"计划，将研究所分类改革作为突破口和着力点，提出按照创新研究院、卓越创新中心、大科学研究中心、特色研究所四种类型，对现有科研机构进行分类改革。

"我们选择特色研究所是毫无疑问的。"沈仁芳坚定地说，"自1953年成立以来，南京土壤所就具备特色研究所的定位——面向国民经济主战场和区域经济社会可持续发展。"

在这次动员大会上，南京土壤所全所上下达成共识：土壤是粮食安全与生态文明建设的重要物质基础，南京土壤所要让中国人的饭碗牢牢地端在自己手中，让老百姓吃得放心、住得安心。

"这个改革正是我们的方向！"不少人举双手赞成。

然而，改革是一场"革命"，改的是体制机制，动的是既得利益。有人担心：特色研究所就是支持关键方向的，那自己能不能获得支持？

为此，南京土壤所领导班子动了一番脑筋。最后，沈仁芳明确提出：南京土壤所就是一个特色研究所。

"我们的学科性质决定，课题组间需要合作，某个人的贡献不可能大到可以覆盖所有人。"沈仁芳认为，改革要有一定的普惠性，挫伤大部分人积极性的政策肯定不是好政策。当然，普惠不等于平均主义，重点支持贡献大的，即使没有直接贡献的也要有所体现，让大家都能分享到特色研究所改革的红利。

如此一来，大部分人的心稳定了。

2015年1月19日，南京土壤所向中国科学院提交了特色研究所试点建设方案，并开始准备特色研究所建设方案论证。

"那段时间经常加班到凌晨一两点，修改汇总材料。汇总过程中，不管几点，随时和科研人员沟通。"南京土壤所科技处处长滕应记忆犹新。"围绕研究所的发展，大家都觉得有责任和动力来推动此次改革。"

科研人员纷纷感慨：为了一个共同的目标，举全所之力，一往无前，那种感觉特别好。

哪里是问题所在，哪里就是改革的发力对象；哪里有瓶颈制约，哪里就是改革的主攻方向。

"我一开始对机构改革有一定的情绪，所里的科研经费已经够了，应该静下心来好好干。"沈仁芳坦言，"不是为改革而改革，好的坚持即可，但一旦有问题就要立马采取措施。"

事实上，体制机制中的瓶颈问题的确存在。

通过一次次沟通、推进，大家对"改什么"在认识上逐渐达成统一，"怎么改"的具体路径开始变得清晰，改革的共识与动力不断汇聚——通过以问题为导向的体制机制改革，更好地调动科研人员的积极性，优势力量与主要工作更加聚焦于"土壤地力与保育"和"土壤污染与修复"两个特色方向，在农田土壤地力提升、土壤污染修复、土壤资源决策支持服务等方面力争取得重要突破。

协同创新　树大根深

南京土壤所研究员孙波曾有过一次难忘的项目申请失败经历。

2012年，农业部向国家提交了80余个科研项目。其中，孙波牵头的全国土壤酸化治理项目排在第10位，是1个大团队项目，经费接近1亿元。可他的项目最终被"砍"了，原因是"优先支持小项目"。

孙波至今仍不无遗憾，"现在的科学研究变得越来越'大'了，不像过去，小项目很多"。

如今，越来越多的大项目开始出现。"不再是单兵作战的时代了，协同起来胜算更大。"南京土壤所研究员杜昌文深有感触。"单独的课题组就像一根根手指头，协作的大团队好比握紧的拳头，拳头再小，也比手指有力量。"

于是，南京土壤所瞄准国家粮食安全、藏粮于地、土壤污染防治行动计划等国家重大战略需求，对原有60余个课题组长（principal investigator，PI）进行优化组合，整合各学科组优势力量，设立土壤资源与信息、土壤地力与保育、土壤环境与修复、植物营养与肥料、土壤生物与生态等5个以问题为导向的研究部。

研究部的组建，打破了"有人才、没团队"的状况，实现了"PI作坊式"向"大兵团作战"的转变，优势力量与主要工作更加聚焦于"土壤地力与保育"和"土壤污染与修复"两个特色方向。

如果说，课题组长制实现了"公社集体制"向"个人承包制"的转变，那么，研究部则实现了"个人承包"向"集体经济"的扭转。

课题组长制的贡献在于，把研究人员的积极性都调动起来，有利于自由探索，但碎片化、低水平重复、同质化竞争导致的难以集中解决国家重大需求等问题日益凸显，不利于集中力量承担国家重大科技任务、解决综合性问题、凝练重大成果。

以前项目招标，南京土壤所常常有两个甚至多个研究团队互相比拼，这让沈仁芳哭笑不得。现在任何一个地方招标，各个研究部内部会协调好，所里只有一个团队前去投标。

过去，课题组从自身学科方向和队伍学科互补的角度组建团队，但这往往会导致同一个方向的人才分布在不同课题组里，在所层面出现研究力量分散且重叠的情况。研究部的组建，则是站在更高的层面，从更大的视角匹配人才，使人才结构更趋科学。

"我们所在职研究人员300余名，每个人应该有区别于他人的自我特色，在所里有自己独特的'生态位'。只有这样，每个人对研究所的贡献才能凸显出来，才能最大限度地根除人才内耗的问题。"南京土壤所人事处副处长胡君利说。

研究部的优势还在于集中力量办大事，把以前多个课题组整合起来形成较大合力，在成果凝练集成方面取得较好成效。

以土壤资源与信息研究部为例，围绕我国土壤资源高效可持续利用的国家需求，其开发的复杂地表土壤信息快速获取和数字土壤制图技术，被用于清查我国土系资源情况，并由此建成我国最完整的标准土壤样本库、数据库及信息服务平台，有力支撑了国家相关领域的科学研究和决策、联合国粮食及农业组织的土壤数据库建设。

事实证明，这条路走对了。

通过科研组织模式的深度改革，南京土壤所显著提升了承担国家重大科技任务和促进重大成果产出的能力。特色研究所建设期间，共争取到6个国家重点研发计划项目，总经费2.35亿元，在农田土壤地力提升、土壤污染修复、土壤资源决策支持服务等方面取得一系列重要突破。

这一科研组织模式改革成效得到了中国科学院院长白春礼的高度肯定。

沈仁芳坦承，这才刚刚开始，为满足国家战略需求，如何有效组织科研攻关力量，把人力资源潜力充分发挥出来，仍需要不断探索。

领导组织中国土系调查与土壤数据平台建设

分类考核　百花齐放

离开祖国 15 年的向海涛，做梦也没有想到能作为中国科学院"百人计划"入选者，回到家乡南京，成为南京土壤所的一名研究员。

2016 年，共有 20 人入选中国科学院率先行动"百人计划"技术英才（B 类）。其中，唯有向海涛一人来自企业，而非高校或科研机构。这曾令他惴惴不安，"虽然我在企业做了很多工作，但没有论文，所以申请中国科学院'百人计划'是有难度的"。

不过，向海涛没有料到，评审专家并没有以论文来评定他，在倾听了他在精准农业方面所做的贡献后，10 名专家全票通过了他的资格审定。

"按照过去引进人才的方式，向海涛是来不了我们所的，因为他的论文不够。"沈仁芳有些感慨，"像这样的人才出 10 个、20 个，大家就知道南京土壤所到底是干什么的了。"

针对人才评价标准单一、考核片面强调论文、激励机制导向不合理的问题，自启动特色研究所建设以来，南京土壤所不断健全人才分类评价体系，通过逐渐细化的分类考核，最大可能地拓展应用型人才的评价体系和岗位晋升通道。

王一明也是这项改革举措的受益者。从事应用技术研究的他，2012~2018 年共服务了 30 余家企业，近 5 年从企业获得经费 3000 余万元。

他从副研究员晋升为正高级工程师，这在过去是不可能的。"按照原来的评价体系，像我这样成绩不以论文形式呈现的人，岗位晋升比较困难。"王一明称自己很幸运，"特色研究所改革为我提供了一个机会。"

王一明的例子为研究所的人才蓄水池带来一片涟漪，让有兴趣从事技术转化工作的年轻人看到了希望——成长的道路被打通，可以更加坚定地做"有用"的工作。

青年是创新的未来。事实上，特色研究所建设给了研究所青年人才更大的成长空间。

"一三五"前沿领域项目被南京土壤所里的年轻人亲切地称为"种子基金"。从项目立项、申请、评估到验收，主角都是年轻人。所里不仅在经费上给予有力的支持，更让他们从心理上获得了认可。"种子基金"的孕育，对于青年人才承担更重要的任务、走上更高的平台，是一个很好的支持。

南京土壤所研究员梁玉婷常说，自己是伴随着特色研究所的建设慢慢成长起来的。

梁玉婷主要从事土壤微生物功能基因组研究。2017年2月，她因为业绩突出，通过岗位晋升"绿色通道"竞聘上研究员，打破了一般岗位晋升都有的最短时长限制。当时，她正怀着7个月大的宝宝。在她眼中，这是所里送给孩子最好的礼物。

除了健全人才分类考核激励机制，南京土壤所还优化配置存量和增量资源，通过减轻科研人员负担，推进特色研究所改革进程。

在中国科学院特色研究所建设专项经费支持下，南京土壤所积极盘活项目结余资金等存量资源，并设立特色研究所专项基金，用于研究部工作部署和优秀青年人才培养，进一步激发了科研人员的创新动力，稳定了现有人才，形成了结构合理、骨干突出、高层次人才队伍稳定的总体格局。

此外，南京土壤所还充分利用国家科技体制改革的相关政策，优化各类经费配置结构，尽可能减轻各研究团队人员经费短缺的压力，使一线科技骨干获得薪酬待遇稳定性支持的比例提高至70%以上，为科研人员营造了潜心致研的良好环境。

搭台唱戏　落地生根

向海涛回国是想要干一番事业的，他想让自己在国外研发的精准农业技术实现产业化，使农民真正受益。2017年到岗以来，成果产业化过程进展颇为顺利，甚至大大超乎他的预期。

2018年，向海涛把之前的技术打包后成立了一家30余人的商业公司，并获得千万级融资。目前，全国已有100余万亩土地使用了他们的产品。他还打算与农业龙头企业和地方政府进一步合作，大面积推广应用这套技术产品。

"原本以为在体制内做成这些事是很难的。"向海涛惊讶于南京土壤所领导的魄力、宽松的环境和体制机制改革的成效。"我需要这样的土壤来发展。"

改革，不仅要擦亮"旧名片"，更要为发展打造新引擎。

特色研究所建设以来，南京土壤所强化应用研究与产业化导向，探索适合于公益型研究所科技成果转移转化的不同类型的模式。

针对科技成果转化率低、难以满足社会经济发展需求的问题，2017年，南京土壤所新增科技成果转移转化专职管理岗位，梳理可转化成果，统筹运营知识产权。

南京土壤所科技处副处长梁林洲任职转移转化专职岗位后发现，目前创新主体仍是研究人员，转化则主要由企业来做，这中间需要建立一座桥梁，即成果转化平台。

为此，南京土壤所专门成立了知识产权管理运营平台，并通过技术入股与地方政府、骨干企业共建土壤修复公司，共享科技成果的市场价值，实现多方共赢。例如，他们与华鲁控股集团有限公司、山东省环境保护科学研究设计院有限公司和德州市高新技术创业服务中心共同成立中科华鲁土壤修复工程有限公司，技术入股3000万元，并共建土壤修复产业技术研究院，建立了政、产、学、研、用一体化的市场运营模式。

同时，南京土壤所将成熟技术直接转让给企业。例如，将新垦耕地优质耕作层工程化构建技术成功转让给北京中向利丰科技有限公司，合同金额 1200 万元，实现了该类科技成果一次性转化的历史性突破。

"任何一项改革举措都要根据所情来制定，我们要意识到公益型研究所的特点，体现中国科学院作为科研'国家队'的价值。"这是沈仁芳在特色研究所建设过程中一直强调的一个观点。

目前我国规模最大的防控铬污染地下水的可渗透反应墙

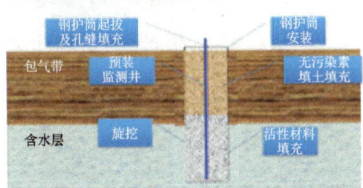

2018 年，南京土壤所土壤与环境生物修复研究中心副主任宋昕团队，在原长沙铬盐厂独立完成了可渗透反应墙（permeable reactive barrier，PRB）中试的建设工作，通过拦截、净化铬污染地下水，为实现保障湘江水质和周边居民健康的目标贡献了一份力量。

"在土壤修复领域领先的美国同行都对我们的工作表示赞赏。"宋昕对这项工作倍感自豪。

从农田土壤地力提升技术及其应用、土壤污染过程与修复技术及应用，到国家土壤资源清单及决策支持服务，南京土壤所通过体制机制改革产出了一系列研究成果，产生了显著的社会影响力和经济效益，为我国农业可持续发展和生态文明建设提供了重要科技支撑。

未来，他们将进一步聚焦党的十九大提出的实施乡村振兴和建设美丽中国等重大战略部署，以深化体制机制改革为牵引，进一步提升服务国民经济主战场和区域经济社会可持续发展的科技供给能力。

（陆琦撰文；原文刊发在《中国科学报》2019 年 6 月 4 日第 4 版，有删改）

率"心"而行

——中国科学院心理研究所改革纪实

人类对外部世界和内心世界的好奇,是探索科学真理的不竭动力。心理学作为 21 世纪前沿学科之一,正在充满活力地探索人类心智的奥秘、研究行为的规律和机制、解释幸福的来源和本质。

如今,在中国科学家的努力下,心理学更成为服务国家重大需求的重要学科。心理学研究及对公共政策制定和实施的影响,是推进国家治理体系和治理能力现代化、推进平安中国建设的重要基础。而"健康中国"战略的实施,更需要心理学家不断推进心理健康的研究与应用。

乘着中国科学院实施"率先行动"计划的东风,中国科学院心理研究所(以下简称心理所)迅速调整、精准定位、主动出击,在特色研究所建设中,面向国家需求,立足学科特色,以体制机制改革和管理举措创新为切入点,以五个主要服务项目为抓手,全面推动特色方向研究与应用,在服务经济社会可持续发展上发挥独特作用,使心理学的研究与成果更加融入我国经济建设与社会治理的方方面面。

2019 年 7 月 15 日,《健康中国行动(2019—2030 年)》正式发布,心理所为其中"心理健康促进专项行动"的制定提供了重要科技支撑。

以科技支撑"健康中国"战略,为公共政策制定提供心理学智库支持,推动国家社会心理服务体系建设,正是心理所成为中国科学院首批特色研究所建设以来，强化"面向国家重大需求"的重要布局。

同样，利用心理物理学方法和脑成像技术等实验方法开展人类视觉、嗅觉、听觉、痛觉、触觉等研究，以及针对留守儿童、空巢老人、公职人员等群体开展心理健康促进，结合新技术推进灾后心理援助研究与示范，也成为这家特色研究所基础研究与应用开发并举的缩影。

刚刚度过90岁生日的心理所，在不断深化改革的进程中，迅速调整、精准定位、主动出击，在服务经济社会可持续发展的主战场上发挥独特作用，使心理学的研究和成果更加融入我国经济建设与社会治理的方方面面。

更"接地气"的选择

2014年下半年，中国科学院"率先行动"计划启动之初，院长白春礼奔波于各地，在全院范围宣讲改革背景和具体举措。在面向京区院属单位的宣讲中，心理所作为特色研究所的示例出现在他的演示文稿中。"在院党组心目中，心理所就是典型的特色研究所。"倾听院长报告的心理所所长傅小兰，抓住了这个重要信号。

在汶川地震灾区现场沟通心理援助

在中国科学院内，心理所是相对独特的一家研究所，不存在同质化竞争；在院外，心理所也是领域内的第一梯队，更是唯一的国家级心理学综合性研究机构，学科类别完整，既有针对大脑结构神经功能的微观研究，也有针对人群的宏观研究，还产生了大量学科交叉研究方向和成果，并由于中国科学院的政策引导，更关注成果应用，更"接地气"。

因此，在中国科学院研究所分类改革中，心理所作为"特色研究所"的标签非常明显。然而，现实中的心理所在研究成果评价、科研资源争取方面，却因学科特色而背负着"独特"压力。

虽然心理学属于生命科学领域，但其研究内容、方法与生物学有很大区别。这是由于心理学主要关注人类的认知和情绪加工过程与机制，研究成果很难像生命科学领域内其他学科那样，在高影响因子的学术期刊上发表。此外，心理学还有交叉学科的特点，与信息科学、医学、社会科学等领域有一定交叉。

"由于心理学与信息科学同样关注对信息的加工，因此在参加项目研讨时，很多心理学研究人员会跑到信息领域参与讨论、寻求合作。但是，目前心理学的队伍规模和竞争力无法与信息科学相提并论，因此在合作中总是比较被动。"回想起这些年的经历，党委书记孙向红有些无奈。

对心理所人而言，多年来"被边缘化"这个不争的事实如鲠在喉——虽然努力，但相对其他研究所仍显起步偏晚；进入中国科学院知识创新工程二期也比较靠后；中国科学院重大项目的支持，心理所似乎沾不上边……

研究所分类改革对心理所来说，无疑是一个极为难得的机遇。这一次，心理所人要打一个翻身仗。

当时中国科学院针对特色研究所确定了五个申请领域，要求申报单位明确一个主要研究领域。为此，心理所专门成立了战略规划小组，并召开全所职工大会、应用板块研讨会、所务会等，开展广泛研讨。

同时，国家层面不断释放的关于加快城镇化建设的信号，令所领导班子成员豁然开朗：城镇化是人的城镇化，心理学也正是围绕人类活动开展研究！因此，所班子明确了心理所建设特色研究所的主要领域，经过紧锣密鼓的筹划，全所宣讲、解说、特色研究所建设申请等工作开始同步推进。

2015年2月6日,在城镇化发展领域的特色研究所申建答辩中,心理所凭借精准定位的城镇居民社会心态检测、城乡老龄人口心理健康、城镇化进程中新移民的心理和生活适应、流动留守儿童心理健康促进、城镇基层公务员心理健康服务等几个与人密切相关的方向布局,成为该领域唯一通过评议的研究所。

随后,心理所开启了这场面向未来的"率先改革"。

最重要的收获

从政策宣讲到明确定位、一轮轮修改申请书到答辩通过评议,在那紧张的大半年里,心理所领导班子渐渐有了成型的改革思路,并慢慢领会了"率先行动"计划的意义所在。

也因此,早在答辩之前、在确定申请特色研究所之后,心理所就已经开始自主部署特色研究所预研课题,10个课题主要由青年科研人员承担,在特色研究所试点正式启动时,预研课题已经形成初步成果,为特色研究所5个主要服务项目的实施奠定了良好基础。

他们的想法是,不管特色研究所申建结果如何,研究所的改革都会推进下去。因为研究所领导班子认定,国家和中国科学院深化科技体制改革的大方向不会变。

一种前所未有的紧迫感萦绕在每个人的心头。

班子成员也是在特色研究所建设进程中才逐渐认识到,特色研究所不是以项目为依托,而是根据学科特色,集全所之力服务经济社会发展。

因此,心理所持续深入学习党的十九大报告、国家"十三五"发展规划,不断凝练科学目标,同时在体制机制上进行一系列改革探索。副所长陈雪峰认为:"单纯资源引导是不可持续的,一定要用好国家和院里的政策,结合研究所实际,再辅助体制机制方面的配套政策才行。"

比如,为了集中力量办大事,心理所在原有研究组基础上,新设应用类研究中心、虚拟机构和共建机构3类研究单元。其中，应用类研究中心是学科建设更加注重实际应用的有力体现；虚拟机构则是由研究或应用类研究中心主任牵头，所内多个科研单元参与组建的非行政单元，以此作为推动所内合作、对外争取资源的抓手。

在精细化分类评价方面，心理所推出一套"组合拳"。将科研业绩考核"认可与激励"分离，鼓励出大成果。同时，在专业技术系列中，除自然科学研究系列外，增设了教授系列。前者主要针对基础研究，后者主要针对应用服务。

"我们反复讨论发展目标，分析制约研究所发展的问题，并不断完善体制机制，目的是让每个人都更明确自己要做什么事情。"陈雪峰认为，虽然特色研究所建设的支持经费有限，但研究所分类改革的一个重要意义就在于凝练目标、深化改革、鼓舞士气，尤其是通过系统改革不断激发、释放科研活力，这才是最重要的收获。

两条腿的"进化"

"健康中国"战略成为国之大计，心理所为国家层面的政策出台提供了重要科技支撑，先后参与和推动出台《关于加强心理健康服务的指导意见》《全国社会心理服务体系建设试点工作方案》等政策文件，2019年还推出了我国第一本心理健康蓝皮书《中国国民心理健康发展报告（2017～2018）》。

心理扶贫工作，也成为中国科学院科技扶贫的一个亮点。

针对"阻断贫困代际传递""提升群众发展能力""健全乡村治理体系"的需求，心理所正在探索可复制推广的"乡村社会心理服务体系"，被中国科学院定点扶贫的内蒙古库伦旗人民政府称为"精准到位的科技大餐"。

灾后心理援助研究与示范，是心理所特色研究所建设的又一项重要产出。

从2008年汶川地震，到2013年雅安地震，再到2019年3月凉山森林火灾和 7 月 22 日宜宾地震，受主管单位及当地政府约请，心理所启动应急心理援助预案。心理所迄今完成了 38 万人次的灾后心理健康状况评估。灾后援助团队成员最长曾在灾区一线持续工作超过 3 年。

2015 年，心理所发起成立了全国心理援助联盟，是为了规避乱象、有序规范地开展灾后心理援助，更是出于对"满足国家需求"的进一步思索。该联盟持续参与了雅安地震、昆明火车站暴力恐怖案、天津港特大爆炸事故等多次灾后心理援助工作，直接服务近 15 万人次。

相关研究目前已建起国际首个基于文献来源的创伤后应激障碍（Post-Traumatic Stress Disorder，PTSD）遗传学数据库，并研发了国内首套 PTSD 诊断评估系统。

以基础研究与应用开发"两条腿走路"后，心理所的科研格局正在发生明显变化。

认知与发展心理学研究室研究员周雯感受最深刻的是，全所专利申请和专利获批数量在特色研究所建设这几年有明显的增长。

周雯参与承担了 STS 计划重点项目"基于中国人群的嗅觉功能检测系统研发及示范应用"，目前已试制单人单次使用的便携式样品，并完成供多人多次使用的设备原理样机设计。

"心理所服务社会的能力实实在在地提高了。"孙向红告诉《中国科学报》记者，很多课题以前想不到请心理学家来参与，现在已经开始意识到应该通过心理学方法开展研究。

目前，心理所进一步谋划未来，推动心理服务工程实验室建设，以整合应用研究和社会服务方面的成果，开展集成创新，实现"两条腿的进化"。

零的突破

"特色研究所建设，给了我们更好的发展机遇，一些梦想才有实现的可能，才敢有更多期待。"长期从事心理学科普工作的高路深有体会——

正是由于增设了成果转移转化类的工程技术序列岗位,高路和从事心理健康服务的卢敏两个人才因取得的专利或承担的重要横向项目而获聘高级工程师。

进入特色研究所建设以来,心理所还实现了"百人计划"学术帅才(A类)引进零的突破。

"'百人计划'学术帅才(A类)要求高,心理学领域的科研人员要达到相应标准不容易。"分管人事工作的副所长刘勋回忆,当时物色到的两位优秀人才在国外都还不是正高级职称,与中国科学院当时政策要求的条件不符,但他们所从事的心理健康和社会心理学研究方向,却与心理所"一三五"规划非常吻合。而且两个人已在各自领域内做出了显著贡献。

心理所果断出手,赶在西方国家对我国人才回流限制愈发严重之前,向两位研究人员发出回国发展的邀请。此轮引进还上报并通过了中国科学院院长办公会决议。

人才引进的竞争很激烈。有一位引进人才,在中国科学院尚未明确引进意见前,一家"985"高校抢先与其签约,并承诺妥善解决其爱人工作、孩子上学等问题,甚至已经安排好了下一学期的教学计划。

获知这一消息,刘勋迅速采取行动。他一方面说服这位引进人才与该校人事处沟通,争取解除合约。另一方面给该校分管人事工作的副校长发了一条短信,言辞恳切,希望对方从这位引进人才的专业方向、职业发展角度出发,解除合同,让这名引进人才到心理所"安家",还表态:心理所会大力度支持引进人才的工作,支持其与该高校开展合作研究。

100多字的内容,刘勋字斟句酌,愣是花了半小时才发出去。诚恳的态度和对人才发展的务实建议,打动了引进人才,也打动了那所高校的领导班子。于是,这个顶尖人才被"拽"了回来。如今,该引进人才已经在带动学科建设上发挥着重要作用。

一直以来,由于体量小、编制少,心理所的高级职称比例超过了中国科学院核定的标准,每年的提聘压力都很大,特别是正高级职称。于是,心理所尝试推行"青年特聘研究员",以作激励——正高级职称数量不能再超了，就给相关人员一个过渡岗位，除了基本工资，其他如岗位工资、岗位津贴、基础绩效等都按正高级职称发放。

另一项零的突破，源自心理所根据"率先行动"计划的总体要求主动出击，申请并作为主要支撑力量，建立起中国科学院大学心理学系。该系成立于2017年2月，是中国科学院大学第一个全面开展心理学教学和科研工作的新型学院，此后中国科学院大学向"双一流"高校进一步迈进，心理所的人才培育体系得以完善。

该系主任傅小兰认为，正是在国家全面深化改革进入攻坚阶段、在中国科学院大学全面开展"四个率先"行动计划的背景下，心理学系应运而生。她期待着，心理学系能够培养出德才兼备、具有高度责任感和科研攻关能力的心理工作者，并通过科教融合，提供覆盖面更广的心理健康教育和咨询服务，打造一系列心理学科学传播的品牌和产品。

心理梦工厂

不断谱写的新篇章

建设特色研究所以来，心理所的基础研究和应用研究成果产出不断提升，高影响力论文、科技奖励、咨询报告、知识产权等数量和质量都有显著提升。

据统计，进入特色研究所建设试点3年（2015～2018年）以来，心理所对外竞争收入累计到位经费较2012～2014年增长40.7%。同时在《美国国家科学院院刊》、《心理科学》（*Psychological Science*）、*Elife*等高水平期刊上发表的论文数量也有显著增长。

在我国，心理学研究成果在知识产权保护、评估和申报等方面还处于初期发展阶段。例如，新推出的心理学测评软件申请外观专利还是实用新型专利？光环境下电子产品的使用对人的自我认知、共情能力的影响，相关研究又可以申请什么样的专利？

在与企业合作开发科普产品时，心理所曾在知识产权保护工作中遇到过很多挑战和问题，也认识到相关工作经验、意识和能力还有待提高。

心理所也多次与专利领域的专家进行沟通和研讨，共同探讨心理学领域知识产权保护的具体模式和更具操作性的方法。这也是心理学知识产权保护工作的前沿探索。

"心理学知识产权应加强保护和转化。"刘勋指出，"社会需求这么大，如何把品牌和知识转化成经济效益，进而建立相应的国家标准，心理所作为国家队理应率先探索。"

2015年4月，心理所成立了知识产权委员会，建立知识产权全过程管理体系，由所长直接分管，在重要应用类项目上还设立了"项目经理"，并在每个研究组配备一个知识产权联络员，定期予以集中培训。

2015年，中国科学院知识产权贯标试点项目启动，心理所是唯一进入试点的特色研究所。通过贯标工作，心理所的人事、科研、财务、资产管理等部门对知识产权保护有了更深刻的认识。

点扎下去了，但还未深入人心。于是在2017年，管理部门组织人手走访了心理所全所43个研究组，征集成果转化项目和知识产权保护的具体需求。3个多月的时间进行了147人次的访谈，同时让所内人员普遍有了知识产权保护这根弦。

目前，心理所以知识产权形式正式参股4家企业，成果涉及教育、工程、医疗器械等领域，应用范围越来越广阔。

例如，灾后心理援助团队刘正奎等人利用可穿戴、虚拟现实、人工智能等技术，结合灾后应激训练系统开发出的生物状态捕获、情绪记录软件，已经转化成为更具普惠性质的儿童注意力训练产品。在完成大量标准化工作后，心理所以知识产权入股，于2016年与中国科学院海西创新研究院在福建联合建立一家企业，将该套产品广泛应用于矫正儿童轻度注意力障碍。目前，每天至少有2万人次在线使用这套产品。

在2018年的特色研究所建设工作验收中，专家组评定认为，心理所全面完成了特色研究所建设目标。专家组同时提出：鉴于国家发展对心理学的重大需要和我国心理学发展的相对滞后，建议中国科学院进一步加大对特色研究所的支持，强化心理所在促进中国心理学科发展及服务国家心理健康重大需求方面的引领作用。

前行的道路上，依然充满荆棘，然而在心理所看来，心有所属、风雨无阻……行动是最好的答案。

"我们一定要保持危机意识，持续推进改革。心理学只有具备解决重大问题的能力，才能证明自己的价值。"傅小兰说。

（张楠撰文；原文刊发在《中国科学报》2019年8月27日第4版，有删改）

用科技引擎　护西北生态
——中国科学院西北生态环境资源研究院改革纪实

在中国西北，有几家国家级科研机构长期聚焦国家重大科技需求，为西北地区生态环境保护和可持续发展做出了重要贡献。

2016年3月，根据中国科学院党组的战略部署，为了进一步强化国家重大需求、区域发展任务和科技问题导向，在中国科学院寒区旱区环境与工程研究所（以下简称寒旱所）、中国科学院西北高原生物研究所（以下简称西高所）、中国科学院青海盐湖研究所（以下简称青海盐湖所）、中国科学院兰州油气资源研究中心（以下简称兰州油气中心）、中国科学院兰州文献情报中心5个研究单元的基础上，整合组建中国科学院西北生态环境资源研究院（以下简称西北研究院）。

在这场跨领域、跨地域的改革中，西北研究院的全体人员统一思想、齐心协力，在平稳度过深化改革阵痛期中确保思想不散、秩序不乱、科研不断。通过体制改革和机制优化，他们在科研创新模式、科学组织范式、科技产出及知识产权运营和成果转移转化等方面取得积极突破。

在"牦牛精神""骆驼精神"的带动下，全体人员正持续深化落实整合改革任务，实现从"物理整合"到"化学融合"，在新一轮的国家创新发展事业中做出新的历史性贡献。

连接西宁至拉萨的青藏铁路，通车至今已安全运营 13 年。然而你可曾想到，这条高原"天路"的建设，曾因多年冻土等世界难题而举步维艰——这些难题最终在西北研究院科学家的手中被一一破解。

这里既有粗犷壮丽的风景，也有恶劣艰苦的环境；这里是西北地区生态环境研究的天然实验室，也是有着"骆驼精神""牦牛精神"的几代科学家执着科研的青春追梦场。

2016 年，以中国科学院研究所分类改革为契机，一场跨领域、跨省整合资源、集聚合力的机构改革在这里拉开帷幕。如今，改革仍在途中，但奋进的力量已然迸发，西北生态院的人们勇敢地担起了西部生态文明建设科技引擎的重任。

波澜起　瓶颈待解

2015 年 6 月，在中国科学院研究所分类改革试点启动之时，一场针对院属研究所的"十二五"任务书验收评估工作正在紧张进行。

"西部有些研究所的特色学科没有大平台依托和发展，导致学科优势弱化。"在生态与环境领域的评议会上，中国科学院院长、党组书记白春礼直指院内资源环境领域研究所存在的这一突出问题。

西北研究院院长王涛至今对此次会议的内容仍记忆犹新。"改革永远在路上。我们开始思考，如何通过整合改革，让地处西部的研究所重新凝练特色、焕发活力？"

1950 年前后，为服务国家建设大西北的需求，中国科学院针对特殊生态环境、资源领域组织开展了多学科、大范围的科学考察研究，陆续组建了兰州冰川冻土研究所、兰州沙漠研究所、兰州高原大气物理研究所、兰州地质研究所、西高所、青海盐湖所和兰州分院图书馆（兰州文献情报中心前身）。

1999 年，为了适应解决西部生态环境的演化和恢复等重大科学问题，兰州冰川冻土研究所、兰州沙漠研究所、兰州高原大气物理研究所整合为寒旱所，并进入中国科学院知识创新工程试点。

经过60余年的发展，这些研究所形成了冰川、冻土、沙漠、高原气象、油气地质、高原生物、盐湖资源、资源环境信息等具有鲜明学科和区域特色的研究领域，取得了一系列重大科技成果，为国家的绿色发展和生态文明建设做出了贡献，具有显著的社会效益和经济效益。但是随着时间的推移，这些曾经的特色与优势有的开始减弱：学科特色不明显，项目申请能力不足，人才流失严重，发展瓶颈开始凸显。

中国南极深冰芯钻探成功钻取第一支冰芯

与此同时，西部大开发、生态文明建设和"一带一路"倡议等的实施，对于西部资源环境领域研究所聚焦国家重大需求提出了新的要求和挑战，也带来了前所未有的发展机遇。

如何才能从根本上突破体制机制壁障，形成创新发展的强大合力？基于西部研究所历史上进行改革的实践经验，在充分调研、酝酿的基础上，2016年3月，中国科学院党组决定，整合寒旱所、西高所、青海盐湖所、兰州油气中心和兰州文献情报中心5家机构，跨学科、跨省整合组建西北研究院，成为中国科学院首批14家试点特色研究所建设机构之一。

按照改革方案，西北研究院撤销了在兰州的3个研究单位的法人资格，将这3家机构的原18个管理处室合并成8个，处级部门负责人由30余位减少到17位；同时根据属地化管理和服务地方经济社会发展的实际需要，青海 2 个研究所转为二级事业法人单位。

这一改革，像是在平静的水面上投下一块巨石，西北研究院内部掀起了波澜。

"西宁和兰州跨地域要怎么管理，办事需要频繁跑到兰州吗？"

"整合之后我的科研方向还能继续吗，会不会削减科研经费？"

"我们奋斗了大半辈子才获得的局级和处级岗位，在机构整合的情况下会不会被下岗呢？"

"我是文献情报研究和期刊编辑，和科研岗、管理岗都不一样，不同性质的工作岗位要怎么评价和激励？"

新组建的西北研究院领导班子同时承受着来自内外部的巨大压力。"1999 年寒旱所的整合就不是一件容易的事情。对于西北研究院的整合，首先面临的问题就是如何理顺体制机制，做好跨领域、跨地域的改革，建立一个公平公正和风清气正的制度环境，不能'一个锅里做两样饭'。"西北研究院时任党委书记谢铭坦承。

为了能顺利度过机构调整期，王涛多次带着工作人员到 5 个单元进行宣讲。"那段时间，我们与各研究所和中心不断沟通，一个处室、一个处室进行对接，有什么问题集中研讨、协商解决。"西北研究院办公室主任张景光回忆说。

如今，西北研究院建立了党政议事决策规范和院所两级管理的"议事-决策-履职"程序，一院两地五单元实现"一体化"运行。

再聚合　凝练学科

紧扣提升服务国家重大需求与区域经济社会发展能力的目标，西北研究院准确把握战略定位、持续凝练强化优势学科建设，在原 5 个研究单元、13 个"重大突破"和 20 个"重点培育方向"的"一三五"规划基础上，凝练出 5 个"重大突破"和 10 个"重点培育方向"。

"凝练的学科发展方向可以更好地集中人力、财力等资源，重点培育研究队伍，申请国家重大项目，强调产出更重大的研究成果，服务国家经济社会发展。"王涛说。

以统筹制定"十三五"规划和特色研究所建设方案为契机，西北研究院将中国科学院支持的改革增量资源集中部署到与"一三五"规划直接相关的项目、人才、团队和平台建设上。

与原寒旱所情况不同，西宁两个研究单元的野外台站以往没有稳定的运行经费。整合之后，西北研究院对23个野外台站都给予专门的经费支持，并且将原寒旱所的管理经验推广到西高所和青海盐湖所，"让大家能够在同一水平线上发展，而且是越来越好地发展"，西北研究院党委书记、副院长冯起说。

整合的结果是三条纵向的业务体系：一是以研究室和国家、省部级重点实验室为主的实验研究分析体系；二是以野外站网为主的观测研究试验体系；三是以技术与信息共享为主的支撑体系。

"兰州三个研究单元的图书、文献情报等业务都由我们来接手管理，原寒旱所的期刊编辑部的人员也集中到我们这里。"西北研究院文献情报中心主任曲建升对改革带来的变化感受很深。据他介绍，整合后的文献情报工作，2016~2019年的经费增长了80%，业务产出更多了，服务也更加专业。

此外，西北研究院还重新制定了岗位管理细则，进一步完善各类人员的职业发展路径；实施定性与定量相结合的人才分类评价体系，既坚持公平原则，又兼顾不同性质工作人员的激励，积极营造有利于吸引、稳定人才的文化氛围。

在青海盐湖所副所长（主持工作）吴志坚看来，生态、环境、资源是互相关联的。西北研究院的成立，让科研人员的眼界更宽了，除了关注资源，还将目光投向生态环境保护、资源开发利用及其过程中的生态环境效应等方面，拓展了服务国家重大需求的范围和能力。"改革不仅是思想观念的提升，对于申请国家项目、布局科研方向这些事关研究所发展的重要工作也有很大帮助。"吴志坚强调说。

特色研究所

为了强化面向国民经济主战场的政策引导，西北研究院贯彻以增加知识价值为导向的分配政策，设立了成果转化专项基金，建立健全科技成果收益分配激励机制，打开了科技成果转化新局面。

青海盐湖所研发的选择性离子迁移高效膜分离提锂技术获得重大突破和应用，2016~2018年3年间，与青海锂业有限公司合作共生产出碳酸锂2.36万吨，销售额达31.70亿元，利润16.00亿元；承担的中国科学院"弘光专项"项目"年产1万吨盐湖电池级碳酸锂"进展顺利，合作企业青海东台吉乃尔锂资源股份有限公司年产1万吨盐湖电池级碳酸锂生产线于2018年10月建成，顺利进行了试生产，产品的主含量碳酸锂达到99.60%。

与此同时，青海盐湖所服务国家"一带一路"建设，积极合作开发阿根廷和玻利维亚的盐湖锂资源，2019年已经与四家企业达成合作，技术服务和咨询合同经费总额达600余万元。

强发力　多元布局

三江源被称为"中华水塔"，这里有雪豹、野牦牛、藏羚羊等珍稀野生动物，有被誉为"地球最后一块净土"的可可西里……2018年9月14日，中国科学院三江源国家公园研究院（以下简称三江源国家公园研究院）在西宁揭牌成立，这是我国建立的首个国家公园研究院。

三江源国家公园
科学考察队

"宣布卸任成都生物研究所所长的当晚我就回到西宁了，投身于组建三江源国家公园研究院的工作。"本有机会留在四川，但是赵新全还是选择重返他工作了几十年的西宁，担任三江源国家公园研究院学术院长。

在西北研究院时任副院长、西高所时任所长，现任中国科学院兰州分院党组书记、西高所党委书记张怀刚看来，西高所此前承担了很多三江源地区的科研项目，西北研究院整合之后，相关领域团队紧密配合、沟通融合，三江源国家公园研究院相关科研力量和运行经费都得到了增强，有利于持续不断地为西部生态环境建设做好科技支撑。

"三江源国家公园研究院建设是一个系统工程，仅靠西高所一个单位支撑不起来，整合后西北研究院有1200余人，支撑力度明显增强了。"张怀刚说。

不仅如此，西北研究院还在甘肃省的支持下成立了祁连山生态环境研究中心，针对祁连山国家公园试点工作中遇到的重大科技问题，在基础研究、应用研究、政策研究、智库支撑等方面开展联合攻关，为祁连山国家公园的生态保护修复与可持续发展提供科技支撑。

"我们开展了生物多样性保护与生物资源利用、生态系统功能变化与可持续管理等5个方面的研究，未来希望能够依托西北研究院的研究力量，成立西部国家公园研究联盟，引领国家公园的重要研究方向。"赵新全说。

事实上，西北研究院成立之后，科研人员紧扣西北生态、环境、资源研究领域的重大科学问题，不断在科研项目上寻求学科交叉融合的空间和潜力。

在国家重点研发计划"高寒内陆盆地水循环全过程高效利用与生态保护技术"的申报过程中，西北研究院科研处处长拓万全就与青海盐湖所研究员王建萍一起，共商项目技术转移转化的出口。

"西北研究院的成立，让我有了参与重大项目的机会。这个项目包括机理、模拟和应用，我们分析后认为，盐湖区雨洪增补与卤水资源绿色开发，是很有价值的研究方向。"王建萍说。

盐湖资源开发耗水量巨大，王建萍负责的课题就是聚焦盆地水-盐循环动态过程，关注柴达木盆地盐湖资源开发与水资源之间关系。"我们提出适合高寒内陆盆地气候水文特点的雨洪资源可利用性评价方法，并开展盐湖地下卤水系统内固液转化理论研究，最终为盐湖资源高效开发利用及生态保护提供技术支撑。"

在西北研究院，类似这样的互动与交融正在不断增加，多学科交叉协作成为解决区域重大问题的有效手段。

盐湖考察

耕地盐碱化是制约西北地区生态文明建设和农村产业化进程的一大"拦路虎"。为了攻克这一难题，来自兰州油气中心和寒旱所的两个团队整合到一起。除了研究对象得以拓展外，更实现了地质学、地理学、生态学等学科优势互补，研究方向也涵盖了干旱区两种典型的盐碱地类型。

整合的团队各有强项，这边厢有西北研究院研究员薛娴带队研发出了微生物诱导植物抗盐碱及联合修复技术，实现了对盐渍化土地的改良及对盐碱土的利用；那边厢有研究员张生银带领团队开展浅地层地质流体学研究，通过低成本工程措施进行盐碱地治理。双方将合作"首秀"放在了景电灌区的盐碱地防治上。

20世纪七八十年代，景电灌区的建立扭转了茫茫戈壁上景泰、古浪两县干旱少雨、荒旱连年的被动局面。位于黄河以北、腾格里沙漠以南的景泰川电力提灌工程以"高扬程、大流量、多梯级"闻名遐迩，还被称为"中华之最"。

此地的盐碱地防治，恰恰需要薛娴团队和张生银团队的通力合作。张生银介绍，"景电灌区土地盐碱化是气候、水文、地质和灌溉方式等综合作用结果，盐碱地防治必须考虑不同时期、不同区域，采用针对性技术进行。盐碱地治理早期开展必要的工程措施可以进行水盐调控，但后期的土壤改良则需借助微生物制剂和耐盐作物等手段。"

这样的团队形成合力，为服务当地经济社会发展、丰富学科理论和技术应用提供了更广阔的空间。

兰州油气中心主任夏燕青说："通过整合，我们地球物理、地球化学等特色手段得以在生态学、地理学等领域发挥作用，而原寒旱所在遥感学、水文学、微生物领域的优势技术的应用目标性更为明确，选择性也更为精准。"

通过战略研讨、研究单元和野外台站工作交流、重点人财物有效配置等措施，西北研究院的学科交流融合不断走向深入，改革触发的创新效应初步显现。

育人才　展望未来

在西部地区，"人才"二字重于泰山。缺资金、少项目、环境差……与东部发达地区相比，在西北从事科研事业可谓难上加难。

王涛说："光靠收入和待遇，我们比不过东部地区。但是这几年，西北研究院充分发挥专业特色优势和平台优势，通过事业留人、环境留人，重视年轻科研骨干的发展，让他们有一个可以在这里继续待下去的理由。"

2018年1月21日，中国科学院在北京发布年度人物及团队，6位个人获得这一荣誉，其中西北研究院研究员李新荣入选"2018中国科学院年度先锋人物"，青海盐湖所研究员王敏入选"2018中国科学院年度感动人物"。

与此同时，西北研究院通过实施"人才稳定吸引专项"、"特聘骨干人才基金"、"35岁以下青年人才成长基金"、高层次人才《延长退休年龄及延聘、返聘管理办法》等政策措施，加大培养和吸引人才的力度。同时，增加用于人才稳定、吸引和激励的科研经费，2016~2018年累计投入6480万元。

西北研究院有一个传统，凡是申请成功的国家重点项目，都会把所有材料归档，以备查阅参考。与此同时，每年1~3月的项目申请季，科学家和学生逐字逐句地"抠"报告，院士带着年轻人议方案、改稿子成为一道独特的风景。

随着团队协作的不断深入，西北研究院的项目逐年增加，筹建期间争取到的科研项目总经费达13.83亿元，其中国家级项目7.35亿，占中国科学院院外项目经费的70%。高级科技岗位人数占比由特色研究所建设前的68.30%提升到74.08%，科研团队的创新发展能力得到显著提升。

2016~2018年，西北研究院以第一主持单位和第一主持人，获国家科学技术进步奖（创新团队）1项和国家科学技术进步奖二等奖2项，获省部级奖17项。

通过紧锣密鼓的改革，西北研究院不断积累前进的动能和收获劳动的果实。然而，每个西北研究院人都还保持着清醒的认识——任何改革都不可能一蹴而就，任何创新都需要付出不懈的努力。

"现在我们的状态可以概括为：整合完成时，融合进行时。"王涛介绍说，下一步，西北研究院将继续推进和完善体制机制改革，凝练重大科学问题，加强优势学科面向西北地区及"一带一路"沿线国家，在生态建设、环境治理、工程建设、可持续性资源开发等方面勇于担当，积极发挥科技支撑作用，建成科技服务西部地区经济社会发展的不可替代的特色"国家队"。

（高雅丽撰文；原文刊发在《中国科学报》2019年8月16日第4版，有删改）

美丽中国　地所智慧
——中国科学院地理科学与资源研究所改革纪实

备受瞩目的中国科学院 A 类战略性先导科技专项"美丽中国生态文明建设科技工程"的启动实施，标志着中国科学院将围绕"美丽中国"生态文明建设的重大需求开展联合攻关。而此次向中国科学院院内外 40 余家单位发出"邀请函"的，正是中国科学院地理科学与资源研究所（以下简称地理资源所）。

2015 年 4 月，地理资源所成为中国科学院首批试点建设的特色研究所。4 年多来，地理资源所以特色研究所建设为新的契机，发挥学科优势，依托基础研究，面向"生态文明建设"和"城镇化"两大阵地，深化改革，解放思想，大胆探索，积极引导"人、财、物"向特色方向聚集，在服务国民经济建设和经济社会可持续发展中发挥了重要的科技支撑作用，将"任务带动学科、为国家发展服务"的立所之本切实发扬光大。

未来，地理资源所将继续发挥高端科技智库作用，凝聚优势科技力量，面向国家重大战略需求，对标党的十九大，为"美丽中国"建设勾勒一幅壮丽的科学图景。

地理资源所研究员江东一到北京，就马不停蹄地赶回了研究所。尽管面带倦色，但谈起此行的收获，他立刻神采飞扬。

江西省是我国生态文明试验区之一，泰和县则是江西省生态文明示范县。2018 年 7 月，地理资源所与泰和县签署战略合作框架协议，面向泰和生态文明建设的问题与需求，打造一套自然资源与生态环境智慧化管理决策系统——"美丽泰和"。

让江东没想到的是，这边系统建设才刚刚起步，那边"美名"便已传遍四方。此次，江西省发展和改革委员会向地理资源所抛出橄榄枝，邀请"美丽泰和"系统建设团队再度出马，为整个江西省生态文明建设的信息化出谋献策。

不论是备受赞誉的"美丽泰和"，还是蓄势待发的"美丽江西"，抑或是蓝图初就的中国科学院 A 类战略性先导科技专项"美丽中国生态文明建设科技工程"，无一不凸显出地理资源所在服务国民经济建设和经济社会可持续发展中发挥的重要科技支撑作用。

2015 年以来，地理资源所以特色研究所建设为新的契机，面向"生态文明建设"和"城镇化"两大阵地，深化改革，大胆探索，引导资源向特色方向聚集，切实发扬光大"任务带动学科、为国家发展服务"的立所之本。

白春礼出席"美丽中国生态文明建设科技工程"启动会

抓住改革"牛鼻子"

为贯彻落实习近平总书记对中国科学院提出的"四个率先"要求，2014 年 8 月，中国科学院正式启动实施"率先行动"计划。

为破除体制机制的藩篱，中国科学院以研究所分类改革为突破口，按照四种类型对现有科研机构进行重新定位、重新聚焦、重新整合，拉开了新时期科技国家队深化改革的帷幕。

改革，如箭在弦。与此同时，在北京市大屯路甲11号的地理资源所大楼里，一场事关研究所未来定位与发展方向的深刻讨论也就此展开：创新研究院、卓越创新中心、大科学研究中心、特色研究所，究竟哪个才是地理资源所真正的"归宿"，成了萦绕在所长葛全胜和整个领导班子心头的头等大事。

卓越创新中心好比科学研究里的"尖刀连"，但地理资源环境科学是地地道道的"钝端科学"。地理资源所虽然坐拥中国生态系统研究网络（Chinese Ecosystem Research Network，CERN）综合中心，但似乎并不具备严格意义上的大科学装置功能。考虑到研究所服务领域的公益性，好像也难以与创新研究院的定位契合……一时间，地理资源所仿佛站在一个十字路口。

地理资源所领导班子在广泛听取所内上上下下的意见建议并深入思考后，一个完整清晰的思路脱颖而出。"从研究所的学科性质及为国家发展服务的目标出发，特色研究所成为我们最终选定的发展方向。"地理资源所副所长封志明说。

"率先行动"计划明确了特色研究所的定位——发挥学科特色，依托基础研究，面向国民经济主战场，不断为国家经济社会发展提供有力的科技支撑。对于地理资源所而言，向特色研究所的方向迈进，首先就要搞清楚自身的特色到底在哪里。

"从一般性上来说，中国科学院的每家研究所都有自己的特色。但从特色研究所建设的具体要求出发，这个问题就必须思考清楚。"封志明表示。

2014年，党中央、国务院提出要把创新摆在国家发展全局的核心位置，促进科技与经济社会发展紧密结合；努力建设生态文明的美好家园，必须加强生态环境保护；推进以人为核心的新型城镇化。

在地理资源所领导班子看来，国家的要求既是地理资源所努力的方向，也为地理资源所的发展带来了新的机遇。

一方面，支持生态文明建设的基础科学主要是资源、环境和生态科学，而以地球表层为研究对象的地理学恰好是覆盖这三个研究领域的大科学。另一方面，从城镇化到健康城镇化，地理资源所一直关注城乡协调发展，围绕城镇化过程的基础理论、方法创新和实证分析开展了系统研究，取得了一系列创新成果。

2015年4月，经中国科学院院长办公会批准，地理资源所成为首批试点建设的特色研究所之一，服务领域直指"生态文明建设"与"城镇化发展"。

对于地理资源所的特色研究所定位，葛全胜进行了详细的阐释："就是要建设成为我国陆表过程和格局变化、生态系统变化与管理、区域可持续发展、资源环境安全、地理信息系统技术等研究领域具有引领作用的特色研究机构和重要的思想库与人才库，为国家生态文明建设、城镇化发展提供有力支撑。"

要率先，就得创新；要创新，就要突破。可以说，对于彼时的地理资源所而言，特色研究所建设是一次重大历史机遇，只有抓住它，才能走上更好、更快的发展征程。

人才培养"组合拳"

科技为翼，人才为本。大力培养和引进高层次人才、改革岗位聘用制度、优化薪酬激励……在如何最大限度激发人的活力上，地理资源所可谓煞费苦心。

在地理资源所，中国科学院区域可持续发展分析与模拟重点实验室副主任陈明星是一位名副其实的科研"明星"。2018年，他凭借在新型城镇化研究方面的卓越工作，获得国家自然科学基金委员会优秀青年科学基金项目（以下简称"优青"）。

"能够获批'优青',还要感谢所里的'秉维'。"陈明星坦言。

陈明星口中的"秉维",是指以著名地理学家黄秉维的名字命名的"秉维优秀青年人才计划",其与"可桢杰出青年学者计划"一道,联手致力于选拔和培养研究所内40岁以下的优秀科技人才。再加上为每位进所新人提供"第一桶金"的"国家地理青年人才计划",地理资源所毫不隐藏自己扶持青年人才的"心机"。

通过实施"可桢杰出青年学者计划"和"秉维优秀青年人才计划",优秀青年人才大量涌现。地理资源所已有43人获"秉维优秀青年人才计划""可桢杰出青年学者计划"两项计划支持,资助金额达2000万元。获支持后,已有3人入选"优青",11人晋升研究员,21人入选中国科学院青年创新促进会(以下简称青促会)。

一方面是对所内青年人才的大力栽培,另一方面则要"栽好梧桐树,静待凤凰来"。

唯才是举,求贤若渴。有了全所上下的共识,就有了地理资源所高端人才引进办法的出台,也有了研究所国际人才计划的启动。众多顶尖人才纷至沓来,既成就了个人的辉煌,也促进了国家科技事业的进步。

在中国科学院科技人才由研究所向高校"自内而外"的流动过程中,卢宏玮"逆行"的身影十分引人瞩目。

2010年,卢宏玮通过高层次人才引进计划入职北京一所知名高校。在经历了整整6年的"单打独斗"后,"感到有些力不从心"的她通过高端人才引进办法"嫁"到了地理资源所。

在卢宏玮看来,地理资源所的平台好、基础好、积累好,而且赋予了科研人员极高的自由度。

"这里非常开放,你可以随心所欲地从事想做的研究,只要自己的科研经费能够支撑下去,就不会被过多干涉。有卓越的良师益友,有构成合理的平台和队伍,这里比我来之前想象得还要好。"卢宏玮表示。

开放的氛围赋予科研人员更大的发挥空间。2018年,以卢宏玮为主要完成人的"污染场地修复工艺非线性优化调控技术及应用"摘得中国产学研合作创新成果奖一等奖。

2015~2018年,地理资源所积极围绕特色方向加强人才队伍建设,通过公开招聘从国内外引进科技、管理和支撑人才103人,新增国家重要人才计划入选者18人,特色方向人员集中度从2012年的91.4%跃升至2017年的96.8%。

"引才引智"固然重要,但"用人留人"同样不能怠慢。为此,地理资源所的领导班子一直苦苦思索,怎样才能让研究人员"愿意来"并且"留得住"。

为此,地理资源所做出了一系列大胆尝试:设立所级特聘研究员、岗位破格晋升及高端人才岗位聘用绿色通道等制度,同时设置特岗津贴和人才津贴,提高工资中地理资源所财政的支付比例——从2015年进入特色研究所试点前的36.5%提高到2018年的50.3%。

副研究员崔惠娟就是这一系列制度探索下的第一批受益者。2015年夏,刚刚在美国拿到博士学位的崔惠娟决定回国,深思熟虑之后,她将"落脚处"选在了地理资源所。

进所后,以助理研究员身份开展科研工作的崔惠娟尽管表现突出,但若按照此前研究所的岗位聘用制度,想升副研究员至少要等到两年之后。"这还是顺利的情况。因为所里有规定,如果当年晋升失败,那么第二年就不能申请,要等到第三年才能再次申请。"崔惠娟介绍道。

在崔惠娟看来,自己最幸运的就是赶上了好时候。当时,地理资源所正大刀阔斧地推进岗位聘用制度改革,允许34周岁及以下副研究员、31周岁及以下助理研究员破格申报正研究员、副研究员。借着这阵"东风",入所仅一年后,崔惠娟等4人就从10余名助理研究员中脱颖而出,获得破格晋升的机会。

"特别高兴,也十分意外,这原本是想都不敢想的事情。破格晋升提高了我们青年科研人员的积极性,原来只要工作出成果,不用'熬'着也能获得晋升,机会也就接踵而来。"崔惠娟难掩欣喜。2019年,崔惠娟也成为青促会的一员。

科研绩效是科研人员从事各项科研活动及其产出的综合体现。除了打通晋升渠道外,如何保障科研人员的切身利益也是所领导班子的关注重点。

地理资源所引入多元绩效评价机制,不仅尊重学科的多样性,把论文、咨询报告、规划、技术转化等纳入绩效评价体系,还及时纳入第三方评估、数据出版等新的成果形式,保障科研人员劳有所得,多劳多得。

对于这一点,江东感触颇深。"过去,所里的年轻人都不太愿意参与服务地方建设,因为这会影响发文章;现在,只要项目需要,全所协调资源,大家'一呼百应'。这背后正是多元化绩效评价体系在发挥作用,因为为地方做贡献也被纳入了所里的评价体系。"

全力保障"三重大"

进入地理资源所,呈现在眼前的一个个红蓝相间的柱状图让很多到访者大为震惊:特色研究所试点建设4年多来,研究所新争取各类科研项目1961项,合同总经费达25.5亿元,其中中国科学院院外项目占比76%;牵头国家重点研发计划项目22项、课题70项,项目数位列全院研究所第一。

"与4年多前的平均经费相比,进入特色研究所序列后,4年多平均经费增长率为40.6%。"这令封志明欣喜不已。

"在积极争取中国科学院外科研项目的同时,研究所一边加强课题层面的预算和经费管理,一边健全内控制度,同时加强结余资金管理,盘活研究所存量资金,优先支持特色研究所建设。"封志明说。

科研人员全身心投入,换来了实实在在的收获。2018年11月,中国科学技术信息研究所发布的中国科技论文统计结果显示,2017年,地理资源所国内论文被引10 764次,卓越科技论文共计654篇,两项指标连续两年在全国研究机构中排名第一。ESI显示,2019年,地理资源所高被引论文达到121篇,稳居中国科学院"百篇高被引论文俱乐部"行列,连续两年位居地学领域院属机构第一位。

成果数量和质量同步提升令人振奋，但更让全所上下感到振奋的是，研究所 4 年多来新争取到的科研项目与此前设定的三个特色方向高度契合，特色方向任务集中度从 2012 年的 96.3% 跃升至 2017 年的 99.2%。

美国城市地理学家诺瑟姆曾在 1979 年提出"诺瑟姆曲线"理论，认为城市发展过程的轨迹是一条被拉长的 S 形曲线，而拐点是在城镇化率达到 30% 和 70% 的时候。

这虽是经典的城市化"三阶段论"，但在地理资源所研究员方创琳团队看来，"三阶段论"在我国的实际应用中有一定的缺陷。"比如，城镇化'三阶段论'中，对城镇化发展第二阶段划分的区间太长，没办法回答城镇化水平达到 50% 时，国家会发生怎样的变化。"方创琳解释。

基于上述研究，方创琳团队提出了适合中国国情的城镇化发展"四阶段论"，将经典的城镇化"三阶段论"修订为由城镇化初期、成长期、成熟期和顶级期构成的"四阶段论"，将国外的经典城镇化理论与中国具体国情相结合，避免机械照搬或套用国外的模式。

经过多年努力，中国新型城镇化发展的合理格局与决策支持示范应用成果共出版专著 10 部，发表论文 120 余篇，开发计算机软件 16 项，申请国家发明专利 12 项。研究成果达到国内同领域研究的领先水平，部分达到国际先进水平，为国家新型城镇化和城乡一体化发展做出了系统性的贡献。

建言献策"智囊团"

2015 年 4 月，中国科学院院长白春礼调研地理资源所时，明确要求研究所要进一步面向国民经济主战场，着力打造高端科技智库。而这也正是地理资源所在多年发展历程中始终坚持的责任与使命。

2015 年以来，地理资源所围绕国家需求，深度挖掘地理科学、资源科学的本土化特色及其在服务国民经济建设中的独特优势，将研究所科技创新目标与国家重大战略需求紧密结合，积极组织科研人员就精准扶贫第三方评估、"一带一路"建设、雄安新区建设、资源环境承载力、自然灾害应对、粮食安全保障等多个方面为国家建言献策。

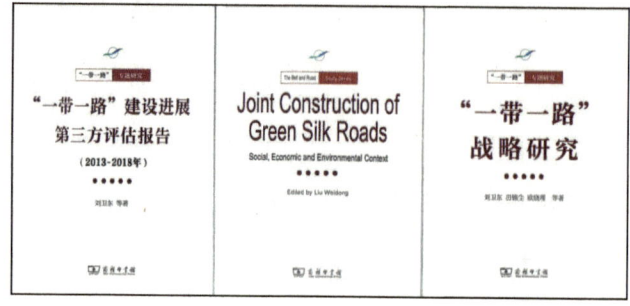

"一带一路"系列书籍

2017年10月，由推进"一带一路"建设工作领导小组办公室指导、国家信息中心完成的《"一带一路"大数据报告（2017）》正式发布，地理资源所与中国社会科学院、中共中央党校等多家单位一起，位列国家级智库影响力排行榜前十。

地理资源所获此殊荣当之无愧。从"一带一路"倡议规划的启动，到重点针对"一带一路"沿线国家地缘环境模拟、重要廊道节点建设、国际敏感地区及事件等开展深入研究；从在中欧国际班列、北极地缘环境等方面给予有关部门实质性支撑，到牵头完成"一带一路"倡议五年建设成效的第三方评估。在"一带一路"倡议的推进过程中，处处可见地理资源所的身影。

"地理资源所已经成为'一带一路'倡议研究方面最强的单位之一。"长期从事"一带一路"研究的地理资源所所长特别助理刘卫东一语中的。

在精准扶贫方面，地理资源所代表中国科学院连续 5 年完成国家精准扶贫工作成效第三方评估重大任务，并积极承担贫困县退出第三方评估工作，有关成果得到时任国务院副总理汪洋、国务院扶贫开发领导小组办公室的高度认可。

在服务雄安新区建设方面，在中国科学院的统一领导下，地理资源所重点针对雄安新区资源环境承载力评价和调控、生态建设和环境保护、首都核心功能疏解、洪涝灾害风险防范、"六城"建设及人口聚集与住房开发等方面开展深入研究，完成 10 余份咨询报告，相关成果得到国家有关部门及雄安新区管理委员会高度重视，为科学组织协调和统筹指导、促进雄安新区规划建设平稳有序向前推进，提供了重要科技支撑。

特色研究所试点建设 4 年多来，地理资源所共有 81 份咨询报告被中共中央办公厅和国务院办公厅采纳，约占同期中国科学院全院的 1/4，其中，习近平总书记批示 2 份、李克强总理批示 4 份。白春礼院长在中国科学院年度工作会议中总结全院科技智库成绩时，连续 4 年将地理资源所完成的工作作为全院的亮点和代表。

科技智库工作的风生水起，离不开研究所体制机制改革：设立所长基金予以支持，将咨询报告纳入考核体系，自主部署项目或配套支持有关任务……如今在地理资源所，为国家发展建言献策这件事已经深深扎根于每一位研究人员的心里。

2018 年，地理资源所研究员汤秋鸿牵头完成了一份有关西部地区资源开发的咨询报告。虽在科学研究上是一名"老手"，但撰写咨询报告，汤秋鸿还是头一回。

"一方面是因为所里打通了科研人员做咨询报告的途径，让我们知道自己的建议是有用的；另一方面，所里也出台了一系列措施，大力鼓励我们为国家建设排忧解难。"汤秋鸿表示。在得知咨询报告被国家相关部门采用后，兴奋不已的他表示以后一定要"多写一点"。

在江东看来，对科研工作者来说，撰写咨询报告其实是一件水到渠成的事情。"我们在研究中总能发现一些实际问题，而这些问题往往对国家发展具有建设性意义。这是科研人员的职责，也是使命与担当。"

改革无穷期，创新无止境。面向未来，地理资源所将抓住机遇，持续推进体制机制改革，进一步优化创新环境，促进"三重大"成果产出，提升特色方向创新与服务能力，积极发挥智库作用。

伴随着"美丽中国生态文明建设科技工程"的启动，作为牵头单位的地理资源所也正式向中国科学院内外40余家单位发出了"邀请函"。未来，地理资源所将充分发挥高端科技智库的作用，凝聚优势科技力量，面向国家重大战略需求，对标党的十九大，为"美丽中国"建设勾勒一幅壮丽的科学图景。

（唐琳撰文；原文刊发在《中国科学报》2019年5月24日第4版，有删改）

捧一方土　树万片林
——中国科学院沈阳应用生态研究所改革纪实

　　过去的东北，既有肥沃的黑土地，又有茂密的天然林，不仅是我国主要的商品粮基地，还是老工业基地。如今的东北，一边面临着老工业基地的长远振兴，另一边面临着棘手的生态环境问题。

　　中国科学院沈阳应用生态研究所（以下简称沈阳生态所）生于斯，长于斯，在新时代牢牢把握中国科学院实施"率先行动"计划的契机，肩负起时代责任和历史使命，将生态文明建设作为特色研究所的定位，在森林生态与屏障带建设、土壤生态与绿色环保型肥料研发、污染生态与环境治理等领域开展研究，并推动了研究所的新一轮改革——以人为本，采取重培力引[①]的改革举措；创新科研组织模式，建立特色大团队；以贡献作为价值导向，实行科研绩效全员改革；发挥野外台站的支撑作用，服务"山水林田湖草"科研与地方发展……

　　新一代沈阳生态所人在传承"林土精神"的基础上，通过深耕与坚守换来了丰硕的成果，成为美丽中国建设的坚定践行者。

　　65年前，一批老一辈科学家齐聚东北，组建了中国科学院林业土壤研究所（1987年更名为中国科学院沈阳应用生态研究所），从基础研究到公益应用研究，为农林生物科学和农林生产经济建设出谋献策。

　　如今，新一代沈阳生态所人抓住中国科学院实施"率先行动"计划的契机，凝练特色学科和主攻方向，传承"林土精神"、助力生态文明，成为美丽中国建设的坚定践行者。

---

① 重培力引意为重点培养青年骨干，引进高端人才——沈阳生态所的特定说法。

今天的沈阳生态所，正因中国科学院特色研究所建设而呈现别样的美丽。

问题导向　定位特色

沈阳生态所所长朱教君始终坚信："能进入特色研究所，是因为我们真的有特色，而且具有特色学科和独特区域'双特色'。"

从学科发展来看，经过几代科研工作者的坚守深耕，沈阳生态所在林业生态、农业生态、环境生态三个领域形成了深厚的学科积淀，也取得了丰硕的成果——从动态地植物学的创建，到森林采伐更新理论写入国家规程；从农田防护林学的创建，到三北防护林理论与技术体系支撑；从土壤酶学的创建和植物营养理论的探究，到长效碳酸氢铵、长效缓释复混肥等新型绿色肥料的研制及推广；从土壤-植物系统污染生态原理和生态建设理论的提出，到污染土地处理革新技术、石油污染土壤协同修复技术的研发与应用……

从区域对象来看，沈阳生态所立足于东北地区，这里有我国"两屏三带"生态安全格局中唯一的森林屏障带，是我国主要的商品粮基地，同时还是老工业基地。如此区域特点却伴生着棘手的生态环境问题：森林屏障带服务功能低下，威胁区域生态安全；肥料投入量大效率低，面源污染严重；遗留污染环境问题难以解决，成为发展瓶颈；等等。

生于斯，长于斯。为此，沈阳生态所明确了生态文明建设特色研究所的定位：围绕国家生态文明建设千年战略，针对生态文明建设主题——绿色发展、生态系统保护、环境治理中的关键科技问题，在森林生态与屏障带建设、土壤生态与绿色环保型肥料研发、污染生态与环境治理等领域开展基础性、前瞻性、引领性研究，为美丽中国建设提供关键科技支撑。

沈阳生态所纪委书记卓君臣当时任科技处处长。他回忆道："特色研究所申报时间很紧张，但所领导决策非常果断，我们选择了生态文明建设作为服务国家目标和社会公众利益的主要领域。"

定位明确了，但"痛点"仍未消除。朱教君在 2016 年底开始主持全所工作时就深刻感受到，沈阳生态所"迫切需要一场改革来重新认识自己、证明自己"，而紧跟中国科学院实施"率先行动"计划的潮流无疑是绝佳机会。

策勒沙漠研究站固沙植被考察

以人为本　重培力引

缺人，是沈阳生态所发展面临的第一个痛点，朱教君上任后做的第一件事就是留人。

青年人才是研究所创新发展最具活力的群体，也是特色研究所建设的主力军，重点培养青年人才是改革的首要举措。在地理区位处于劣势、薪酬保障条件没有优势的前提下，如何留住青年人才、培养好青年人才，沈阳生态所领导集体倾注了大量时间和精力去思考、去布局。

为使青年骨干人才长本领、强能力，沈阳生态所专门设立青年学术奖、留学基金，开设基金申报讲座、青年学术沙龙等，打造青年人才脱颖而出的良好氛围。同时，推进学科组长、中心主任、管理部门负责人大幅年轻化，以优化人才年龄结构。

沈阳生态所人事处处长叶汉峰说："十年树木，百年树人。成果积累需要时间，人才培养同样需要时间，特色研究所建设为优秀人才提供了更多机会。"

从中国科学院西双版纳热带植物园理学硕士到中国科学院植物研究所理学博士,吕晓涛没想到自己最后会来到沈阳生态所。

"当时,我的博士导师韩兴国任沈阳生态所所长,老师让我来这里试试。"吕晓涛回忆说。为了全家团聚,吕晓涛的妻子也辞掉工作随丈夫北上,为此付出了待业近一年的代价。

2010年入职助理研究员,2015年破格晋级研究员,吕晓涛没有辜负导师的期望和妻子的支持。在沈阳生态所的帮助下,他于2014年获中国科学院沈阳分院优秀青年科技人才奖,2015年获中国科学院卢嘉锡青年人才奖,2016年入选辽宁省"百千万人才工程"之千层次人才,2018年获"优青"项目资助。他带领的"草地生态与适应性管理"研发团队作为沈阳生态所十个特色创新团队之一,从最初的两个人发展到目前十几个人的规模,频频发表高水平论文。

2019年4月,吕晓涛等人从植物养分利用特征种内变化这一新的角度,解释了为什么生物多样性与生产力间存在正向相关关系,研究成果发表于英国生态学会期刊《生态学杂志》(*Journal of Ecology*)。

"多年前就开始酝酿这篇论文了,如果我当初匆匆写完发出去,可能直接被编审拒稿。"吕晓涛说,经过这些年的打磨,虽然结论还是一样,但内容更有说服力,让自己有底气选择更有影响力的期刊投稿。

说起发表高水平论文,还要提到另一支特色创新团队——"森林生态屏障带提质增效"科研团队。在首席科学家朱教君的带领下,团队不仅在影响因子高的期刊上发表了一批论文,还培养了多名优秀的青年人才。该团队副首席科学家王绪高就是其中之一,他于2017年获得"优青"支持。

2019年3月,王绪高指导的博士研究生毛子昆与哥伦比亚罗萨里奥大学、美国加利福尼亚大学的研究人员合作,揭示了土壤养分和菌根真菌在温带森林群落结构形成过程中的主导作用,阐释了树种菌根类型调控森林群落结构的潜在机制。相关研究成果发表于《新植物学家》(*New Phytologist*)。

对于这些脱颖而出的青年人及他们的成果，朱教君表示，"带头人很重要，稳住他们更重要"，"有困难，我想办法去解决；没有钱，我可以去贷款"。稳定关键人才，既需要为人才解决实际困难，用事业和待遇留人；也要愿意交朋友、讲情怀，用感情留人。特色研究所建设期间，沈阳生态所的关键人才没有出现流失现象。

除了积极培养本土人才，沈阳生态所也非常重视海外高层次人才的引进。沈阳生态所充分利用中国科学院和地方政策，提高引进人才待遇，筑巢引凤。沈阳生态所针对领域话语权人才、技术人才缺乏和结构不合理的问题，以特色学科为导向，在职称晋升、人员编制等方面给予倾斜，加大科研及技术人才的引进。

集散成聚　团队作战

"我们的学科低水平重复、碎片化现象严重，分散的小学科组不利于协同攻关，限制了重大成果产出。"朱教君说，这是第二个痛点。

建设特色研究所以来，沈阳生态所采取"集散成聚"的方针，建设特色大团队，打造科研组织新模式。一方面，以重大科技问题为导向，整编32个学科组，组建10个特色创新团队，构建学科组主建、特色大团队主战的科研模式；另一方面，采取经费匹配、特殊津贴等资源倾斜配置措施，优先支持特色大团队发展。

自1999年入选中国科学院"百人计划"，研究员张旭东至今已在沈阳生态所工作了20年，见证了研究所从知识创新工程到研究所分类改革的发展历程。如今，60余岁的他依然带着团队奔波在东北玉米种植带的各个乡村。"我的工作是推广玉米秸秆全覆盖免耕技术，需要到一线给农民授课。"

对这片土地，张旭东有着特殊的感情。"东北拥有肥沃的黑土，是重要的商品粮基地，虽然这些年粮食产量没有降低，但是高产背后却是黑土地的长期'透支'。黑土层正在变薄，土壤有机质也出现下降。"这令他忧心忡忡。

为解决这个难题，张旭东带领团队苦心钻研，在分析总结美国、加拿大等国免耕栽培技术的基础上，终于研发出适合我国国情的玉米秸秆覆盖全程机械化栽培技术。

"秸秆覆盖地表，宽窄行轮作，能够将耕作次数减到最少，春天使用免耕播种机，即可完成从播种、施肥到收割的一次性作业。同时，秸秆在地里自然腐烂的过程，增加了土壤的有机质，能够有效保护土地。"张旭东兴高采烈地解释道。

多年监测结果证明，这项技术不仅实现了节本增效和培肥地力，还有效解决了水土流失和因秸秆焚烧引发的环保问题，为东北地区耕作制度改革提供了极佳解决方案，被誉为非"镰刀弯"地区玉米种植的"梨树模式"。

石元亮早张旭东一年加入沈阳生态所，他的服务对象也是农民。然而，除了研究员这一身份，他还有另外一个身份——沈阳中科新型肥料有限公司总经理。

石元亮先后研究发明了长效复合肥添加剂（NAM）、氮肥长效增效剂——"增铵一号"系列及长效缓释复合专用肥系列等产品，解决了肥效期短、利用率低的难题。

NAM（Ⅰ）：适用于复混肥 　　NAM（Ⅱ）：适用于复混肥

NAM（Ⅲ）：适用于铵态氮肥 　　NAM（Ⅳ）：适用于尿素

长效复合肥添加剂

"最开始经常有企业来找我们，我们就把技术转让给它们。"石元亮回忆道，"由于企业对技术的认知和掌握能力存在差异，有的企业成功了，有的则不理想，有些企业甚至私下搞二次转让，造成市场的恶性竞争。"

"与其被动接受，不如主动出击。"石元亮不忍心看着自己辛苦研发出来的技术被一次次低价转让，于是他带领团队开始尝试自己研制产品，并将其推向市场。

如今，张旭东团队和石元亮团队共同致力于肥料减施替代技术集成与示范，组织模式从"单打独斗"到"强强联合"，科研布局从"战术式"到"战略式"。

张旭东的学生、"农田生态系统生态过程与调控"团队负责人何红波研究员说："特色研究所建设让我们这些平时分散的课题组凝聚到共同的目标下，形成合力，形成了从基础研究、应用研究到技术转化落地的全链条。"

绩效改革　贡献为先

"深挖研究所此前暴露出来的发展内生动力不足的问题，更深层次的原因是一些科研人员抱有'小富即安'的想法，正在渐渐失去进取心。"朱教君始终认为，要建设好特色研究所，就要提倡"贡献为先"的价值导向，激励创新奋进，实现公正公平，打造风清气正的良好创新文化。

沈阳生态所通过修订《绩效考核办法》，对科研、管理、支撑人员实施全员考核，考核结果直接影响个人的绩效、职称等。朱教君指出，"在新的考核机制下，排名前20%的科研人员的绩效工资将上浮20%"。

同时，科研绩效贡献也不再局限于论文，而是将指标、权重、等级等多元化，包括项目、专利、奖项、成果转移转化、咨询报告等多个方面。朱教君表示，"无论是科研人员还是管理和支撑人员，我们的绩效考核都以贡献为先，贡献可以小到科室部门、研究所，也可以大到行业、区域、国家乃至全球"。

防护林研究是沈阳生态所积淀深厚并极具优势的一个学科方向。2018年，我国"三北"防护林体系工程迎来40周年，同年发布了《三北防护林体系建设40年综合评价报告》，标志着该工程顺利通过了"期中考试"。这份报告正是出自以沈阳生态所为牵头单位的中国科学院评估技术团队。

"我们首次量化了防护林在保障低产区粮食生产安全、减少水土流失、控制风沙危害中的贡献率。"朱教君强调。他带领的团队还从个体到区域跨尺度明确了防护林衰退的水分、光合等生理生态机制，提出衰退防治对策，编制了可持续经营技术方案，重新规划了"三北"防护林体系工程建设区。

而"三北"防护林的研究工作就是一个绩效评估多元化的典型案例。虽然高水平文章的数量不占优势，但科研项目、奖项及为国家提供的重要咨询建议等却证明了其科研价值及贡献所在。

此外，考虑到生态领域的科研成果需要一个长期的积累过程，沈阳生态所将考核周期定为5年，实行"2+3"制，即5年中的第二年、第五年分别进行中期和终期考核。"当年考核结果的统计周期为5年，即把从考核当年算起至前5年累加的考核结果作为当年的考核结果。"

全体职工共同贡献、共同分享、贡献为先的价值理念已经在沈阳生态所每个人心中落地生根。

根基台站　长远布局

2002年，朱教君回国后的第一件事是筹建中国科学院清原森林生态系统观测研究站。他说："野外站就是我们应用生态研究的'实验室'，为科学研究提供重要的支撑。"

东北森林屏障带也是朱教君团队的研究对象之一。团队通过观测发现，东北森林屏障带呈现次生林（原始林经强烈干扰后形成的天然林）-人工林（用材林和防护林）镶嵌分布的格局，不同森林类型存在不同的问题。近年来，团队依靠多年科研的积累和野外台站的支撑，针对天然林禁伐、林农经济发展受限的瓶颈，建立了林下经济模式，推广180万亩，让5.1万名林农脱贫，新增经济效益2.55亿元。

目前，除了中国科学院清原森林生态系统观测研究站，沈阳生态所还拥有吉林长白山森林生态系统国家野外科学观测研究站、湖南会同森林生态系统国家野外科学观测研究站、辽宁沈阳农田生态系统国家野外科学观测研究站、额尔古纳森林草原过渡带生态系统研究站（以下简称额尔古纳站）等9个各具特色的野外台站。

策勒县农田防护林

依托吉林长白山森林生态系统国家野外科学观测研究站观测平台，沈阳生态所副研究员原作强及合作者对长白山自然保护区内4种主要森林类型、37.8公顷样地内近9.3万株个体进行了5~10年的连续监测，发现了树木生长和死亡速率随林龄增长而降低，但随土壤肥力增加而升高的现象。

不同于一些建设几十年的老站，额尔古纳站建成于特色研究所建设期间，建站的重要目的之一就是打破部门间、学科间的封闭状态和限制因素。副站长吕晓涛介绍："这个台站的目标是成为国内外生态研究的公共野外观测和试验平台、数据资源共享平台。"

2016年，中国科学院院长白春礼在考察额尔古纳站时，对中国科学院全院野外台站建设提出了更高要求。其中，"整合挖掘现有科研数据，力争重大成果产出"成为野外台站建设的首要目标。

下一步，沈阳生态所还将建设沈阳污染土壤实验站，推动污染土壤治理。此前，沈阳生态所已研制出适用于石油污染土壤的工程化修复装备，效率是现有生物修复技术的两倍，综合效益可以提高一倍以上。

"山水林田湖草"是一个生命共同体。党的十九大报告用科学、朴素的语言阐述了人与自然之间唇齿相依的共生关系，为科学推进生态文明建设指明了方向。沈阳生态所建有森林、草地、沙地、农田等多种生态系统类型的野外站，将通过"站、室、馆、园"多种平台，全方位支撑"山水林田湖草"综合发展的科技布局。

朱教君认为，扩大环境容量、拓展生态空间将是未来生态文明建设的重点和难点，构建生态安全格局、增强生态系统服务功能将是生态文明建设的重大需求。

朱教君表示，沈阳生态所将通过森林、农田和污染生态学多学科融合，探索林业生态工程、农业生态工程和环境生态工程的技术协同创新，引领应用生态学发展，打造一流生态文明建设研究所，为美丽中国建设提供理论指导和技术支撑，成为这一理念的坚定科技践行者。

（沈春蕾撰文；原文刊发在《中国科学报》2019 年 7 月 9 日第 4 版，有删改）

山川草木　　赤诚耕耘
——中国科学院昆明植物研究所改革纪实

中国科学院昆明植物研究所（以下简称昆明植物所）地处"中国西南山地""东喜马拉雅地区""印度-缅甸"3个生物多样性热点地区的核心和交汇区域，拥有80余年认识、利用、保护植物多样性和造福于民的创新历程，在我国特别是西南地区植物学和生物多样性的可持续利用中发挥着不可替代的重要作用。

在2015年进入特色研究所试点后，如何发掘和传承建所、立所文化，重新找准定位、焕发生机？是每个人都在思考的问题。

面向生态文明建设的重大需求，昆明植物所重点对标国民经济主战场，立足中国西南生物多样性热点地区和研究特色，聚焦植物多样性家谱与iFlora智能植物志、新药创制研发、植物种质资源与产业发展三个特色方向，聚力新发展、新布局。

在发展过程中，昆明植物所着力破解所级治理中的"梗塞"，促进科研、支撑、管理体系融合发展，做到有所为、有所不为，搭建了集植物资源调查与评价、发掘与利用、收集与保存于一体的学科体系，形成了植物分类、植物地理、植物化学、民族植物学和植物种质资源五个特色优势学科领域，不断加强创新能力建设，推进关键核心技术攻关，成为服务地方经济发展的一支不可或缺的科研力量。

率舞潮头 先帆竞发 中国科学院研究所分类改革纪实

温暖的春风吹过昆明上空，拂过蓬勃生长的植物。昆明北郊的植物园里，金色、粉色的兜兰竞相绽放。

20世纪80年代，植物学家在云南怒江和文山发现了极为珍稀的杏黄兜兰和硬叶兜兰，在国际园艺界引起轰动，并且在香港的展览上获得大奖。

虽然有着"兰花大熊猫"之称的野生兜兰颇受追捧，但由于分布区域狭窄，屡遭采挖，现已濒临灭绝。但令人欣喜的是，经过18年的攻关，昆明植物所研究员胡虹、张石宝研究团队，把野生兜兰驯化成商品花卉——2018年，数十万株兜兰"飞入寻常百姓家"，销往北京、上海、广州等城市，带来了上百万元的利润。

兜兰新品种"金童"（左）、"玉女"（右）

"昆明植物所进入特色研究所建设后，设立了300万元的花卉自主部署项目，这在昆明植物所历史上是从未有过的。"张石宝说。

自2015年4月昆明植物所首批进入中国科学院特色研究所建设试点以来，类似兜兰产业化的案例越来越多地出现。作为一支面向国民经济主战场的"特战旅"，昆明植物所通过持续深化体制机制改革，日益活跃在我国生态文明建设、生物多样性保护、生物资源的持续利用和生物产业发展的舞台上。

一语点醒梦中人

昆明植物所地处云南，是全球34个生物多样性热点地区中"中国西南山地"、"东喜马拉雅地区"及"印度-缅甸"3个热点地区的核心和交汇区。

建所之初,在老一辈植物学家的提议下,昆明植物所将"原本山川 极命草木"作为所训。这八字语出西汉辞赋家枚乘的《七发》,意为陈说山川之本源,尽名草木之所出。"这句话的深意乃在植物既是资源和环境的重要部分,又必用于提供资源以改造环境。"已故中国科学院院士吴征镒曾指出。

成立 81 年来,昆明植物所在认识、利用、保护植物多样性上发挥着不可替代的重要作用。但在发展过程中,昆明植物所也面临人才流失、科研活动碎片化、重大成果产出减少的尴尬境地。

随着 2014 年中国科学院启动研究所分类改革,昆明植物所也迎来了转型发展的新机遇。于是,首先摆在研究所面前的一道难题就是:特色研究所、卓越创新中心、创新研究院、大科学研究中心,这四个不同类型的机构改革方向,到底该选哪个?

"我们有植物化学国家重点实验室,还有全国最好的中国西南野生生物种质资源库。一开始特色研究所并不在我们的考虑范围内。"昆明植物所党委书记、副所长杨永平坦言。

按照所里最初的想法,他们希望依托国家重点实验室和种质资源库两个平台申报卓越创新中心、大科学研究中心或创新研究院。

然而当想法具体实施时,众人这才意识到了自己的不足:偏隅西南,没有国际化的人才队伍;在基础科研方面"缺胳膊少腿",面向世界科技前沿的能力有所欠缺。

"在一次会议上,中国科学院副院长丁仲礼问我们为什么不考虑申报特色研究所,他认为我们所的很多研究工作非常有特色,可以在西南地区落地,服务当地发展。"杨永平回忆道,"他的一席话真是'一语点醒梦中人'。"

经过再一次自我审视和认真梳理,昆明植物所的领导班子和科研人员将目光聚集到了特色研究所上,最终做出了抉择。

"第一,研究所地处西南生物多样性热点地区,具有区位优势;第二,我们有学科的完整性,从植物的认识、研究、利用、推广、保护,形成了一个完整的创新链闭环;第三,我们研究的命题都有产业化的基础,可以落地。这些让我们在同领域中具有不可替代的地位。"昆明植物所所长孙航分析说。

思路清晰后,孙航和大家进一步意识到,研究所未来的发展方向必然要面向国民经济主战场,服务地方经济社会发展。

最终,昆明研究所将发展目标确定为建成具有较强原始创新能力、学科特色鲜明、有重要国际影响的研究所,成为我国生物多样性研究中心、国家战略生物资源库、天然产物储备基地、植物资源产业化成果孵化基地、高级人才培养和知识传播基地,服务"美丽中国"和"健康中国"建设。

根据发展目标,昆明植物所立足集植物资源调查与评价、发掘与利用、收集与保存于一体的学科体系,制定了三个重大突破方向,即植物多样性家谱与 iFlora 智能植物志、新药创制研发、植物种质资源与产业发展;五个重点培育方向,即全息植物分类与整合生物地理、植物化学与天然药物化学、野生种质资源保藏与利用、民族植物学与区域发展、资源植物与生物技术。

与此同时,2014 年底以来,昆明植物所作为中国科学院药物创新研究院西南分部的牵头单位,联合中国科学院昆明动物研究所(以下简称昆明动物所)、中国科学院西双版纳热带植物园、中国科学院成都生物研究所等单位重点开展特色天然药物及民族药现代化研究。通过进一步的资源整合、优势互补、协同发展,使得新药研发体系更加完善。

青藏高原野外科考

大团队作战

2015年4月,昆明植物所获准首批进入特色研究所试点序列,从此踏上了改革征程。

改革容不得半点虚假,必须"真枪实刀"。为了解决科研活动"碎片化"的问题,昆明植物所推出了组建科技创新大团队的改革举措——以特聘研究员为主担任负责人,聚焦特色方向和主要服务项目,将64个课题组整合为21个大研究团队,初步实现了队伍、资源和项目"三集中"。

事实上,在进入特色研究所建设试点序列之前,昆明植物所也做过类似的尝试,但却以失败告终。"改革首先触及的是习惯。由于之前的整合没有成功,大家质疑又回到'大锅饭'年代,丧失了资源配置自主权。其实这种担心也并非多余,如果研究所不提供足够的支持,很容易造成在大锅里分完还得在小锅里吃饭的现象。"杨永平直言。

因此,与大团队整合相配套,研究所每年投入1100万元经费,充分保障关键团队的成果产出。

孙航说:"我们想集中力量办大事,允许团队有两三年潜心做学问的时间,不用为了交差而做一些低水平的科研。"

孙卫邦研究员是极小种群野生植物综合保护团队的负责人。组成大团队后,昆明植物所为团队中的每个人增加了5万元经费。

2017年,在科技基础资源调查专项"中国西南地区极小种群野生植物调查与种质保存"的支持下,孙卫邦带领团队开展了西南地区极小种群的拯救保护工作。该团队系统梳理了"极小种群"的概念,在国际顶级期刊发表了相关论文,研究工作得到了国际学术界的认可。

2018年,团队入选云南省创新团队,获得100万元科研专项经费资助,同时还承担了云南省极小种群野生植物综合保护重点实验室的筹建工作。

2019年7月3日,由孙卫邦等人主编的《云南省极小种群野生植物研究与保护》一书正式出版。

"在科研大团队的政策下，2年培育期中我们超额完成了预先设定的目标，在考核中排名前四，下一年度成员经费也提升到了每个人7万元。"孙卫邦说。

陈高研究员是孙卫邦团队的成员。除了围绕大的科研目标，他还有1/3的时间可以投入自己感兴趣的科研工作中。与其他人略微不同的是，陈高对"臭味"植物有着浓厚兴趣。

在研究所学科交叉引导性项目的支持下，他与植物化学方面的科研人员找到学科交叉点，通过野外调查、化学分析等实验方法，解析了大百部种子被胡蜂传播的机制，为研究蚁播植物居群时空分布格局提供了理论基础和新的视角。

除了整合科研力量，昆明植物所还清楚地意识到，地处西部，研究所未来发展的关键在于稳定人才。

因此，昆明植物所在特色研究所的试点建设中，将特聘研究员经费和中国科学院青年创新促进会补助经费的2320万元全部用于承担特色研究所任务的领军人才、青年骨干的薪酬保障；同时实施绩效津贴改革，实施所级公派出国留学计划，保留工资待遇，资助全额奖学金，培养青年骨干人才。

在所级公派出国留学政策出台后，昆明植物所研究员李爱荣申请到了去美国宾夕法尼亚州立大学进修的机会。"两年的留学经历，让我开阔了学术视野并建立了新的合作关系，尤其是在根系生物学、根际生态和寄生植物学研究领域。"李爱荣说。

在留学之前，李爱荣已经与该校多位学者保持着学术交流。留学期间，她进一步明确了自己课题组今后的发展方向，凝练了近期重点关注的科学问题。"如果说科研团队的管理是一门艺术，留学期间深入了解几个优秀团队的管理理念，就像在这座充满管理智慧的艺术殿堂开了几扇窗，给我启迪，引我深思。"

经过持续改革，2014年以来，昆明植物所主持的千万元级重大任务达12项，包括中国科学院战略性先导科技专项（B类）、国家重点研发计划重点项目、国家自然科学基金重大项目等重大任务，国家基金重点类项目 20 余项，在本学科顶级期刊发表论文的数量和质量创历史最高水平。同时在基础前沿研究上也取得了一系列创新突破——发现水平基因转移驱动陆地植物起源与进化，提出东亚植物多样性家谱形成新理论，重建被子植物高分辨率质体基因组系统发育树，发现菟丝子信号传导新机制，首次成功破译茶树基因组，同时在复杂天然产物的生物合成研究方面也取得了新突破。

与企业"合体"创新

作为特色研究所，昆明植物所改革的重要任务之一就是面向国民经济主战场，为国家经济、社会可持续发展提供支撑与服务。

"在改革过程中，哪些人要转型，增量经费如何分配，职称考评、鼓励政策怎么制定才能打通从科研到市场的'最后一公里'，这些都是需要面对的问题。"孙航说。

在这样的思考下，昆明植物所 2015 年设立了成果转化奖，并在 2018 年正式出台了成果转移转化管理办法。按照规定，科技人员可获得成果转化净收益的 70%，同时扩大研发团队收益权和处置权。

2016 年 3 月，昆明植物所打了一个漂亮的"实战"——将抗凝血新药 LFG-53 项目知识产权和临床前技术研究资料，以 4000 万元的价格一次性转让给九芝堂股份有限公司。

"过去很多人觉得发论文很厉害，不是很重视科技成果转化，但是 LFG-53 项目的成功转让这件事，在科学家群体中产生了不小的震动。"杨永平说。

这次"震动"过后，不少科研人员开始转变观念，主动对接科技成果转移转化项目。此后的 2017 年和 2018 年，抗阿尔茨海默病 1 类新药"芬克罗酮"（中国科学院药物创新研究院部分资助）、治疗呼吸道疾病 5 类新药"灯台叶总生物碱及胶囊"分别以 6000 万元、1 亿元合同经费实现转让。近4年来，昆明植物所已转化成果14项，涉及29件知识产权，已向研发团队兑现收益奖励金额1500余万元。

与此同时，昆明植物所与北京明弘科贸有限责任公司联手合作，共建了"植物医生护肤研发中心"，由企业先期投入护肤研发经费642万元，按企业需求开展植物护肤基础研究和新品研发，并进行相关专利申请。合作企业还捐赠3000万元完成"扶荔宫"温室群植物景观的布展，并向"吴征镒植物学奖"捐赠奖励资金。

铁皮石斛是一种兰科植物，多糖含量较高，其茎为我国传统的名贵中药——铁皮枫斗。无计划地大面积扩种，导致其产量过剩，价格不断走低，2016年的价格直接从2000元/千克下降到100多元/千克，给种植户造成了严重损失。

面对这种情况，昆明植物所组织民族植物学、植物化学、植物生理方面的团队，开展了以铁皮石斛作为原料做护肤品的研究工作。经过联合攻关，研发团队提取并验证了铁皮石斛均一多糖保水保湿的功效，并从中找到了抗氧化的亮肤物质，为植物医生护肤研发中心开发出了新产品。

通过昆明植物所和北京明弘科贸有限责任公司的通力合作，合作企业核心竞争力提升，销售收入快速增加，双方共同研发的"石斛兰系列产品"自2017年上市以来，销售额已累计达到4.1亿元。

"刚开始合作时大家有不信任的成分存在，企业觉得我们研发不出来产品，我们也不知道能不能把科研成果用上。经过磨合，我们发现，科学家要做自己擅长的事情，做好前端基础研究，企业负责后端产品开发。"昆明植物所党委副书记王雨华说。

通过前期的系列合作，2019年双方有了更明确的目标：通过企业创新联合体，未来3年聚焦石斛兰护肤精华的研发，力争单品销售额年达10亿元，支撑企业2023年达到150亿元的销售目标。

在特色研究所系列政策的推动下，昆明植物所累计帮助企业增收104.5亿元，其参股企业云南西力生物技术有限公司成功挂牌新三板，成为昆明植物所第二家参股的公众企业。

昆明植物所还突破了羊肚菌产业化关键"瓶颈",发明了羊肚菌交配型基因"1+1"检测菌株退化新方法等核心技术,累计推广面积达 1.4 万亩。

不仅如此,昆明植物所还积极鼓励"双创",并建立了云南中科生物科创园,目前该园已入驻 43 支创业团队,入选科学技术部"星创天地";打造知识产权运营和科技成果转移转化系统,成为中国科学院知识产权贯标首批试点机构之一。

服务地方发展

2019 年 6 月,云南省生态环境厅联合昆明植物所和昆明动物所发布《云南省外来入侵物种名录(2019 版)》,收录了云南省境内发现的外来入侵物种 441 种及 4 个变种。

这已经是昆明植物所第四次联合地方政府部门开展生物多样性调查研究及资料整理分析,在构建植物大数据平台的基础上发布相关名录。

在此之前,云南在全国率先发布了《云南省生物物种名录(2016 版)》《云南省生物物种红色名录(2017 版)》《云南省生态系统名录(2018 版)》,引起了政府及社会各界的高度关注。

其中,《云南省生物物种名录(2016 版)》被评为"2016 年云南十大科技进展"之首,为生物多样性保护规划及政府决策提供依据,同时支撑《云南省生物多样性保护条例》制定,促进云南在全国率先开展生物多样性保护立法工作。

为了更好地服务地方,昆明植物所特地组建了 4 个特色服务项目团队和 6 个促进发展团队,聚焦特色研究所 4 个服务项目和种质资源信息学、物种全息数据库、城市绿化树种、芳香植物等领域。

孙航说:"我们以产出为导向出台科研奖励办法,鼓励科研人员为政府和行业部门提供决策咨询,这几年先后有 25 篇咨询报告被中央和省部级机构采纳。"

改革期间,昆明植物所还启动建设了天然产物大数据中心,以发挥自已在植物化学领域的科研优势。

昆明植物所副所长陈纪军说："我们对重要药用植物的特色化学成分进行系统整理与发掘，建成有 10 041 个特色天然产物的实体库，发现一批活性化合物，为我国天然药物源头创新提供战略支撑。在新药研发领域，通过加入药物创新研究院，也进一步加快了'芬克罗酮''奥生乐赛特'等新药的研发进程。"

经过 12 年的发展，截至 2018 年 12 月 31 日，昆明植物所的种质资源库已经成为全球第二个完成万种种子保藏的设施，保存植物种子、植物离体材料、植物 DNA、动物细胞系、微生物菌株等各类种质资源 22 589 种、239 917 份（株，条），其中野生植物种子 10 048 种、80 105 份，占中国的 34.5%，分属 228 科、2004 属；聚焦了"3E"［珍稀濒危的（endangered）、特有的（endemic）和具有经济价值的（economic）］植物保藏，其中受威胁 669 种、中国特有 4035 种、有潜在经济价值的近 5000 种，入选党的十八大以来中国科学院创新成果展，依托种质资源库建立的"国家重要野生植物种质资源库"2017 年被纳入国家科技基础条件平台体系，并在 2019 年成为国家生物种质与实验材料资源库。

与此同时，昆明植物所聚焦"一带一路"科技合作，与乌兹别克斯坦合作共建"全球葱园"昆明中心、塔什干中心及两个联合实验室，受到广泛关注。在 2019 年 4 月 19 日国务院新闻办公室举行的"科技支撑'一带一路'建设成果情况发布会"上，"全球葱园"被作为"一带一路"科技合作的典型示范案例。

中–乌"全球葱园"（塔什干中心）建设启动

"下一步,我们将重点推动学科双向发展,提升特色学科在原始创新方面的理论供给,推动创新成果对美丽中国、健康中国和现代农业的关键技术供给。同时加强科技平台建设,强化学科交叉,推动植物多样性的研究与保护,以及种质资源领域的融合提升,谋划新的国家重点科研平台。"孙航说。

(高雅丽撰文;原文刊发在《中国科学报》2019年8月6日第4版,有删改)

认知山地　服务国家

——中国科学院·水利部成都山地灾害与环境研究所改革纪实

> 我国山地面积约占陆地国土总面积的70%。作为我国目前唯一一所国家级山地综合研究机构，中国科学院·水利部成都山地灾害与环境研究所（以下简称成都山地所）在特色研究所建设期间，主动聚焦国民经济主战场，义不容辞地扛起了"发展山地学科，满足国家在防灾减灾和生态文明建设方面重大需求"的旗帜。
>
> 为了打通科技促进发展的"最后一公里"，成都山地所探索构建"政、产、学、研"科技联盟服务重大工程建设；探索行业科技需求导向的科技供给，形成"我中有你，你中有我"的合作模式；丰富和发展"理论创新-技术研发-应用示范"的学科创新链条。
>
> 经过导向清晰、资源优化、保障有力的一系列改革，成都山地所发生的变化令人振奋——在为重大工程提供科技支撑、"一带一路"国际合作、科技咨询和科技救灾等诸多方面取得改革成效，科技创新能力稳步提升，在防灾减灾和生态文明建设领域体现出鲜明特色与明显优势。

2019年5月11日，在北京国际会议中心，由成都山地所牵头组织的"一带一路"防灾减灾与可持续发展国际学术大会召开。

会上，来自"一带一路"沿线国家和地区的近40个国际组织与科研机构负责人，以及来自不同学科领域的700余名中外科学家，共同发表了

《"一带一路"防灾减灾与可持续发展北京宣言》，提出将共同致力于加强科技及政策交流，推进构建"一带一路"自然灾害风险防范协同机制。

这仅仅是成都山地所在特色研究所建设期间面向"一带一路"重大需求、服务沿线地区经济社会发展和保障生态安全的一个案例。

成都山地所地处我国西南地区，该区域具有山地灾害类型多、分布面积广、危害大等特点，长期面临山地防灾减灾、生态环境保护与恢复的重要任务。作为我国目前唯一一所国家级山地综合研究机构，成都山地所在该领域积累了独具特色的研究基础和技术优势。

"发展山地学科，满足国家在防灾减灾和生态文明建设方面的重大需求。"成都山地所所长文安邦在接受《中国科学报》记者采访时表示，这正是成都山地所的特色所在。

"主战场"在哪里

面向国民经济主战场，侧重于服务社会可持续发展和保障改善民生，突出特色优势学科，这是中国科学院在实施"率先行动"计划、推动研究所分类改革中，对特色研究所建设的基本定位。

"改革的号角已经吹响，而我们的'主战场'在哪里？"这是2015年成都山地所准备申请特色研究所培育建设时，摆在时任所长邓伟和全体员工面前的首要问题。

为明确成都山地所在新一轮改革中的定位，邓伟先后主持召开了学术委员会扩大会议、职工代表大会等会议。在广泛研讨的基础上，进一步"诊断"成都山地所发展过程中存在的问题、凝练特色研究所的建设目标。

"防治一个乡、一条沟的泥石流重要吗？当然很重要。但这不完全是成都山地所作为国家战略科技力量的使命。"文安邦指出，聚焦特色研究所建设的"主战场"，就要关注重点领域、重点区域和重大工程，"这是特色研究所建设的关键"。

在50年的发展历程中，成都山地所以"发展山地科学、对标国家需求"为两翼,经历了对山地科学的特征规律性认知、学科拓展、服务生态文明建设等阶段。长期以来,成都山地所注重基础研究和技术研发,但系统集成和示范推广不足,导致科技促进发展的"最后一公里"始终没有完全打通。

"成果要想落地转化,就不能只盯着文章发表和奖项申报,而要强化对行业和重大工程的科技供给,构建起从科学研究、技术研发到工程示范,再到服务行业用户的科技服务链条。"文安邦坦言,"这是特色研究所建设的重要体现。"

近年来,中西部地区科研院所人才流失现象日益严重。尽管国家层面出台政策鼓励科研人员在中西部地区发展,并明确禁止发达地区片面通过高薪酬、高待遇竞价抢挖人才,但不可否认,发达地区拥有更多机会和更广阔的平台。

"西部地区的研究所稳住人才、引进人才难度大。"文安邦强调,如何在体制机制上保障成都山地所的人才队伍建设,"这是特色研究所建设的核心"。

导向清晰　资源优化　保障有力

任何改革都不是一蹴而就的,探索特色研究所建设亦然,一切都是摸着石头过河。

改革初期,成都山地所面临众多问题:在组织模式上,存在研究分散、"小团队"研究等不利于协同攻关、不利于产生重大成果等问题;在人才队伍建设上,存在高水平人才缺乏、人才评估激励机制不完善等问题……

这些问题就像改革路上的"泥石流",不解决不行。

文安邦表示,成都山地所通过诊断剖析发展瓶颈,制定了问题导向的改革举措,通过不断深化体制机制改革,初步形成了导向清晰、资源优化、保障有力的制度体系。

"依托学术委员会和战略科学家咨询,研究所围绕特色方向,部署

'一三五'规划项目，优化特色领域布局。"成都山地所科技与合作处处长吴艳宏介绍，重大项目谋划对成都山地所前瞻策划重大项目储备、提升研究所核心竞争能力意义重大。

考察川藏铁路沿途泥石流沟

经过聚焦，成都山地所明确了特色研究所建设期间的 5 项重点推进项目：川藏铁路山地灾害综合防治技术、地震带（安宁河）山地灾害综合减灾防灾技术、山区城镇（西藏樟木）山地灾害综合防治技术、西藏高原国家生态安全屏障保育关键技术、三峡库区清洁流域建设技术与示范。

"在资源配置上，对重大项目实行经费引导、人才引进和研究生指标的'三保障'原则。通过资源配置优化研究布局，提升特色集中度。"吴艳宏说。通过多年的建设，成都山地所特色研究所建设的任务集中度增幅达 14.3%，人员集中度增幅达 42%。

"我们写一篇论文，研究泥石流运动、土壤侵蚀和物质循环过程，往往要连续观察、收集长期的数据才能进行分析。"成都山地所党委书记、副所长罗晓梅称，山地科学的学科性质决定了其成果产出形式不仅仅体现在论文上，如果采用"唯论文"的评价标准显然失之偏颇。

特色研究所建设期间，成都山地所开始转变科研评价导向，实行强化科技贡献率的人才评价制度。通过同行和用户评价相结合的方式，考核各类岗位科技人员成果的质量、效益和对研究所特色领域发展目标的实质性贡献。"同行评价学术水平，用户评价成果是否'有用'。"成都山地所副所长陈晓清说。

与之前"面面俱到"的科研评价制度不同，改革后，成都山地所的科研人员只需在项目执行、成果产出、研究生培养及公益性工作三大类标准中选择自己完成度最好的一项参评即可。

按特色研究所建设要求，成都山地所制定了"基本绩效＋重要贡献绩效"的考核模式，就不同类型、不同层级的岗位设立可度量、有实效、好操作的基本绩效考核指标。

基本绩效考核点主要为是否完成设定的岗位任务、是否达到基本要求，这是判定相应岗位工作人员合格与否的标准。同时为促进研究所进一步发展，设置重要贡献绩效，注重是否有重要贡献绩效产出、绩效的重要性与影响力，这是相应岗位评优的标准。考核办法还体现了个人对团队的贡献，并重视对社会效益和成果转化贡献的指标。

改革前，成都山地所的研究岗和转化岗采用统一标准的晋升体系，评聘职称时都需要"数论文"，且转化岗职称序列最高只到副高级职称的高级工程师。这无疑极大地阻碍了从事成果转化工作科研人员的创新创造活力。

"以前为了评职称，我基础研究也做，成果转化也做。由于分散了精力，往往是哪样也没做好。转化岗位没有正高级职称指标，所里很多转化岗的同事为了评职称都想转到研究岗。"这代表了改革前成都山地所很多转化岗科研人员的现实窘境。

成都山地所领导班子意识到，要想解决成果转化人才缺乏、科研人员成果转化积极性不高的问题，必须改变职称晋升和激励机制这两个"指挥棒"的方向。

在特色研究所建设阶段，成都山地所开始对每位科研人员进行科研潜力诊断评估、分类定岗，建立研究岗、转化岗差异化晋升体系；新设正高级工程师，论文成果不再是考核和职称评聘时的必需项；鼓励科研人员以专利技术95%收益权领衔创办技术应用实体。成都山地所的转化项目也由2012~2014年的不足50项增长到2015~2017年的180余项。

西部地区人才流失问题比较突出。"引进关键人才、培养现有人才、稳定骨干人才"被文安邦称为成都山地所人才队伍建设的"三把钥匙"。"我们建立了'点阵+网络'的人才引进体系和'三段式'人才培养模式。"

成都山地所人事与人才处处长张金山介绍，点阵式宣传是指向相关领域专家宣传，请他们进行人才推荐。"目前主要通过向国外交流访问人员、国内外合作研究专家及所内科研人员宣传，将相关领域有发展潜力的青年人才推荐到所里。"网络式宣传是指通过各类媒体发布招聘引进启事，同时中国驻外使（领）馆也是重要渠道。

在实践中，点阵式人才举荐在成都山地所高层次人才引进、成果转化类岗位人才招聘方面起到了关键作用，网络式宣传也有利于提升研究所的知名度。

特色研究所建设以来，成都山地所人才引进取得明显成效，新引进中国科学院率先行动"百人计划"青年俊才4人、四川省"千人计划"2人，新聘博士人才24人。

根据人才发展规律，成都山地所制定了与国家、中国科学院、四川省人才项目统筹协调的"三段式"人才培养体系。经过导向培育、精准择优和强力推扶三个阶段，成都山地所引进和培养的许多人才已经成为相关领域及方向的领军人才。

通过不断优化用人制度、分配激励机制和强化人才培养等措施，成都山地所在特色研究所建设期间逐步形成了一支以中青年为主体，人员精干、结构合理、综合素质高的科技人才队伍。"特色研究所建设期间，我所省部级及以上各类人才项目或荣誉获得者数量由原来的25人增加到49人，新增人才所占比例约为49%。"罗晓梅介绍道。

为了打通科技服务行业的"最后一公里"，成都山地所探索构建"政、产、学、研"科技联盟服务重大工程建设。加强与政府主管部门、行业和生产用户深度合作，建立会商机制，探索行业科技需求导向的科技供给，形成了"我中有你，你中有我"的合作模式。

在支撑服务川藏铁路规划选线工作中，这一改革思路得以完整体现。

"在项目申报伊始，我们就把川藏铁路勘察设计单位中铁二院工程集团有限责任公司直接纳入了项目参加单位，联合开展科技攻关，还签署了战略合作协议，建立工程化的项目执行管理机制和常态化的科技会商机制。"成都山地所总工程师、川藏铁路减灾项目首席科学家游勇指出，"政、产、学、研"科技联盟整合了政府引导、行业主导、科技支撑和产业协同四方资源，丰富和发展了"理论创新-技术研发-应用示范"的学科创新链条，促使研究成果得到全部应用。

科技创新能力迈上新台阶

这是一个气吞山河的改革时代。

通过一系列改革措施，成都山地所发生的变化令人振奋——在为重大工程提供科技支撑、"一带一路"国际合作、科技咨询和科技救灾等诸多方面取得改革成效，科技创新能力稳步提升，在防灾减灾和生态文明建设领域体现出鲜明特色与明显优势。

川藏铁路是迄今人类历史上最具挑战性的铁路建设工程，也是自然环境、施工技术、灾害环境最复杂和灾害防治难度最大的铁路工程。在如此复杂的地质环境条件下修建铁路，必将面临大量的科学技术难题，其中山地灾害成为局部乃至全线的关键控制节点，关乎川藏铁路建设成败。

成都山地所川藏铁路山地灾害综合防治技术项目组与中铁二院工程集团有限责任公司开展深度合作，通过3年联合攻关，总结了危害川藏铁路的14种方式和22个重大灾点，开展了全线、重点路段和重大灾点3个尺度的山地灾害风险评估，集成研发了24项防治关键技术，提出了系列山地灾害防治新理论与新型结构，建设了6个示范点。

游勇称，该系列成果被川藏铁路选线全部采用，成为铁路选线关键技术支撑，并在川藏高速公路规划设计中得到推广应用。

川藏铁路西藏波密县古乡沟泥石流防治方案设计效果

西藏是国家重要的生态安全屏障。2009年2月，国务院第50次常务会审议通过了成都山地所作为技术支撑单位编制的《西藏生态安全屏障保护与建设规划（2008—2030年）》，计划用近25年（包含5个五年规划期）的时间，投入资金155亿元，通过实施天然草地保护工程等三大类10项生态保护与建设工程，构建西藏生态安全屏障。

经过5年建设，工程实施进度和效果如何、工程完成的目标和效益怎样、部分高寒区的退化环境是否得到遏制、生态系统是否稳定、保水固碳等功能能否正常发挥，都需要进行科学、客观的评估。为此，西藏自治区人民政府向中国科学院提出科技需求，希望成都山地所牵头开展西藏生态安全屏障工程一期建设的成效评估工作，并围绕生态工程的优化与规划修编中的关键科学技术问题提供科技支撑。

在西藏高原生态安全屏障监测项目首席科学家、成都山地所研究员王小丹的带领下，成都山地所联合中国科学院地理科学与资源研究所、中国科学院青藏高原研究所等单位，在前期规划与评估的基础上，针对寒旱生境下生态恢复技术和生态工程布局等科学问题，结合新时期西藏生态文明建设的新使命，研究了高原生态环境变化规律，研发了特殊生境下生态恢复关键技术和示范，解决了后续生态工程布局、规模、时序优化的关键问题。

王小丹团队于2016年完成的西藏生态安全屏障工程一期建设成效评估成果通过国务院新闻办公室发布，获得了西藏自治区人民政府的高度肯定；编制的《西藏生态安全屏障生态监测技术规范（DB 54/T0117—2017）》颁布实施，集成研发了藏北天然草地保护与退化草地恢复、雅江河谷沙化治理与农田防护林建植、藏东小流域水土流失综合治理等生态恢复关键技术，建设示范区6个，面积2000余公顷。

我国山地面积约占陆地国土总面积的70%，山区人口约占全国人口总数的45%。我国人口与经济的快速增长，导致山区土地、矿产资源、森林资源等开发强度的增加与山区脆弱的生态环境的尖锐矛盾日益凸显，严重影响国家经济社会发展和生态环境安全。特别是近年来，各种自然灾害多发、群发、链发，成为中国城镇化及乡村振兴进程中必须面对的一个问题。

成都山地所副总工程师、樟木口岸减灾项目首席科学家王全才表示，山区城镇防灾技术面临的两大难题是灾害风险判识与监测预警、城镇防灾减灾技术体系与标准，其中的关键科技问题涉及城镇山地灾害动力机制及趋势风险、城镇山地灾害实时监测预警技术和城镇山地灾害系统解决方案。

2015年"4·25"尼泊尔8.1级地震造成西藏樟木口岸运行中断，山地防灾减灾被列为樟木口岸恢复通关的"一号工程"。王全才带领团队牵头承担了这项重要任务。经过4年多的科技攻关，他们丰富和完善了山区城镇防灾技术体系，研发的高烈度区地震边坡位移控制设计与柔性防护技术被成功应用在樟木口岸山地灾害防治工程中，确保了口岸及早、安全地恢复通关。该口岸已于2019年5月29日恢复了货运功能，距离全部恢复通关又进了一步。

特色研究所建设期间，成都山地所在中国科学院院士、学术副所长崔鹏的带领下，成立了中国科学院第十个海外科教合作中心——"中国-巴基斯坦地球科学研究中心"，构建了"国际减灾科学联盟"，与国际减灾领域的机构和科学家联合开展"一带一路"自然灾害风险与综合减灾、中巴经济走廊自然灾害与风险防控、跨界河流灾害治理等研究,并在人才培养、减灾援助、平台建设方面探索更广泛的合作空间。

此外,成都山地所还积极发挥思想库作用,围绕国家和地方经济社会发展中的重大问题展开科技咨询,及时将科学研究中发现的新问题、新趋势、新情况和新思路,通过专家咨询建议的方式提供给决策部门。许多咨询建议在国家和地方改革发展中发挥了重要的决策咨询作用,并产生了重大影响。成都山地所纪委书记蔡长江介绍,与试点建设前相比,专家咨询建议提交和采用应用数量均实现了翻番。

同时,成都山地所积极参与了"4·25"尼泊尔地震、"6·24"茂县特大山体滑坡、"8·8"九寨沟地震、金沙江白格滑坡-堰塞湖灾害等重大应急救灾工作,彰显了社会使命与责任。

支撑山区建设　共创美丽中国

新时期,生态文明建设的重要性日益凸显。如何将生态文明建设融入经济建设、政治建设、文化建设、社会建设各个方面和全过程,是生态文明领域特色研究所建设将要面临的挑战。

文安邦表示,未来成都山地所将围绕"支撑山区发展、共建美丽中国"这一思路继续深化改革,提升科技创新能力,发展山地科学。

这是面向未来的战略新思维。

我国山区面积广大,美丽山区是美丽中国的重要组成部分。美丽山区建设,一要保障山区安全,二要促进山区振兴、实现安居乐业。

在成都山地所的蓝图里,未来发展要秉承"认知山地科学规律、服务国家持续发展"的使命,立足我国山区,面向"一带一路",对标生态文明、美丽山区建设的科技需求,聚焦"两带两路两廊道"[①]主战场,不断破解山区基础建设与频发的山地灾害、资源开发与脆弱生态胁迫、生态功能

[①] "两带"是指长江经济带-长江上游生态安全屏障、"一带一路"中的丝绸之路经济带;"两路"是指川藏高速公路、川藏铁路;"两廊道"是指中巴经济走廊、孟中印缅经济走廊。

异质性与承载适应力的山区振兴等科技问题，以山区发展安全为核心，以防灾减灾为途径，以生态安全为保障，提高创新能力，发展山地科学，全面提升成都山地所对我国美丽山区建设的科技供给能力，建成骨干引领、世界一流的山地科学研究机构。

围绕这一思路，成都山地所提出了未来发展的三大科技计划。

一是重大复合链生灾害综合减灾。中央全面深化改革领导小组[①]第二十八次会议指出，"从注重灾后救助向注重灾前预防转变，从减少灾害损失向减轻灾害风险转变，从应对单一灾种向综合减灾转变"。

在灾害形成机制上，许多自然灾害特别是等级高、强度大的自然灾害发生以后，常常诱发出一连串的其他灾害，形成灾害链。

位于川藏铁路经过区域的西藏易贡滑坡

"我们之前的防灾减灾研究多对崩塌滑坡、泥石流、堰塞湖、溃决洪水等灾害分别进行研究，未来研究方向要向跨尺度、多时空要素灾害信息的获取和分析技术、复合链生灾害时空演变全过程物理模型构建与定量预测、基于关键节点与过程调控的复合链生灾害综合减灾技术体系等转变。"崔鹏说。

二是长江上游山地生态安全与山区振兴。围绕水资源与生态系统、梯级水电工程与环境、环境承载力与国土空间、生态安全与山区振兴等问题，成都山地所将为长江大保护和长江经济带可持续发展提供科技支撑。

---

① 2018年3月改成中央全面深化改革委员会。

三是进一步加强"一带一路"国际合作。自然灾害是"一带一路"重大基础设施建设与区域可持续发展的重大威胁,防灾减灾是"一带一路"沿线国家共同面对的重大现实问题。未来,成都山地所将加大国际合作力度,与"一带一路"沿线国家在防灾减灾相关项目研究、人才培养方面展开更广泛的合作。

成都山地所,这家因山地研究而设立和发展的山地综合研究机构,必将在未来国内国际的山地学科、减灾防灾、生态文明建设中发挥不可替代的作用。

(韩天琪撰文;原文刊发在《中国科学报》2019年7月16日第4版,有删改)

锦绣田野　向美而生
——中国科学院东北地理与农业生态研究所改革纪实

4年特色研究所的建设和发展之路，中国科学院东北地理与农业生态研究所（以下简称东北地理所）走得既稳又实：优化学科布局，凝聚主攻方向；推动协同创新，强化学科引领；推动成果转化，打造全产业链条……

有这样两组数据：东北地理所承担的国家重大科技任务从筹建前的1项增加到9项；4年来累计获得科研经费约7.9亿元，是筹建前同期水平的两倍。鲜明的对比，让外界不仅惊讶于这家研究所短短几年时间发生的巨大变化，更令人再次对这支科研主力军迸发出的强劲创新力刮目相看。

这场"特色之旅"源于2015年，东北地理所进入中国科学院研究所分类改革试点，开启了特色研究所建设之路。以满足现代农业和生态文明建设两大国家需求为使命，着力解决东北主要作物种质资源创新、土壤治理及粮食增产、生态恢复及环境保护等重大科技问题——东北地理所在探索突破资源环境瓶颈的道路中，正不断产出一批"用得上、有影响、留得下"的科技成果……

4年特色研究所的建设和发展之路，东北地理所走得既稳又实：优化学科布局，凝聚主攻方向；推动协同创新，强化学科引领；推动成果转化，打造全产业链条……

有两组数据可以证明：东北地理所承担的国家重大科技任务从筹建前

的 1 项增加到 9 项；4 年来累计获得科研经费约 7.9 亿元，是筹建前同期水平的两倍。

看到这两组数据，和东北地理所打了 30 余年交道的东北师范大学原党委书记盛连喜也不禁感慨："特色研究所建设非常有必要，这让他们成为名副其实的国家科研主力军。"

这场"特色之旅"源于 2015 年，东北地理所进入中国科学院研究所分类改革试点，开启了特色研究所建设之路。东北地理所以满足现代农业和生态文明建设两大国家需求为使命，着力解决东北主要作物种质资源创新、土壤治理及粮食增产、生态恢复及环境保护等重大科技问题。

定特色　聚农业

何兴元担任东北地理所所长至今已有 11 个年头。当年他从中国科学院沈阳应用生态研究所调来上任时，东北地理所还在为生存问题发愁。

何兴元到任后，所领导班子开始重新定位发展方向，聚焦农业发展需求，调整科学布局和科研方向，渐渐扭转了东北地理所发展相对缓慢的局势。这些前期探索和积累，为未来建设特色研究所提供了底气和信心。

但同时，何兴元也十分清楚东北地理所自身的弱势所在。"定位准确、学科有特色，但整个学科体系还不完善。"他向《中国科学报》记者举例说，筹建特色研究所之前，东北地理所只承担了"松嫩-三江平原粮食核心产区农田水土调控关键技术研究与示范" 1 项国家科技支撑计划项目，"说明核心竞争力还不强，这与东北地理所的地位是不匹配的"。

因此，走好特色建设的第一步尤为关键。"优化学科建设，凝聚特色方向。"这是所领导班子经过广泛调研和反复讨论后给出的结论。

东北地理所首先调整了地理学、遗传学和生态学专业方向，重点打造大豆分子育种、黑土生态、苏打盐碱地改良等领域的核心竞争力；构建"实验室＋中心"的新格局，加大区域地理、环境科学和地理信息系统专业对农业特色学科的服务力度；强化特色方向研究团队，新建寒区大豆育种等6个农业特色方向学科组。

无疑，这种学科调整对于东北地理所的传统方向颇具挑战性，然而回报也非常明显，那就是争取国家重大任务的能力增强了。

何兴元把2016年看作东北地理所的项目年。当年，该所共承担了4项国家重点研发计划项目，分别是"主要经济作物分子设计育种""东北苏打盐碱地生态治理关键技术研发与集成示范""中高纬度湿地系统对气候变化的响应研究""东北典型退化湿地恢复与重建技术及示范"。

其中，由东北地理所研究员冯献忠牵头主持的"主要经济作物分子设计育种"项目，经费7837万元，是东北地理所建所以来拿到的经费最高的项目。

但是，冯献忠却曾为经费预算编制头疼。2016年4月22日，冯献忠接到科学技术部的电话，要求在5月3日前完成经费预算编制。"现在新政策多，我对经费编制又不熟悉，于是请所里提供帮助。"他回忆说。

第二天恰逢周六。一大早，时任副所长黄铁青就联系了财务管理处处长李涛，并让冯献忠找他商议。"国发〔2014〕11号文件明确要求，预算评审时不得按比例扣减""关于间接经费，建议按规定标准要足"……李涛迅速投入工作，同冯献忠及团队成员"互动"，协助其按时完成了预算申报书的编制工作。

回想起这段经历，李涛记忆深刻。"虽然有压力，但也有动力，特色所建设让我们更有精气神儿了。"这名在东北地理所工作了20余年的老员工说道。这句话也道出了广大科研人员的心声。

根据科睿唯安最新一期ESI数据，东北地理所共有两个学科进入ESI全球排名前1%行列，分别为农业科学和环境科学与生态学。其中，农业科学学科从2018年5月首次进入全球前1%后，排名稳步提升；环境科学与生态学学科是2019年1月首次进入全球前1%的。

定机制　聚人才

盛连喜在参加东北地理所举办的中国科学院"百人计划"的一场答辩

时，曾私下问何兴元："你们每年能拿出多少钱让青年人才出国？"听到200余万元后，盛连喜不由得感慨一番。

近些年，东北地区人才流失严重，已引起全社会的关注。东北地理所身处其中，也难免面临"孔雀东南飞"的窘境。

"定位再明确，学科再有特色，没人才也不行，尤其是领军人才。"何兴元说。留住人才、培养人才，成为东北地理所建设特色研究所的一项重要任务。为此，东北地理所想了一招，即全力支持国家项目申请，同时培养重大项目首席科学家。

修艾军是东北地理所2016年从美国引进的学者，也是举全所之力培养出来的首席科学家之一。她主要从事大气环境模式的开发与应用，目前是东北地理所海外特聘研究员，也是区域大气环境学科组组长。

谈到自己主持的2017年度国家重点研发计划"东北哈尔滨-长春城市群大气污染联防联控技术集成与应用示范"项目，修艾军说她要感谢的人太多了。

她介绍，在美国申请项目时，自己所在的机构没有义务提供帮助，只有课题组成员去做。而在东北地理所则恰恰相反，所领导不仅主动过问项目申请书的填写进度，有时还会帮她审阅修改。

修艾军对东北地理所的项目申报评审会议尤为赞同。"所里多次组织专家对项目申请书、实施方案等进行把关，专家们提出的建议特别有用。"她说。

组织这样的"把关会议"是科研计划处处长武海涛的日常工作之一。而"把关"的另一个目的就是要用好人才，不断挖掘他们的潜力。这一做法现在看来是卓有成效的。东北地理所承担重大科研项目的首席科学家由特色研究所筹建前的1人增加到现在的10人。

另外，东北地理所在薪酬体系改革上着实下了一番功夫。研究员吕宪国是国家重大项目"东北典型退化湿地恢复与重建技术及示范"项目的首席科学家。谈及特色研究所建设，他最明显的感受就是首席绩效津贴大幅增加。这是东北地理所特色之旅的又一项重要机制创新。

何兴元介绍，东北地理所建立了以"三重大"为导向、差异化的薪酬体系，其中一项就是提高重大项目首席绩效津贴。其他措施还包括增设服务项目首席绩效津贴和提高高层次人才岗位津贴。

东北地理所推出的青年人才培养计划也颇具特色。比如，对青年人才的国际化培养每年高达20人以上。东北地理所还大胆选拔优秀青年骨干担任项目副首席科学家、学科组负责人，加快对青年人才的锻炼与培养。

"稳定好现有人才，培养好后备人才，同时还能引进一些前沿稀缺人才。"这是何兴元目前希望达到的"理想状态"。然而记者统计发现，何兴元的介绍显然包含了谦虚的成分。5年来，东北地理所共引进优秀人才46人，其中特色方向人才占75%以上。其中，"国家杰出青年科学基金"获得者、"千人计划"入选者和"青年千人计划"入选者各1人，中国科学院"百人计划"入选者7人。

在此基础上，东北地理所还启动实施了优秀人才共享机制，累计引进、共享10位中国科学院海外特聘专家和11位特色研究所海外特聘专家。

农业是应用性很强的行业，对科技成果转化的需求和要求都很高。为此，东北地理所尤其重视成果转化人才的培养和引进，并相继出台了成果转化人才破格晋升、提高成果转化收益分配等激励措施。

大豆育种专家李艳华，28年来先后育成10个"东生"系列大豆新品种并成功转化1860万元，在东北推广面积达5000万亩，为地方增加经济效益40亿元。为此，她于2015年被破格晋升为研究员。

采访李艳华的当天，又有一个700万元的订单找到了她。这位在当地几乎家喻户晓的"金豆娘娘"，凭借东北地理所的广阔平台，继续挥洒汗水，描绘着科技兴农的绚丽彩虹。

定学科 聚力量

湿地学是东北地理所的优势学科，我国唯一一位"湿地院士"刘兴土就在东北地理所。"全国从事湿地研究的人基本上都是从我们这里出去的。"

吕宪国笑称。

作为湿地领域的权威专家，盛连喜曾跟何兴元开玩笑："吉林东北部山区是我们的天下，松嫩平原是你们的天下，大家不要相互搅和。"然而东北地理所的做法是，两家联合起来一起做。

在审核东北地理所有关湿地项目材料时，盛连喜发现，这些项目"站位高，能准确把握行业发展前沿、聚焦国家重大需求"。

采集越冬土壤动物　　开展湿地研究

作为国家在农业领域的一支主力军，近年来，东北地理所在学科引领方面发挥的作用也让同行有目共睹。"主要经济作物分子设计育种"项目就联合了中国科学院上海生命科学研究院、中国科学院武汉植物园、山东大学、袁隆平农业高科技股份有限公司等17家单位。

除了以项目为依托，东北地理所还注重机构间的联合。例如，东北地理所与东北师范大学、延边大学共建长白山湿地与生态吉林省联合重点实验室，与吉林省农业科学院（以下简称吉林农科院）共建大豆国家工程研究中心，等等。

吉林农科院大豆国家工程研究中心成立于2007年8月，近几年由于人才、资金等原因，发展态势放缓。东北地理所在大豆领域具有科研优势。其中，大豆光周期分子机制及模块解析国内领先，创立了大豆分子设计育种体系，引领了我国大豆分子设计育种学科。

2017年，吉林省发展和改革委员会动议，推动东北地理所与吉林农科院合作，盘活大豆国家工程研究中心。

除了大豆种质资源创新外，退化黑土地力提升、苏打盐碱地高效治理也是东北地理所具有核心竞争力的特色学科，在国内处于领跑地位。

2018年7月特色研究所评估时，东北地理所已全面完成筹建期目标，5个服务项目超额完成任务。其中，"三江-松嫩平原湿地水文调蓄能力与农业水资源保障"项目的任务目标为完成沟渠蓄水净化技术2项，提交咨询报告2份，发表SCI论文10篇。实际完成情况是：研发并授权沟渠蓄水净化技术等发明专利32项；提交咨询报告5份，其中2份被中国共产党中央委员会办公厅、中华人民共和国国务院办公厅采纳；发表SCI论文230篇；申报国家重点研发项目2项，培养"国家优秀青年科学基金"获得者、"青年千人计划"入选者各1人；获得省部级一等奖3项。

建设特色研究所后，东北地理所副所长姜明明显感觉到，研究所与地方政府的关系一下子拉近不少。"现在吉林省科学技术厅、发展和改革委员会有什么相关的事，都会想到我们。"

"我们始终面向国民经济主战场。"何兴元解释说，我国大豆对外依存度高，原因之一是大豆单位面积产量低，而其中60%的因素在于育种技术水平的差异。为此，东北地理所瞄准这一问题集中发力，目前已取得了一系列成果。

说起来，这一切都与东北地理所"聚焦农业"的特色定位与布局密切相关。由此，盐碱地改良也成为东北地理所主攻的又一个方向。据统计，我国目前有各种类型盐碱地约15亿亩，其中1/3的土地具有农业利用潜力。

东北地理所研究员梁正伟的主要工作是苏打盐碱地生态治理。"这类盐碱地，尤其是重度苏打盐碱地治理是世界公认的难题，而松嫩平原是我国内陆苏打盐碱地的集中分布区、生态脆弱区、集中连片贫困区，也是'藏粮于地'的重要区域。"梁正伟介绍说。

经过长期探索和攻关，2015年，由东北地理所为第一完成单位、梁正伟为第一完成人的"苏打盐碱地大规模以稻治碱改土增粮关键技术创新及应用"研究成果获得国家科学技术进步奖二等奖。该成果已被吉林省农业农村厅列入农业主推技术进行推广。

梁正伟认为,这些成果的取得,无不得益于国家、中国科学院支持科技创新的有利政策。特别是在东北地理所建设特色研究所后,他先后承担了"苏打盐碱地高效治理关键技术与示范"重点培育方向项目、"松嫩平原苏打盐碱地高效治理与草地生产力提升技术"重大突破项目。

特色研究所建设让东北地理所的工作越来越接地气,并得到地方政府的高度认可。自东北地理所2013年实现省级一等奖零突破后,现今已荣获省部级一等奖16项。

2017年11月,中国科学院院长白春礼赴东北地理所调研。调研期间发生的一个小插曲,让东北地理所得到了一个大机遇。白春礼路过冯献忠实验室,驻足小憩时,一张照片引起了他的注意,那是东北地理所在辽源市东辽县的农业示范基地布局图。

这时,一旁的何兴元向白春礼汇报说:"这个基地是我们与辽源市共建的,核心基地1000亩、示范区5000亩,准备打造成有机农业样板……"听完介绍,白春礼很感兴趣,当即决定调整行程去基地看看,后来因时间原因未能成行。但这个基地无疑给中国科学院领导留下了印象。

回到北京后,中国科学院党组召开会议专门讨论了这件事。"会上,白春礼院长指示,要把辽河源生态农业研究与示范基地(以下简称辽河源基地)辽河源基地建成中国科学院现代农业示范基地。"何兴元介绍说。此后,各种项目、资金、技术、人才等加速涌到辽河源基地。

辽河源基地有机种植示范田

随着各项工作不断推进，东北地理所对辽河源基地的定位也更加清晰——依托辽河源基地，支撑吉林省国家农业高新技术产业示范区建设，服务经济社会可持续发展，打造"美丽中国"核心示范区。

何兴元表示，未来，面向国家现代农业重大科技需求，东北地理所将在完成特色研究所建设任务目标的基础上，进一步提升大豆分子育种、黑土及碱地生态、湿地学等特色学科研究水平，逐步实现由国内领跑、国际并行到国际领先的跃升。

（秦志伟撰文；原文刊发在《中国科学报》2019年6月18日第4版，有删改）

上善若水　生生不息
——中国科学院水生生物研究所改革纪实

小到一个池塘，大到内陆水体生命过程、生态环境保护与生物资源利用，只要是与"淡水"和"生物"相关的研究，都能看到中国科学院水生生物研究所（以下简称水生所）的身影。

自2015年进入中国科学院生态文明建设领域特色研究所建设序列以来，水生所面向水环境保护、渔业可持续发展和微藻生物能源利用等国家重大战略需求，针对相关领域的基础性、战略性和前瞻性关键科技问题，为产业和生态环境可持续发展提供理论与技术支撑。

4年多来，水生所抓住契机，苦练"内功"，探索机制改革的脚步从未停歇。定量与定性相结合的多元化分类评价机制、"专业的事交给专业的人办"的财务制度改革、"人才离岗创业"的推进产业转移转化平台建设……其科研经费呈现稳定增长，同时产出能力也出现爆发式增长，在论文发表、人才培养、科技成果转移转化、服务国家重大需求等方面都迈入新的发展阶段。

特色研究所建设的4年多，水生所迎来了70年发展历程中又一个黄金时期。

小到一个池塘，大到内陆水体生命过程、生态环境保护与生物资源利用，只要是与"淡水"和"生物"相关的研究，都能看到水生所的身影。近年来，通过推进特色研究所建设，这支水生态环境和水生生物研究领域的国家战略科技力量，不断聚焦经济社会发展需求，以特色定位、特色学科和特色支撑，活跃在国民经济主战场，为我国生态环境可持续发展提供理论和技术支撑，走出了一条独具魅力的改革创新之路。

洱海水下森林恢复试验区

波折

2015年4月，时任水生所所长赵进东匆匆进京。这是一段熟悉而踌躇的行程。他此行的一个重要任务，是"游说"中国科学院领导再给一次汇报特色研究所建设方案的机会。

两个月前，中国科学院召开生态文明建设领域特色研究所遴选评议会，赵进东代表水生所参加了答辩。作为建院初期建设的15个研究机构之一，水生所在近70年的发展历程中，聚焦水体污染治理和渔业育种等领域，积累了独特的科研优势。这让赵进东信心满满。

在申请特色研究所建设的考评准备中，水生所紧紧抓住自己作为国内唯一从事内陆水体生命过程、生态环境保护与生物资源利用研究的综合性学术研究机构这一独特优势，阐明了水生所将在国家水环境保护、渔业可持续发展和微藻生物能源利用等重大战略需求方面，针对相关领域的基础性、战略性和前瞻性关键科技问题发挥重要作用，着力强调面向生态文明领域在社会和产业发展方面取得的突出成效，突出研究所在该领域体制机制改革、人才队伍建设方面取得的成就，更鲜明地展现在水生态环境维护、生物资源可持续利用和珍稀物种保护等方面的重要成就和引领作用,使研究所特色得以鲜明地呈现。

特色研究所是中国科学院研究所分类改革中的"特战旅",想要成为第一批特色研究所建设试点,就要找准特色定位、发展特色方向、巩固特色优势,赵进东对此有清晰的认识。然而评议现场其他研究所的答辩表现,让他看到了水生所在凝聚特色方面仍有努力的空间。

回到所里,他马上召集相关人员开会,进一步凝练特色研究所建设的目标。

按照特色研究所培育建设的要求,研究所应围绕"主要服务项目"和"特色方向",产生重要的经济社会影响力。

"如果不算横向经费,单就专利产品性质的转移转化而言,水生所一年的收入大概只有几十万元。但我们新品种推广所创造的收益大都在渔民的口袋里。"现任水生所副所长(主持工作)殷战力陈水生所对我国养殖渔业的贡献。

例如,由中国科学院院士桂建芳团队培育的异育银鲫"中科3号",曾在3年内占领了全国70%的市场,5年来已生产优质苗种326.96亿尾,新增销售额581.45亿元,新增利润244.5亿元。这么具有经济价值的技术和品种,水生所却并未就此申请专利。

百天的小江豚和妈妈在一起

"中科3号"鲫鱼

"成本低、没门槛,优异的产品才会更迅速地得到推广,更好地产生社会经济效应。"殷战相信,特色研究所建设要面向国民经济主战场,要为社会创造效益。

在条件保障方面，特色研究所建设对研究所在承担国家重大研发计划上也提出了更高要求。在水生所的"一三五"规划中，"三个重大突破"之一的微藻生物技术当时仍处于培育中；在申报特色研究所建设时，多数特长领域的国家重大专项尚未启动。这些因素或多或少影响了对水生所的评分。

"在国际上有影响力的论文少""参加竞争的其他研究所在生态环境领域实力都不弱"……大家七嘴八舌地讨论着。

"可是，有不足才有改革的动力和方向呀！"不知是谁抛出的一句话，让全场瞬间安静下来。

对，改革不就是要聚焦和破除现存的体制机制障碍，最大限度地解放和激发创新潜能吗？有问题不怕，有困难也不怕，只要坚定改革的决心、激发创新的信心，那些问题和困难都可以转化为前进的方向和动力。

进一步凝练目标后，赵进东多次向中国科学院有关部门陈情汇报，"我们要发挥水生所在水生态环境、现代渔业及水生生物资源保护和可持续利用等领域不可替代的作用"。

通过深入思考和精心准备，水生所最终把握住了机会。2015年7月，水生所获批进入第二轮启动的首批生态文明建设领域特色研究所培育建设名单。

"我向院领导立下了军令状，一定让水生所的改革凸显特色、再现成效！"赵进东向中国科学院领导表示一定会珍惜这次机会。其后，水生所在特色研究所的培育建设期间，按照特色研究所建设要求，围绕"主要服务项目"和"特色方向"，在3年特色研究所培育建设期间，着力产生重要的成果和社会影响力。

在全所同人的不懈努力下，水生所终于在建设期考评的后续答辩中抓住机会跻身前列。2018年7月，水生所正式通过了特色研究所建设验收。

洗牌

特色研究所建设要想取得实效，关键在两个方面：一是要凝练好特色研究所建设期间的主攻方向；二是在评价制度、项目及经费管理、激励机制、平台建设、团队组织等方面推出创新举措。

随着科技体制改革的深入，国内科研院所借鉴发达国家科研组织管理模式实行课题组长（principle inverstigator，PI）负责制。这一制度设计在一段时期内提高了科研效率，但也出现了研究力量分散的弊端。

赵进东和殷战一直在思索，怎样最大限度地做到扬长避短。

研究团队间的有机整合无疑是可行的思路之一。此时摆在赵进东面前的有两个选择：一是重新搭建机构部门，对研究所内部组织机构"重新洗牌"；二是维持现有机构不变，而用一个超越机构的方式重组团队。

经过再三斟酌，赵进东选择了后者。"水生所科研部门的机构搭建按照水生态环境、鱼类、藻类三大方向布局，这是水生所的传统，也是水生所的优势。"

结合"一三五"规划的"三个重大突破"和"五个重点培育方向"，水生所领导班子和学术委员会凝练出3个特色研究所服务性项目，分别是通江湖泊阻隔后鱼类生态结构恢复、淡水养殖清洁模式、蓝藻水华的发生机制和治理新措施。

水生所每年将特色研究所建设经费的一半用于支持这3个项目，并且鼓励科研人员用这些"种子资金"撬动更多资源。

以淡水清洁养殖模式研究为例。近年来，我国淡水鱼养殖的60%是在池塘。投饵养殖或肥水养殖是我国水体富营养化的重要成因之一。以前，水体富营养化的治理是水生所淡水生态学研究中心、水环境工程研究中心的主要关注领域，鱼类生物学及渔业生物技术研究中心和藻类生物学及应用研究中心的研究重点并不在此。

清洁养殖模式研究设计，则将诸多不同学科的科学问题容纳进一个"池"。比如，最大限度地培育出营养物质吸收多、能量消耗少、营养物质排放少的优质品种；渔业养殖实现饲料配方高效化和投喂精准化；培育高效吸收利用鱼类排出营养物质的藻类；池塘养殖尾水实现低成本处理……

水环境工程的学科组天天在外忙着治理黑臭水体，明明有技术，却想不到来治理池塘；渔业养殖的学科组只追求产量，也不想结合合理的饲料配比；鱼类品种改进往往只追求鱼的生长速度，并未聚焦饲料转化效率的提升。过去，这几个专业方向是"老死不相往来"的状态。

通过清洁养殖模式研究这一项目设计，不同研究中心、学科组间的分隔被有效打破。科研人员自行组队，超过6个不同研究方向的学科组参与其中。

以项目带团队，既避免了部门调整带来的短期震荡，又最大限度地消解了不同学科组间的分隔；既整合了优势学科，又保留了PI制的效率。

方向既定，接下来的就是改革路上的"沟沟坎坎"了。

减负

长期以来，我国科研评价"四唯"现象突出，水生所一直在摸索破"四唯"的有效举措。

"水生所一是除了科研人员，还有大量的工程师和实验师；二是有相当数量的科研工作面向国家和社会需求，工作产出不仅仅体现在论文上。"水生所人事教育处原处长胡兴跃表示。

根据这一实际情况，水生所制定了定量和定性相结合的多元化分类评价机制。

水生所研究岗位、支撑岗位和管理岗位的人员比例是6.5∶2.5∶1。在职称晋升时，工程师和实验师等支撑岗位员工的晋升比例可达同期所内所有晋升指标的25%～30%。工程师评价以承担项目的完成和贡献情况为依据；实验师评价以实验成果、实验技术创新、对外服务评价等为导向。

研究岗位的人才评价机制采取论文、标准、专利、成果转移转化、政策咨询等综合指标，并充分发挥以学术委员会牵头的学术共同体的定性评价作用。不同指标间的赋值可以相互转化，科研人员在考核评价时，只需根据实际工作选择相应指标参评即可。

水生所淮安研究中心副研究员张磊是这一改革举措的直接受益者。由于工作内容主要集中在成果转化和科技咨询方面，张磊发表的文章数量寥寥无几，这让他在 2018 年的职称评审中多少有点"底气不足"。但专家委员会在听报告时发现，张磊"做了很多看得见、摸得着的工作"。尽管副高级职称竞争激烈，但他还是顺利通过了评审。

"人才评价机制是指挥棒，科研人员的贡献被看到和肯定，对他们来说是最好的激励。"胡兴跃说。

对于财务制度改革，水生所围绕"为科研人员减负""专业的事交给专业的人办"的理念，设计出一套行之有效的财务管理制度。例如，结合水生所从事野外工作较多的特点，财务处有针对性地出台了野外差旅财务管理办法，解决了科研人员的实际工作困难。

水生所财务处处长叶萍介绍，2017 年 6 月，水生所出台的相关财务制度分类管理举措因"切实解决无发票报销难题"，被财政部科教和文化司作为典型案例在各部委予以推介。

"财务制度改革一方面减轻了科研人员的负担，另一方面也提高了财务管理工作的效率。"叶萍说。

此外，科研财务助理制度，财务、人事、科研、基建等管理支撑部门的业务联动机制，让科研人员只需提出需求，就能得到专业的支撑服务工作。

"总之一句话，我们要让科研人员尽可能少地把精力花费在事务性工作上，为他们'松松绑'。"叶萍表示。

国家斑马鱼资源中心

成效

进入特色研究所建设以来，水生所的经费收入稳定增长，同时其产出能力也出现爆发式增长。"3 年特色研究所建设，我们可以说是抓住契机、苦练'内功'。"赵进东表示，水生所在论文发表、平台建设、人才培养、科技成果转移转化、服务国家重大需求等方面都迈入了新的发展阶段。

2015～2017 年，水生所科研人员共发表论文 1674 篇，由 SCI 收录 1085 篇。其中，期刊引用报告（Journal Citation Reports，JCR）学科分类前 30% 的论文 610 篇，约占 56%，相比 2014 年及以前增长超过两倍。共申请专利 165 项，获得授权专利 82 项（含 1 项美国发明专利）。编写专著 6 部，制定国家标准 1 项、行业标准 9 项。

水生所人才队伍得到进一步壮大发展。2016～2018 年新增"万人计划"入选者 1 人、"千人计划"入选者 1 人、国家百千万人才工程入选者 1 人、"国家杰出青年科学基金"获得者 2 人、中国科学院"百人计划"入选者 5 人、农业农村部现代农业产业技术体系岗位科学家 7 人、中国科学院特聘研究员 15 人。人才团队建设方面，近 5 年新增国家自然科学基金委员会创新研究群体科学基金 1 项。

截至目前，水生所具有国家级人才称号的科研人员共 19 人，占正高级职数人选的 24%；具有省部院级人才称号的科研人员共 44 人，占正高级职数人选的 56%。

青年海外进修计划、职称破格提拔制度、青年促进会遴选制度、所级青年科技奖励、3H［住房（house）、家庭（home）、健康（health）］工程保障等一系列体制机制创新、勇于实践，水生所的政策"组合拳"铺就起青年人才的成长之路。

科技成果转移转化同样可圈可点。特色研究所建设期间，水生所为了推进产业转移转化平台建设，探索采用更灵活的人事制度，"人才离岗创业"初显成效。

研究员刘剑彤就采用了离岗留任的方式，担任水生所发起的武汉中科水生环境工程股份有限公司董事长。该公司以提供水污染综合整治与水资源综合利用服务为主，2016 年正式登陆新三板，显示出良好的发展前景。

2015 年，水生所与国家开发投资公司合作共建的藻类生物技术和生物能源研发中心成立。该中心主任韩丹翔介绍，不同于原先"技术突破-对接社会资源-产业化"的成果转移转化模式，该中心成立伊始即与企业联合，有非常明确的社会需求导向。

截至目前，国家开发投资公司已投入 5000 万元左右的仪器设备，总投资接近 1 亿元。水生所则引入产业基金共建研究中心，探索成果转移转化新模式。

2015 年，水生所建议并积极参与"抢救洱海"行动，制订了洱海渔业提升计划，实现了控藻与渔业效益双提升，并通过适当恢复沉水植被等方式，既改善了水质，又增加了渔民收入。

水生所长期通过中国人民政治协商会议全国委员会、各类媒体呼吁对长江实施十年禁渔措施。2016 年，有关建议获得中央领导批示，推动国家有关部门制定政策、展开专项行动。

"可以说，3 年时间，水生所迎来了其 70 年发展历程中的又一个黄金时期，这是特色研究所建设期间学科建设、设备平台建设、创新文化建设的结果。"殷战说。

期许

在殷战规划的蓝图里，未来水生所要进一步解放思想，在国家和中国科学院全面深化改革的指导下，进一步破除观念壁垒和制度藩篱。"要在全国生态环境治理方面发挥更大作用。"

2018 年，特色研究所建设验收刚一结束，"蓝色粮仓科技创新"国家重大专项发布，通过积极组织团队申报，水生所承担了其中的水产养殖生物性别和发育的分子基础与控制机制、渔业水域生境退化与生物多样性演变机制、重要养殖鱼类种质创制与生殖操作等 3 个项目，增强了研究所承担国家重大专项的能力。

未来，水生所希望努力推动成立"长江生态保护"研究机构，期望对标位于青岛的国家海洋科学研究中心，联合高校和各部委研究机构探索建立淡水全人工模拟系统和实验生态学平台。

"以前生态研究主要靠观测和调查，由于变量复杂，难以实现实验室条件下的精准研究。"殷战表示，期待通过资源争取，加强水生态模拟设施的建设，推进实验生态学研究的开展，使变量控制的实验方法将来可以应用到水生态环境的研究上，从而得出更准确、因果联系更强的水生态试验结果。

"水生生物调查数据分析管理平台"是另一个设想。水生所从事水生生物调查的时间长、积累多，很多珍贵数据保存于水生所的纸质档案或是分散于各学科组的内部档案中。殷战计划首先在水生所内部建立数据库，收集各流域的水生生物调查资源数据，并逐渐发展为国家性的数据平台，为全国水生态环境及水生生物的研究、保护、人才培养、科普等提供权威、共享的学术平台。

"回顾水生所的历史使命，鱼、藻、水的相互结合，形成了一个完整的水体生态研究系统。在强调绿色生态理念的今天，这种有机整合的研究方向必将展现出独特的理论和实践价值。"殷战和水生所全体职工相信，未来的水生所不仅仅是有"特色"的水生所，还将成为全国生态文明建设中不可或缺的重要战略科技力量。

（韩天琪撰文；原文刊发在《中国科学报》2019 年 6 月 21 日第 4 版，有删改）

扎根荒漠谱新篇
——中国科学院新疆生态与地理研究所改革纪实

新疆，这片神奇的土地，有着荒凉和富饶的"两副面孔"。坚守在这里的中国科学院新疆生态与地理研究所（以下简称新疆生地所），承受着远不同于内地的压力与代价，却默默探索、孜孜以求，聚焦现实命题，登攀科学高峰；承受着资源匮乏之憾和人才流失之痛，却连接中亚、守望边疆，问诊荒漠、把脉绿洲，传承光辉历史，谱写发展新篇。

2015年12月，新疆生地所凭借生态文明建设服务领域的资源优势及科研积淀，成为中国科学院特色研究所试点建设单位之一，也成为中国科学院在西北边陲实施"率先行动"计划、试点研究所分类改革的一枚重要棋子。2018年，新疆生地所顺利通过了特色研究所的建设验收。

改革体制机制、凝聚优秀人才、提升工作效率、争取项目课题……经过一系列特色研究所的建设举措，新疆生地所一步步焕发出崭新的生机和色彩。扎根荒漠的新疆生地所，就像那些顽强坚韧的荒漠植物一样，如果你想见证它的力量，就试着捧上一汪清泉吧！

2008年，当李小双成为新疆生地所的第一名分子生物学专业研究生时，这个领域在新疆生地所才刚刚起步。之后10年，她和团队的老师、同学白手起家，一砖一瓦搭建起分子生物学的整个实验平台。

那是一段十分艰难的时光。头几年，她在各个高校和研究所的实验室来回奔波，大到仪器，小到试剂，都得先跟别人打听一下牌子和型号，再买回自己的课题组。样品需要用碎冰屑保存，但暂时没钱买制冰机，她就用冰箱冻出一整块冰来，放在地上用斧头砸，冰碴儿飞溅一地，到处亮晶晶的。

有人不理解她的这份热情从何而来——即便是扛着沉甸甸的箱子上楼下楼，她和师兄师姐也一路欢快地唱着歌儿。

"只要给我们一根线头，就能把幸福给拽出来！"李小双笑容灿烂，"扎根新疆生地所，扎根新疆的人，都有这股精神劲儿。"

对新疆生地所来说，4年前开始的特色研究所建设，就是这样一根伏脉千里的"线头"。

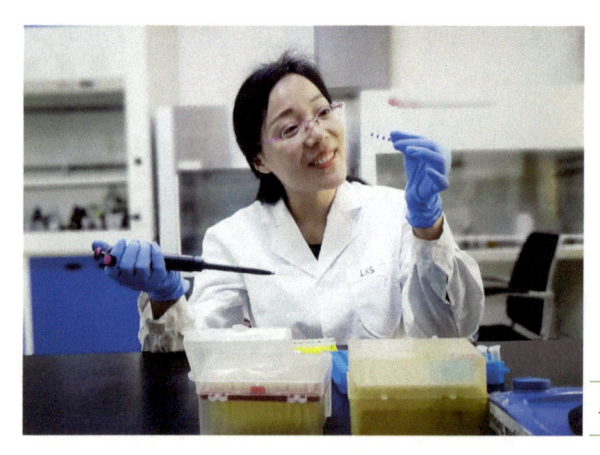

李小双在操作实验

在存量改革中争取增量

中国科学院系统下的京外研究所，多数以所在城市命名，如武汉病毒研究所、成都生物研究所、兰州化学物理研究所等。而新疆的几家研究所，少见地直接冠以一区之名。

新疆，这片横卧亚欧大陆腹地、北衔俄罗斯、南接印度、面向中亚五国、怀抱47个民族的神奇土地；这座"一带一路"向西开放的桥头堡，给新疆生地所打上了独一无二的区位烙印。

新疆生地所的前身，最早可以追溯到20世纪50年代建立的中国科学院新疆综合考察队。李连捷、周廷儒、彭加木等老一辈科学家，响应国家号召，致力于探查新疆的自然资源状况和生态资源本底。之后，中国科学院新疆分院成立了生物研究室、土壤研究室、地理研究室。在这3个研究室和新疆综合考察队的基础上，新疆生物土壤沙漠研究所、新疆地理研究所相继成立，结束了新疆无资源、环境类科研机构的历史。1998年7月7日，经过联合重组，才有了今天的新疆生地所。

几十年间，这支扎根新疆的科研队伍，问诊沙漠，把脉绿洲，探索荒漠动植物的隐秘生涯，描绘中亚地区的地质变迁，寻找天山深处的矿产资源，助力新疆经济社会可持续发展，为新疆生态环境改善、人民脱贫致富，贡献着不竭的智慧和汗水……

他们建立起吐鲁番沙漠植物园、新疆策勒荒漠草地生态系统国家野外研究站、木垒野生动物研究站、天山积雪雪崩研究站……11个野外台站及试验示范基地星罗棋布，守望着天山南北的广袤土地。

他们还"走出去"，与中亚五国建立了长期长效的科技合作；与美国、日本、德国、澳大利亚、非洲等国家和地区联合建设干旱区国际研究中心。他们喜欢说这样一句话："有荒漠的地方，就有新疆生地所。"

正如新疆生地所原所长雷加强所说的："区域特色，就是新疆生地所最大的特色。新疆，就是新疆生地所的特色。新疆生地所在发挥学科优势，以及服务国家战略、生态安全和区域经济社会可持续发展方面发挥着不可替代的作用。"

然而，就像新疆有着荒凉和富饶的"两副面孔"，新疆生地所既有厚重的历史、光荣的印记，也一直承受着资源匮乏之憾、人才流失之痛和重大成果相对薄弱之苦。

20年前的新疆生地所什么样？老新疆生地所人会带着一丝自嘲告诉你："三无"——无国家自然科学基金项目、无SCI文章发表、无国家级科研基础设施。

自 2001 年 7 月正式纳入中国科学院知识创新工程二期试点单位以来，在几代所领导的带领下，新疆生地所全力争取各方资源，终于实现了诸多"零的突破"；在知识创新工程二期和三期中，都是中国科学院资源环境领域进步最快的研究所之一。

随着"率先行动"计划启动实施，研究所分类改革的大幕拉开，新疆生地所再一次迎来了激流勇进的机遇，随之而来的，还有全新的挑战。

"四类机构的定义出来后，大家就感到'特色研究所'这一类别简直是为我们量身定制的。"新疆生地所党委书记、副所长董云社说。

经过不断梳理和凝练，新疆生地所最终确定了 5 个特色研究领域——绿洲生态与绿洲农业、荒漠环境与生态修复、干旱区生物多样性、中亚成矿域与地质成矿、中亚自然资源与生态环境，并顺利通过了特色研究所申请。

新疆生地所所长张元明说："知识创新工程是增量改革，四类机构筹建则主要是存量改革。这一次，我们必须自己去争取增量。"

2015 年 12 月，新疆生地所凭借生态文明建设服务领域的资源优势及科研积淀，成为中国科学院特色研究所试点建设单位之一，也成为中国科学院在西北边陲实施"率先行动"计划、试点研究所分类改革的一枚重要棋子。2018 年，新疆生地所顺利通过特色研究所建设验收。

改革体制机制、凝聚优秀人才、提升工作效率、争取项目课题……2018 年，新疆生地所的收入首次突破 3 亿元，相比过去的 2 亿元左右有了显著提升，预期 2019 年也将保持相当体量。

但求人才为我所用

改革初期，陈曦、雷加强等时任所领导经过商议，将特色研究所的经费主要用来布局 5 个科研项目，覆盖中亚地区生态环境、南疆水资源、南疆盐碱地治理和农牧民增收、天山生物多样性保育等。每个团队的负责人都是中青年科技骨干。

当时 40 多岁的张元明挑起了"天山重要生物资源保育与遗传资源挖掘"项目的重担，并主要负责野果林生态退化研究。他领导着专业背景多样、来自 4 个团队的 60 余名成员。这也是一个年轻的团队，平均年龄约为 36 岁，"80 后"成员组成了中坚力量。

张元明带着这样一支队伍浩浩荡荡奔赴伊犁天山，为正在大面积枯萎的天然野果林把脉。几十名科研人员分散在山野间，有的剪枝条，有的采土样，有的找虫卵，有的监测气象。野果林退化基于多种原因，当发现一些具体问题时，大家纷纷从各自的专业角度提出假说，再各显其能地予以验证或解决。

天然野果林生态保育项目迄今已开展 3 年，团队从病虫害防治、植株保育复壮、野果遗传资源挖掘与种质创新等方面入手，物理学、化学、生物学等方法多管齐下，开出了一张配伍清晰、层次分明的"药方"。在 3000 亩示范林地里，退化野果林正逐渐恢复。预计到 2020 年项目结题时，他们能交出一份更好的答卷。

"青年科技骨干在这个项目中得到了极大的成长和锻炼。"张元明说。作为项目首席科学家，他不仅要统筹协调中国林业科学研究院、新疆大学、山东农业大学、东北林业大学等 10 余家单位不同专业、不同地域的科技工作者，还要跟果农、工人、地方官员等各色人群打交道。

"过程是艰难的，收获是巨大的。"张元明说，"经此一役，我们对相关科学问题有了更深入、更全面的认识。和同行展开交流合作，也锻炼和培育了一支能打硬仗的科研团队。"

2018 年，雷加强卸任所长，晋升副所长不久的张元明担负起主持研究所工作的重任。

审视着 3 年来的"改革进度条"，新一任所领导班子的目光总是锁定在"人才"二字上。"孔雀东南飞"——人才流失一直是影响西部发展的痼疾。而在新疆这片土地上，想要留住人才，除了一般的待遇、事业、发展机会等因素外，还不得不考虑更多、更复杂的问题。

"跟北上广这些大城市的科研机构不同，我们这里如果走一个人，相应岗位可能会空缺很久,甚至一个学科都会随之消失。"新疆生地所原党委书记田长彦对此深有感触。

新疆生地所的"人才攻略"由来已久。从2011年起实施"青年人才国外培养计划"以来,已经支持20余位青年科技人员到发达国家的高校和科研机构访问学习,所需经费由研究所、所在部门、本人项目三方按照1:1:1的比例分摊;对已经取得较好成绩的青年人才,实施"高层次人才培育计划",为他们提供培育基金,搭建干事创业的平台;对科研成绩突出的青年"将才",则积极举荐他们承担国家重大研究项目,成为项目首席或课题组长。

尽管不能留下每一个人,新疆生地所还是赢得了广大青年骨干的心。

研究员桂东伟是"青年人才国外培养计划"的第一个受益者,也是第一个"破格"者——原定一年的海外培养期结束后,他怀着忐忑的心情对所领导说,自己想在美国再待一年。

"在美国的第一年,是我人生最低落的一年。曾经的自信和'膨胀'荡然无存,只有无尽的挫败和自我怀疑。"他说,"我觉得我不能就这么回去。"

所领导不仅包容了他的情绪,还无条件地批准了这个"任性"的申请。他的导师雷加强说:"就算不回来也可以,我相信你不管在哪儿都忘不了研究所。"

赴美两年后,桂东伟带着焕然一新的思想和状态,回归新疆生地所。既是因为故土之情、故人之义,也是因为他知道在哪里最能发挥自己的价值。

"我知道在哪里最能发挥自己的价值。"同样的话,研究员刘铁也曾说过。

与新疆生、新疆长的桂东伟不同,刘铁的家乡在泰山脚下。他从华东理工大学本科毕业后,回老家做了几年小职员,又带着妻子远赴比利时自费攻读硕士、博士。之后几年,他辗转比利时、加拿大、美国等地求学求职,为维持生计打过各种零工,直到2015年来到新疆。

这一年，正是特色研究所开始筹建之年。新疆生地所求贤若渴的姿态、充满诚意的人才举措和浓厚的学术氛围，让他下定决心结束多年的漂泊生涯。

"我跑来跑去，不是因为不安分，只是不想混日子。"刘铁说，"我在新疆找到了存在感。这里是做自然地理研究的好地方，重要的科学问题俯拾即是，是一片科研的'蓝海'。"

刘铁的一系列研究成果在干旱区水文水资源领域处于引领状态，他也因此争取到上千万元的新增项目经费。对于将全部身家托付于此的刘铁，新疆生地所投桃报李，除了提供50万元安家费和300万元课题启动经费外，还为他的妻子解决了工作。

"我们最关切的就是人，没有人什么都没有。"张元明说。在新疆生地所工作的这些年，他见证过太多人事变迁。有因为待遇和困难离开的，也有因为事业和情感留下的。他们甚至采取了"不求为我所有，但求为我所用"的柔性人才政策，用这种"以退为进"的策略争取更广泛的人才资源。事实证明，在成果产出和扩大研究所影响力等方面，一些外来人才也发挥了显著作用。

特色研究所创建以来，新疆生地所进一步采取一系列人才举措。例如，设立推广研究员岗位，加强俄语专业人才和少数民族青年人才的引进与培养，优先安排35岁左右的优秀青年担任课题组长等；把"西部之光"人才培养计划每年500万元的经费、中国科学院"百人计划"和"青年千人计划"人才引进经费等，与特色研究所的经费进行统筹部署，尽可能提高对人才的奖励和补贴力度；对通过研究所答辩但尚未获得国家正式批复的"空档期"人才，给予50万元"人才引导基金"，目的是留住他们；通过改革管理人员的绩效考核标准，提高管理人员的工作效率和服务意识，让管理人员在这里工作更舒心……

2015年12月～2018年6月，新疆生地所的人才工作成效明显：新增"千人计划"入选者10人、中国科学院"百人计划"入选者5人、"万人计划"入选者3人、中国科学院国际人才计划入选者26人、"国家优秀青年科学基金"获得者 1 人、自治区高层次人才引进工程入选者 15 人、自治区天山英才工程入选者 23 人。

"一些曾经透露自己想要离开的同事,这几年感到所里的情况越来越好,又跟我说不走了。"说到此,董云社感到非常欣慰。

守望一方赢来鱼水情深

中国技术走进非洲"绿色长城"

"有荒漠的地方,就有新疆生地所。"对这句话,新疆生地所人有着复杂的感情。荒漠意味着艰苦、贫乏,意味着在这里耕耘,需要承受千百倍的压力,付出千百倍的代价。但另外,荒漠也意味着神秘、未知,意味着无穷无尽的发现在等着他们。

2005 年,驻守新疆阜康荒漠生态系统国家野外科学观测研究站(以下简称阜康站)的研究人员,发现了二氧化碳消失于沙漠或荒漠区的奥秘。十年磨一剑,他们证明了至少有一部分所谓的"迷失碳汇"其实是在荒漠之下的咸水层中。荒漠和干旱区、热带雨林一样,是全球碳循环中不可忽视的一环,"沙漠下的海洋"与真正的海洋一样,也是重要的碳汇。

这一开拓性的成果,曾因结论太过新颖,而被多家知名期刊拒稿不下 10 次,最终于 2015 年发表于《地球物理研究快报》(*Geophysical Research*

Letters）。至今该研究仍在进行，并且不断产出新成果。

"'碳失踪'是全球碳循环研究的一个国际难题。之前大家都把目光放在森林、草原等绿植遍布的地方，不约而同地忽略了荒漠。如果不是研究员李彦等科学家常年驻守在荒漠中的野外台站，又怎能发现这样的奥秘呢？"张元明说。阜康站的荒凉，恰恰成就了它的重要。

干旱区盐碱地资源化利用技术服务于脱贫攻坚、为中亚生态修复综合治理提出建议和措施、带领治沙企业走进非洲……近年来，新疆生地所的这些重要科研产出，一次又一次地提醒人们荒漠的价值和"荒凉"的可贵。

2018年，新疆生地所特聘研究员苏布达团队与国内外多个团队合作，揭示了气候变化及其引起的干旱事件将如何影响我国国内生产总值的增长。研究指出，如果全球温升能控制在1.5℃，中国将减少数千亿元的经济损失。这项发表在《美国国家科学院院刊》上的研究，是新疆生地所自特色研究所创建以来产出的又一项重要成果。

"'率先行动'计划启动以来，我所在承担重大项目和产出重大成果方面有了显著进步。"董云社说。

2018年，新疆生地所首次获批中国科学院战略性先导科技专项（A类）项目；在干旱区水资源与绿洲科学研究的SCI发文量位居全球科研机构前列；地球科学、环境/生态学两个学科进入ESI全球前1%。

被新疆这片土地赋予了"先天"特色的新疆生地所，正在用"后天"成绩证明其是无可替代、当之无愧的。

作为一个生态环境领域的公益型研究所，新疆生地所对新疆乃至中亚地区的生态文明建设发挥着不可替代的作用。

新疆生地所牵头成立的中国科学院中亚生态与环境研究中心（依托单位为新疆生地所，以下简称中亚中心），已经与中亚国家联合建立了18个生态系统野外观测研究站，覆盖整个"丝绸之路经济带"的核心区域，搭建了中亚区域数据最全、数据量最大的生态环境与资源数据平台，为"一带一路"建设提供了重要的信息支撑。在2016年中国科学院海外科教基地评估中，中亚中心排名第一。

2018年，中亚中心比什凯克分中心在吉尔吉斯斯坦的一个小村庄里建成了第一个饮用水安全保障技术项目示范点。当地居民亲切地把这个供水站称为"净水屋"。有了它，人们终于不再为喝水发愁了。

"在吉尔吉斯斯坦的广大乡村偏远地区和城乡接合部，由于缺乏必要的水处理条件，饮用水源普遍存在重金属、微生物、硬度等指标超标问题，居民饮用水存在较大安全隐患。"曾担任新疆生地所所长的中国科学院新疆分院副院长、中亚中心主任陈曦解释道，"在中亚中心的帮助下，吉尔吉斯斯坦首次开展了专门针对饮用水安全的系统研究，力求制定最优、最合适的水质净化技术实施方案。"

吉尔吉斯斯坦开放水体饮用水水质野外采样

在2014年启动的STS计划"新疆农牧民增收技术模式研究与示范"项目中，新疆生地所为和田地区经济发展量身定制了6种适宜不同类型农牧民增收的组织经营模式，6个典型村农牧民每户平均年收入增幅高达12%～15%。

针对塔里木河流域的水资源安全，新疆生地所经过研究，提出一系列生态环境建设与保护的对策和建议，被国家采纳。

……

多年的休戚与共，也让新疆生地所与新疆当地政府形成了"鱼水相依"的深情。新疆维吾尔自治区每年拿出1亿元用于引进高层次人才，中国科学院引进的人才也能得到这部分资助。新疆生地所申请特色研究所时，自治区政府也提供了全方位的支持。

"这是把我们当成一家人了。"董云社感慨道。

近几年来，随着特色研究所带来大量设备预算，李小双所在的张道远团队搭建的分子生物学实验平台在软硬件配置上突飞猛进，与其他地区机构已经基本持平。他们购置的一些先进仪器，在整个西北地区都是数一数二的。

"你知道齿肋赤藓吗？"李小双笑问。这种不起眼的荒漠苔藓，没有根也能吸收水分，"干死"十几年后，一旦获得水分，就能在短短几分钟内复活。这些极端耐旱的荒漠植物，是挖掘优质抗逆基因的宝库。

扎根荒漠的新疆生地所，也像这些荒漠植物一样，有着无限神秘等待开掘。如果你想见证它的力量，就试着给它一捧清泉吧。

（李晨阳撰文；原文刊发在《中国科学报》2019年6月28日第4版，有删改）

引领行业 "电"亮未来

—— 中国科学院电工研究所改革纪实

国家所急、行业所需，是国家级研究机构科研之必争，也是立所之信念。

中国科学院电工研究所（以下简称电工所）的成立，就是为了服务我国三峡水电工程建设和电力科技创新。与时俱进，电工所瞄准新能源发展所需，形成了可再生能源发电、电力电子与电能变换等六大优势学科方向，成为中国科学院特色研究所建设中能源领域唯一的试点建设单位。

围绕重大成果产出，以创新为引领，把研究和产业有机地结合起来，努力在我国能源体系转型、引领行业发展中做出应有的贡献，是电工所全体科研人员在特色研究所建设中的共同理想。

在科研攻坚中历练，在创新创业中成长，在服务社会中壮大，电工所践行了国家级研究机构的使命担当，向着能源与电气领域的国家战略科技创新高地和有重要影响力的特色研究机构坚定前行。

2019年6月24日，来自全国42个单位的70余名学员汇聚在河北张家口黄帝城小镇，参加中国科学院"太阳能热利用技术"培训班。

电工所牵头承担的中国科学院战略性先导科技专项（A类）"张家口黄帝城小镇100%可再生能源示范"项目就坐落在这个小镇。该示范项目集成了电工所多个实验室的多项关键技术，将为北方城镇和2022年冬季奥林匹克运动会探索一条清洁绿色的用能途径。

发挥特色优势，协同多部门创新攻关，决胜重大工程项目建设，是电工所多年来探索特色研究所建设的生动实践。

2014年，中国科学院启动实施"率先行动"计划，以研究所分类改革为突破口，全面深化体制机制改革。作为扎根于可再生能源与电气工程领域的重要国家级科研机构，电工所成为特色研究所建设中能源领域唯一的试点单位。

"优化组织模式和科研布局，促进重大产出，畅通转化渠道，全链条促进成果落地，电工所积极面向国民经济主战场，为服务国家重大战略和社会可持续发展做出了应有的贡献。"所长李耀华欣喜地看到，电工所的"特色"工作成绩斐然。

曾经"率先"，再次改革

围绕国家重大需求，发挥"特色"优势，服务行业发展，是电工所60余年奋斗历程的"写照"。

1958年，电工所筹建，其主要目标就是服务三峡水电工程。

在蒸发冷却技术实现工业应用之前，我国大型水利工程电力设备领域中几乎所有关键技术均掌握在国外企业手里。

中国工程院院士、电工所研究员顾国彪带领团队经过数十年攻关，使三峡机组用上完全自主创新的蒸发冷却技术，相关指标达到国际先进水平。

1978年，电工所在国内率先开展光伏和风力发电技术研究，成为我国可再生能源发电与利用领域重要的开拓者和奠基者之一。

但随着研究所发展和科研队伍的壮大，战略重点不够聚焦、小作坊式科研、重大原创成果不够多等，也在电工所出现苗头。

"为适应学科发展需求，凝练特色研究方向，早在2012年，所里就把9个实验室整合成6个实验室。"电工所所长助理兼科技处处长赵慧斌回忆道。

2014年，电工所筹备特色研究所建设。"所领导班子鼓励大家，有想法就提出来，所里组织学术委员会进行研讨，所长基金对有潜力的项目给予支持。"电工所原所长肖立业介绍，电工所鼓励科研人员在新科研领域积极探索，并成立多学科交叉中心，支持跨部门前沿探索性研究。

2015年，电工所进入中国科学院特色研究所试点建设序列，改革驶入了快车道。

为充分发挥"特色"，电工所整合形成了可再生能源发电技术、电力电子与电能变换技术、电力设备新技术、电网技术、超导与新材料应用研究、生物电磁学与电磁探测技术等6个实验室。

新的科研布局，既有对原有优势方向的传承，也有对新领域的战略布局。而为集中力量进行大项目协同攻关，也为培育新研究方向，多学科交叉中心得以保留。

"特色研究所建设，总体定位于电能生产、输配和高效利用领域战略高新技术和电气科学前沿交叉研究。"李耀华介绍，电工所聚焦可再生能源发电与利用、高效电能转换与节能、能源与电工材料及应用三个特色方向，不断强化主学科和主要领域的优势地位。

行业所需，义无反顾

"电工所作为国家能源与电气领域的国家战略科技力量，一定要把研究和行业需求有机结合起来，要在我国能源体系转型中做出应有的贡献！"电工所副所长韩立的话掷地有声。

广袤的华夏大地，分布着丰富的太阳能、风能等可再生能源。但是，"光伏发电性能受太阳辐照、温度等气候因素影响很大。实际应用表明，光伏组件、部件及系统在不同气候区的性能表现存在差异"，电工所研究员王一波告诉记者。

"然而，国内在这方面缺乏面向行业的公共测试平台和实证研究，难以支撑光伏技术的差异化研究。"王一波说，"这些公共平台建设和共性关键科技问题研究,正是电工所需要深入开展的工作。"

为此,电工所可再生能源发电系统研究部联合黄河水电、三峡新能源等相关企业,将在青海、云南、河北(渤海港口)、西藏、新疆、上海和海南建设七个"光伏系统及部件实证性研究和测试平台"。

目前,青海共和县寒温带气候区的平台已经建成,而云南大理是在建的第二个平台——暖温带气候区测试平台的所在地。

为在国内七大气候区推进"光伏系统及部件实证性研究和测试平台"项目,王一波已记不清楚最近几个月自己是第几次去云南了。"我刚从昆明参加平台建设推进会回来。云南这个平台进展还顺利。"王一波脸上洋溢着喜悦。

基于平台的研究深化了对光伏电池之于气候区适应性的理解。王一波说,这些研究认识将对光伏行业的产品改型和技术改进提供指导。"未来,这些不同气候区的实证性研究和测试平台将面向全行业开放共享。"

开放共享,引领行业发展,也是电工所研究员王志峰的夙愿。

早在 2012 年,电工所联合国内 10 余家科研及企事业单位,在北京延庆八达岭设计完成了我国首个 1 兆瓦塔式光热发电示范项目。这是"十一五"期间国家计划"太阳能热发电技术及系统示范"重点项目,是我国光热发电产业发展史上具有里程碑意义的标志性事件。

延庆太阳能光热发电实验电站

"十二五"期间，延庆基地又建成了我国第一座槽式热发电电站。

"这是在光热发电领域的开创性研究。"王志峰带领团队，十几年如一日，将很大一部分精力都放在了延庆光热发电基地的建设上。

"延庆光热发电基地现在成了一个研究载体，电工所多个研究部在这里对太阳能聚光、吸热、导热介质等技术进行改进，对核心技术的研究不断深入，正朝着第四代太阳能热发电技术迈进。"王志峰说，"在科学技术部、中国科学院、北京市和电工所领导的大力支持下，各部门齐心协力，这个基地的实验设施目前已跻身太阳能热发电领域全球一流行列。"

在延庆光热发电示范项目的基础上，电工所在中国科学院科技服务网络（science and technology service network initiative，STS）计划支持下，将聚光吸热技术应用于供热采暖系统，与企业结合，在张家口黄帝城小镇研制建设"太阳能跨季节储热供热示范系统"。

电工所研究员裴玮负责了黄帝城小镇100%可再生能源示范项目中电气部分的方案设计与系统软件集成工作。

"这个示范项目中，可再生能源发电通过直流方式与储能直接相连，根据电网和用户需求，电能可以在不同变压器和线路间自由调配，提高可再生能源接入的灵活性和供电可靠性。"裴玮介绍。

这个示范项目突破了长周期储能、可再生能源直流配用电等多项技术难关，将对行业发展起到引领作用。

张家口黄帝城小镇太阳能示范应用项目

责任所在，攻坚克难

让人才、团队、项目都充分活跃起来，形成科技创新的强大合力，突破制约经济社会发展的关键核心技术，推动成果转化为现实的生产力，是电工所作为特色研究所的使命和责任。

柔性高压直流输电技术，是大规模可再生能源集中并网、大型电网异步互联、区域供电最有效的技术解决手段，发展前景广阔。

电工所科研团队先后突破了柔性高压直流输电领域的多项核心关键技术。在此基础上，2016年电工所联合中国西电集团有限公司，研制成功±350千伏/1044兆瓦换流器及控制保护系统，于当年8月在云南电网与南方电网主网鲁西背靠背直流异步联网科技示范工程中一次成功投运。

其时，该工程创造了多项世界纪录：单台柔性直流换流器容量最大（1044兆瓦）、直流电压最高（±350千伏）、换流器电路最复杂，有5616只高压绝缘栅双极型晶体管（insulated gate bipolor transistor，IGBT）同时实时协调工作。这些关键核心技术的突破，引领带动了我国可再生能源发电规模并网和高压大功率电力电子技术的发展。

电气化是未来交通发展的必然趋势。特色研究所建设以来，电工所瞄准电动汽车电驱动系统宽域高效规划与控制技术等核心关键，集中高功率密度电气驱动及电动汽车、车用能源系统及控制等研究部力量，开展协同攻关，取得了一系列创新突破，相关成果实现了转移转化，并已进入工程应用。

"团队开发出的电动汽车高功率密度永磁电机驱动系统系列化产品，已先后在物流车、环卫车、大客车上装车应用。"电工所研究员温旭辉介绍。

2018年，电工所科研团队与菲仕绿能科技（宁波）有限公司在天津东丽区华明产业园成立合资公司中科菲仕电气技术（天津）有限公司，推动电动汽车电驱动技术走向产业化。目前，中科菲仕电气技术（天津）有限公司已成为新能源汽车电机驱动系统研发生产标杆性企业。

在中国科学院STS计划项目支持下，电工所科研团队还研制成功了500千伏安大功率直线电机、1.3兆伏安牵引变流器等一整套轨道交通牵引动力工程化装置，在首都机场线装车应用，累计正线安全载客运营超过10万千米。如今，这些装置正批量应用于首都机场线，并在大连轻轨、南京地铁、北京地铁S1线等工程中推广使用。

2016年，该项成果被评为中国科学院转移转化亮点工作。目前，电工所正与南京华士电子科技有限公司合作成立产业化公司，共同推动成果转移转化和规模应用。为积极推进成果转移转化，"电工所已理顺转移转化平台，正积极打造市场化的成果转化体系"。韩立介绍，原电工所的北京中科电气高技术有限公司，已改造为全资控股投资平台。该平台将与研究所的转移转化办公室合署办公，明晰职责，配强队伍，使院地合作和技术转化工作通过市场开展更专业、更规范的运作，进而打通转移转化渠道，提升服务经济社会发展的效益。

有凤来仪，群鹤和鸣

在韩立的办公桌上，放着一摞科研人员的项目书。韩立反复看了几遍郭明焕博士关于热斑热流量密度分布测量的项目，觉得很有价值。

"这是我参加所内项目评审时发现的。"韩立笑着说，"只要是有科学意义和应用价值的研究方案，如果获得了多数专家认可，我们就会多方争取资源，鼓励科研人员深入研究下去。"

正是这样贴心的服务，使电工所的科研领域不断拓展、延伸，也使得电工所的人才团队不断成长、壮大。

对此，温旭辉有更直接的体会。1997年，北京的大街上还没有新能源汽车，温旭辉和三个同事就已率先开展新能源汽车数字化交流电驱动技术研究，并得到了电工所、中国科学院和科学技术部的项目支持。

"那时我们才30多岁，研究组只有4个人。但在中国科学院和电工所的支持下，我们在新能源汽车电驱动技术方面实现了从0到1的突破，研究团队也扩展到了数十人。"温旭辉心里的感激之情溢于言表。

电工所的许海平研究员与温旭辉有着相似的经历，也是从原先仅有几个人的研究组慢慢独立发展成为研究部。

"吸引人才、稳定人才、培养人才，是电工所人才工作的三个方面。"电工所党委书记张福宽表示，人才是研究所发展的重中之重。

自特色研究所试点建设以来，电工所坚持"围绕战略目标，培养引进高层次人才团队；立足长远发展，选拔培养创新型后备人才"的队伍建设方针，成立了人才工作领导小组与人才工作保障小组，加强对各类人才培养引进工作的统筹和指导，实施了一系列卓有成效的人事举措。

"对于关键业务领域，研究所筑巢引凤，直接加大对人才的吸引力度。"张福宽介绍，电工所充分利用现有的政策环境，通过"率先行动'百人计划'技术英才招聘""走进中国科学院——海外人才行"等活动，加强高层次人员引进的宣传力度。

马衍伟研究员是电工所从海外引进的创新人才。2016年，马衍伟带领团队成功解决了铁基超导线规模化制备中的均匀性、稳定性和重复性等技术难点，最终制备出了长度达到115米的铁基超导长线，标志着我国在铁基超导材料制备技术领域的研发走在了世界最前沿。

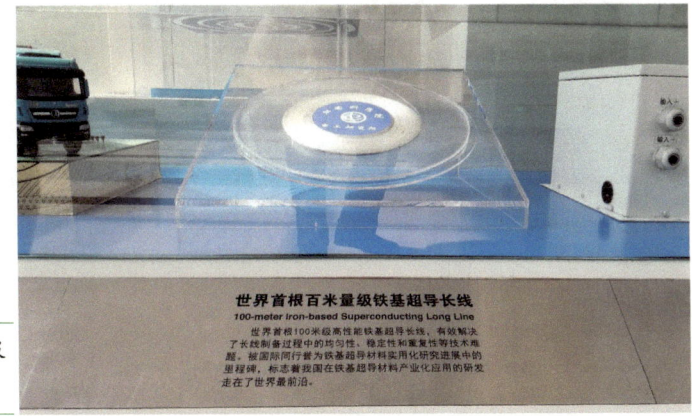

世界首根百米量级铁基超导长线

"针对可再生能源与电气工程领域人才流失严重的形势，建设期内，我们加强与高层次人才的多角度、多方面谈心交流，创造条件不断改善科研人员工作环境,确保其稳定工作。"张福宽说。试点建设以来,电工所高层次核心骨干无一流失。

电工所通过加强关键技术人才和工程支撑队伍的培养与建设。3年来电工所人员入选中国科学院"关键技术人才"4人。通过实施电工所创新研究员/副研究员制度、选拔年轻学术带头人和管理骨干担任重要岗位,为青年人才提供成长空间和舞台。

为促进成果转化、鼓励科研人员创新创业,电工所也采取开放的人才支撑政策。

北京科诺伟业科技股份有限公司是电工所孵化的致力于风力发电、光伏发电的高新技术企业。公司董事长许洪华研究员在成果通过北京中科电气高技术有限公司完成了技术市场化后,全职进入北京科诺伟业科技股份有限公司工作。"对于适合创业的技术人员,我们鼓励其利用研究所的全资产业化平台,进行技术转移转化。"韩立说。

围绕行业所需,开展核心关键技术攻关,强化成果转移转化,电工所在特色研究所建设中,为国民经济和社会可持续发展做出了应有的贡献。

"特色所建设是研究所改革发展的核心推动力!"李耀华表示,在"率先行动"改革进程中,电工所将继续转变观念,积极争取重大任务,进一步强化三个特色方向的国内领先地位和国际影响力,将电工所打造成为能源与电气领域的国家战略科技创新高地和国际上有重要影响的特色研究机构。

(郑金武撰文;原文刊发在《中国科学报》2019年7月30日第4版,有删改)

"应"时而变 顺势而"化"

——中国科学院长春应用化学研究所改革纪实

始建于1948年的中国科学院长春应用化学研究所（以下简称长春应化所），在70余年的发展历程中，已成为集基础研究、应用研究和高技术创新研究于一体的综合性化学类研究所。

长春应化所面对"综合性"这一传统优势和首要挑战，在特色研究所试点建设之初，就确定了在特色和产出上下功夫的总体思路，并采取了一系列改革措施：通过学科建设向特色方向倾斜、创新链条向应用研究偏移两个维度的协同推动，使全所科研力量更加聚焦于特色学科的应用研究；整合特色学科优势力量，调整科研单元组织架构，打造跨学科、跨实验室的非实体中心；改革人才、薪酬保障体系等，留住高端人才，培育青年人才；打造科技成果中试孵化平台，促进解决科技成果和产业化脱节问题。

在科研单元、人才队伍、基地平台"三维立体"研发体系的构建下，长春应化所建设特色研究所三年（2015～2018年）来，二氧化碳基聚氨酯系列技术产业化、稀土交流发光二极管（light emitting diode，LED）发光材料与器件产业化、医用高分子材料与器械产业化"三重大"产出方面取得了一系列成果，越来越成为我国化学界不可或缺的重要力量和创新基地。

2015年2月2～4日，中国科学院组织特色研究所建设方案论证会，长春应化所以制造业转型升级领域并列第1名的成绩从14家申报研究所中脱颖而出，顺利通过审核。

此前连续九天，时任副所长、现任所长杨小牛与所里的同事几乎每天都工作到凌晨两点，高度凝练特色创新工作，反复推敲修改申请书。辛苦付出终于得到回报，长春应化所通过特色研究所评审，也为全所增添了几分春节的喜庆。

三个月后，长春应化所进入首批中国科学院特色研究所试点单元序列，标志着研究所进入了一个以"三个面向"为重要指引、以"四个率先"为战略目标的改革创新发展新阶段。

但就像长春应化所所长杨小牛所说的，"成为特色研究所首批试点建设单位，对我们来说既是重大机遇，更是严峻挑战"。对于一个全新的体制机制，或许没有人十分清楚特色研究所是什么样的轮廓与架构。因此，如何在摸索中蹚出一条具有长春应化所风格的路，便成了当时的首要任务。

从4:6到6:4

始建于1948年12月的长春应化所，至今已有70余年的发展历程。

"在不断为国家做出基础性、战略性和前瞻性重要创新贡献的同时，我们也逐步把长春应化所建设发展成为集基础研究、应用研究和高技术创新研究于一体的综合性化学类研究所，成为我国化学界不可或缺的重要力量和创新基地。"杨小牛说。

而实际上，综合性研究所的这一传统优势也正是特色研究所建设的首要挑战所在。

中国科学院院长白春礼曾解读，特色研究所的基本功能侧重于服务社会可持续发展和保障改善民生，研究方向主要围绕不可或缺的特殊需求领域和自然科学与社会科学交叉研究，以及长期观测、持续积累的基础性工作；在成果产出方面，要为宏观决策和可持续发展提供科学建议和建设性解决方案，在本领域形成新理论、新方法、新标准和新工具，形成系统性

特色研究所

基础数据积累，提供开放共享的分析技术平台。

"简言之，特色研究所建设就是要面向国民经济主战场，以学科为支撑，为国家和经济社会发展做出贡献。"长春应化所副所长逯乐慧说。

因此，在特色研究所试点建设之初，长春应化所就确定了工作思路，即在特色和产出上下功夫。

逯乐慧介绍，长春应化所通过学科建设向特色方向倾斜、创新链条向应用研究偏移两个维度的协同推进，使全所科研力量更加聚焦特色学科的应用研究，应用研究与基础研究的人员比例从 4∶6 调整为 6∶4。

在 2014 年高分子化学与物理、稀土化学与物理、电分析化学三大特色方向被国际专家评估为国际一流的基础上，长春应化所继续深化特色学科方向发展，凝练了五大服务项目：稀土交流 LED 发光材料与器件、二氧化碳基聚氨酯、异戊二烯单体规模化生产技术、抗污染分离膜材料的开发及应用、高性能钨铝合金技术集成与示范。

交流 LED 封装生产线

同时，长春应化所结合区域发展需要，新增了生物化工学科；在研究所秸秆利用、植物多糖、生物聚酯和纤维素转化等方向的研究基础上，布局了生物质资源高值化利用研究领域，以解决东北地区秸秆处理、农产品深加工能力弱、附加值低及带来的污染问题。

长春应化所科研三处处长孙小红介绍，研究所还强化了应用研究在绩效考核中的评价权重，提高了成果转化中对科研人员的奖励比例。从 2016 年开始，研究所将成果转化现金收益的 50% 奖励给团队，并设立了产业化成果奖，增设了产业化研究员，发挥评价奖励体系的指挥棒作用。

"此外，我们于 2015 年 11 月调整了发表论文绩效分值计算方法，按照化学学科的实际情况，由学术委员会把关，将期刊分为五个档次，扭转了只看期刊影响因子的局面，使得基础研究更加注重质量而非数量。"长春应化所科研一处处长王鑫岩说，"这样，引导更多科研人员从事应用研究和应用基础研究。"

据统计，在长春应化所特色研究所试点建设的三年内，特色方向任务占全所任务的集中度从 82.3% 提高到 87.3%，特色方向对外竞争经费集中度从 80.8% 提高到 88.6%，经费增长率达 61.58%。此外，2018 年发布的数据显示，长春应化所化学和材料科学两个学科均进入基本科学指标数据库（Essential Science Indicators，ESI）全球前 1‰ 行列，彰显出强劲的基础研究实力。

打造非实体中心

发展至今，长春应化所已拥有三个国家重点实验室——高分子物理与化学国家重点实验室、稀土资源利用国家重点实验室、电分析化学国家重点实验室。历史上，这些以学科为基础的国家重点实验室可谓研究所重大成果产出的"主力军"。同时，一个不争的事实是，不少重大成果的取得都体现出多领域集中攻关的特点。

"比如，我们之所以能够实现稀土顺丁橡胶的产业化，就是因为把研究稀土的人和研究高分子的人集中在了一起。"杨小牛指出，但在更多时候，科研活动组织模式是松散的，课题组间的合作研究也相对偏少。鉴于此，长春应化所整合特色学科优势力量，调整科研单元组织架构，建成了跨学科、跨实验室的"非实体中心"，形成了实体实验室"主建"、非实体中心"主战"的"战建结合"模式。"这不仅有利于解决课题组长制导致的碎片化问题，还有利于提高面向国民经济主战场的综合服务支撑能力，以及跨学科多领域技术集成攻关能力。"

目前，长春应化所已建成13个非实体中心，涉及航空轮胎橡胶、医用高分子、氢能利用和生物质化工等诸多特色方向，覆盖了全所2/3以上的课题组和近3/5的研究员，为形成新的创新团队、衍生新的科技增长点提供了"应化方案"。

比如，成立于2016年底的氢能利用研发中心，最初由先进化学电源实验室主任邢巍牵头，汇集了8个课题组。"我们发现，把各个团队集合起来，不仅可以发挥综合所的特点和学科交叉融合的优势，而且可以形成贯穿氢能全链条的制备、储运和燃料电池高效发电的系统研发团队及技术平台。"邢巍说。

在氢能利用研发中心，不同课题组分别承担不同的科研任务。邢巍课题组主要研究燃料电池与水电解系统，王立民课题组主要开展储氢材料/系统研究，张新波课题组主要研究能量转化过程材料与器件等。

"虽然这些课题组原来的科研工作并没有直接关联，但通过纳入高效制氢、氢能储运、燃料电池发电这条主线，大家紧密协作，有力地强化了科研创新能力。"邢巍说，氢能利用研发中心的非实体性质也为各个课题组提供了相对宽松的环境，免去了一些事务性工作的干扰，更多的是围绕科研项目展开合作。

每年产能3000吨的水润滑轴承生产线

特色研究所建设的 3 年（2015～2018 年）来，凭借非实体中心建设，长春应化所在团队集成攻关上持续发力，共获得国家自然科学基金委员会创新研究群体项目 1 个，牵头承担国家重点研发计划 3 项、威高专项①6 项、STS 计划重点项目 6 项，以团队攻关形式争取科研任务经费超 3 亿元。

从"流"到"留"

一切成果的取得，归根到底，核心在人。但一说到东北，说到东北的科研力量，却往往只能用一句诗来概括："孔雀东南飞。"

"人不敷出"的人才流动，常常让东北的人才问题成为全社会关注的话题。身处这样的大环境，长春应化所自然也无法独善其身。

"2013～2015 年，陆续走了 5 位'杰青'②，1 位'青千'③。"长春应化所副所长衣卓曾担任人事处处长多年，人才尤其是领军拔尖人才的流失让他头疼不已。

子女入学、家人安置，这是选择离开的科研人员提到的最多的两个原因。但衣卓心里明白，在这两个主要原因的背后，大家未说出口的，其实还包括工资待遇和科研经费等问题。

在当时的形势下，长春应化所迅速反应，不仅是为了特色研究所试点建设，更是为了长春应化所的长远发展。

"2015 年，我们开始调研、探索，希望在人才、薪酬保障体系方面进行一些改革。"衣卓介绍，2016 年出台了《关于调整科技、管理骨干工资结构的试行方案》，打破原有三元工资制度的固化体系，强化事业留人和薪酬稳人双激励机制，实施"协议年薪＋岗位基础工资"薪酬体系、提高高端人才稳定性收入、强化"平台＋团队"保障机制等系列举措。

---

① 即 2010 年 4 月中国科学院与威高集团有限公司、山东省科学技术厅、威海市人民政府共同签署的"中国科学院－威高集团有限公司高技术研究发展计划"框架协议，用于支持面向市场需求和产业发展的科学研究、技术研发及产业化前景的科研项目。
② "国家杰出青年科学基金"获得者。
③ "青年千人计划"入选者。

在衣卓看来，改革后的薪资待遇虽然仍无法与北京、上海、广州等一线城市的高校、科研机构媲美，但却可以让科研人员在长春过上更体面的生活。令人欣喜的是，这一系列改革举措很快收到了效果，2016年后长春应化所再无领军、拔尖人才流失的情况发生。

"实际上，青年人才的稳定也是研究所发展的重中之重。近5年，副研究员等青年人才也走了不少。"王鑫岩说，高端人才稳定之后，这部分人才的稳定就成了人事工作关注的重点。"为了给中青年人才提供晋升通道，我们修订了岗位晋升条件，实施专业技术岗位晋升分类评审的办法，让优秀青年人才提前晋升；同时增设了项目及产业化研究员岗位，启用优秀青年高端人才任实验室正副主任，还制定了《科技人员离岗创业管理办法》等。"

2013年来到长春应化所的"80后"研究员刘俊，就是在这一新规下担任了高分子物理与化学国家重点实验室副主任一职。

刘俊曾在硕士、博士期间结缘长春应化所，后来先后前往美国加利福尼亚大学洛杉矶分校与德国维尔茨堡大学做博士后。6年的海外求学经历没有吸引他留下，刘俊还是毅然选择回到长春应化所。"对于这个决定，也许很多人并不理解，但我觉得长春应化所的平台对自己的发展来说非常难得。事实证明，这个选择也是正确的。"刘俊说。

此外，借鉴院中国科学院青年创新促进会（以下简称院青促会）的模式，长春应化所还成立了"英华"青年创新促进会，成员包括院青促会会员、青年人才项目入选者及长春应化所优秀的青年科技人员，设立青年专项发展基金，给青年科研人员每人30万经费支持，并有针对性地选派优秀科研骨干出国深造，着力培育储备一支以中青年领军拔尖人才为学术带头人的创新队伍。

因此，在整个大环境对高端人才吸引力不足的情况下，这几年长春应化所却能源源不断地引进新鲜血液——整建制引进生物化工学科科技创新团队1个、"青年千人计划"入选者5人、中国科学院"百人计划"入选者5人、高级专业人才18人，极大地加强了特色方向和新兴学科的科研力量。

电分析化学国家重点实验室研究员李冰凌2015年4月来到长春应化所。这里给她的第一感受就是"高效"。"从我去人事处报到,到拿到实验室的钥匙开始工作,时间不超过一天,而且第二天我的银行卡办好之后,科研经费就已经到账了。所里对青年科研工作者真的是非常支持。"

而让长春应化所研究员、中国科学院高性能合成橡胶及其复合材料重点实验室主任白晨曦感触最深的,是长春应化所对课题组引进工程技术人才的有力政策。

"一项研究从技术到产品,中间有多个环节要打通,仅靠科研人员是不够的。"白晨曦说,2013年,他所在的课题组成功开发出从原料异戊二烯单体合成到聚合人工仿生合成天然橡胶的全套技术创新链,其中自主设计完成具有国际领先水平的3万吨/年"人工合成天然橡胶"——稀土异戊橡胶全套生产工艺包,顺利实现技术转移转化,转让费达6000万元。该成果被纳入中国科学院2013年度工作会议报告"取得重大突破领域"之一,同时也让长春应化所尝到了工艺包的"甜头"。"但是,如果没有工程技术人才,像这样的成功很可能就是昙花一现。"白晨曦说。

此次,借由特色研究所试点建设,长春应化所放宽了课题组引进工程技术人才的条件。"所里对工程技术人才不再要求博士文凭,于是,我就从中国石油天然气集团有限公司引进了一位工程技术人才,其他课题组也引进了几位。相信有他们的加入,我们今后能够尝到更多'甜头'。"白晨曦说。

打通"最后一公里"

正如前文所言,特色研究所试点建设之初,长春应化所就确定了"在特色和产出上下功夫"的核心理念。但无论在研究上投入多大精力,无论科研活动组织模式多么完善,无论人员组成结构多么合理,如果在最后的转化上受阻,也将难以实现重大成果的产出。这一点对化工新材料类科技成果尤为重要。

"因此，我们高起点打造创新中试孵化平台，着力解决科技成果和产业化脱节的问题。"孙小红介绍，长春应化所在长春新区建成建筑面积4.8万平方米的吉林省化工新材料重大科技创新基地，构建了"研发、中试、孵化、产业化"科技成果转移转化的完整链条，在科技种子引进来"最先一公里"和科研成果产业化"最后一公里"两方面进行大胆尝试。

目前，该基地已经进驻了25个工程化项目，其中3个平台获批省级中试中心，另有包括5大服务项目在内的17个项目已建成中试线，孵化科技创新型企业9家。

实际上，基地的建设也确实促进了创新链、产业链、资金链"三链联动"。特色研究所建设的3年（2015~2018年）来，基地共吸纳政府孵化资金2.4亿元，所孵化的企业吸引"两所五校"创新基金1.14亿元，带动社会资本10亿元。目前，长春应化所与香港博大东方集团、吉林神华集团有限公司等企业合作，实现了聚碳酸烯丙酯生物降解塑料、二氧化碳基多元醇等10余项科研成果的转移转化。

与此同时，长春应化所还将五大服务项目纳入"一三五"规划，实现两者高度融合统一，通过"所领导分工负责-领衔科学家具体推进-大项目办组织协调-项目运行季度监测-团队绩效独立考核"的闭环管理模式，强化顶层设计和过程管理，并先后为每个项目投入500万~1000万元平台建设费、不低于1000万元的中试装备费及2000平方米以上的标准化厂房，为创新成果向中试孵化转化增添新动能。

"在科研单元、人才队伍、基地平台'三维立体'研发体系的构建下，特色研究所试点建设三年来，二氧化碳基聚氨酯系列技术产业化、稀土交流LED发光材料与器件产业化、医用高分子材料与器械产业化'三重大'产出方面取得了一系列成果。"杨小牛介绍道。比如，开发出无醛水性聚氨酯胶黏剂，建成了万吨级生产线，产品成功用于广汽传祺和一汽大众首款运动型实用汽车（sport utility vehicle，SUV）；开发出稀土交流LED植物灯，已在东北三省、山东、河北等地推广使用数百公顷；开发了聚乳酸可吸收骨钉骨板，其组织相容性、体内降解性及力学性能达到或超过芬兰

Bio-fix公司（ConMed Linvatec Biomaterials Ltd.）、日本Grand fix公司[グンゼ株式会社（郡是株式会社）]等公司同类产品，获得2个原国家食品药品监督管理总局（China Food and Drug Administration，CFDA）产品注册证，已形成10吨/年专用料、5万套/年可吸收骨钉骨板的生产能力等。

杨小牛表示，特色研究所试点建设虽然已经完成验收，但未来，长春应化所还将继续聚焦经济高质量发展对科技创新的需求，并按照"前瞻谋划＋择机实施"的发展思路，即基础研究面向颠覆性技术进行前瞻布局，推动基础研究成果向开拓性技术演化，待其成熟度与社会发展需求相匹配时，及时实施技术成果转移转化。

（王之康撰文；原文刊发在《中国科学报》2019年8月23日第4版，有删改）

"硅"才大略

——中国科学院上海硅酸盐研究所改革纪实

一个国家级研究所的责任和担当是什么?

中国科学院上海硅酸盐研究所(以下简称上硅所)渊源于1928年成立的国立中央研究院工程研究所,1959年独立建所,在先进制造、新能源等重点应用领域为国家经济和工业发展提供了关键材料支撑。

作为中国科学院"率先行动"计划试点建设的特色研究所,上硅所再一次明确了两个"坚持":坚持"以需求为牵引、以任务带学科"的方针;坚持以无机非金属学科发展为特色。2015年11月,继上硅所上海嘉定园区之后,太仓园区又在12千米外拔地而起。这是上硅所建设开放型综合科技创新平台的重要举措。

在"产学研"这条路上,为了更好地服务国家重大需求和经济社会发展,上硅所往往是主动向前迈的那一方。向前迈,意味着更从容地应对不可控;向前迈,也意味着遇上前人不曾遇过的"坑"。这里承载着解决材料领域"卡脖子"问题的希望,而新一代上硅所人也将继承前辈风骨,在重点领域薪火相传、不断突破。

上海市郊一幢水泥色的 L 形办公楼,从外面看十分普通,里面却着实不凡。随手指向其中一扇门,背后可能就是上千度的晶体生长炉。在这里,一种名为锗酸铋($Bi_4Ge_3O_{12}$,BGO)的晶体正在静静成型。

闪烁晶体被广泛用于医学或工业探测领域,锗酸铋堪称其中的佼佼者。现在,它还成为空间暗物质探测器的关键材料之一。2018年12月,

> 率舞潮头 先帆竞发 中国科学院研究所分类改革纪实

已探测到数十亿宇宙粒子的暗物质粒子探测卫星"悟空号"宣布延长工作时间,继续寻找暗物质的踪迹。一年前,科学家正是利用这颗卫星收集到的数据,绘制出目前世界上最精确的电子宇宙射线能谱。

"悟空号"有火眼金睛,锗酸铋晶体功不可没。而这些单根60毫米长、总重达上千斤的晶体,只有在上硅所那栋看似很普通的楼里才能做出来。

600毫米长锗酸铋晶体

对材料研究而言,最严苛的考验莫过于承担航空航天任务。而在上硅所,"神舟""天宫""高分""北斗"……只要是上天的,总有材料从这里出去。

面向国民经济主战场、面向国家重大战略需求,历来是上硅所的传统。能扛起这一重任,得益于以严东生、殷之文、郭景坤、丁传贤、江东亮为代表的几代科学家的奋力开拓和不断进取。

2015年4月,上硅所成为首批中国科学院特色研究所试点建设单位之一。这意味着,新一代上硅所人,必须在无机非金属材料的微观世界里看得更深、走得更远。

大舞台,展抱负

2017年,上硅所完成了一项大动作——主园区从上海市区迁到了嘉定区。随着课题组陆续搬进新建成的大楼,所长宋力昕就开始操心新问题——在12千米外的太仓园区,科研用地盖楼的速度已经跟不上科研需求了。

什么样的研究所会如此"费地"?这与上硅所的定位有关。

从高性能陶瓷到人工晶体，从能源材料到生物材料，"上海硅酸盐研究所"几个字，几乎包揽了无机非金属材料领域的所有重要方向。1959年独立建所后，面对国家重大工程和尖端技术发展的需求，上硅所的科研方向进行了重大结构调整，把传统无机材料研究调整为先进无机材料科学与工程，开创了我国结构陶瓷、功能陶瓷、人工晶体、特种无机涂层、特种玻璃等研究领域。改革开放后，又逐步形成了基础研究、应用研究、工程化研究、产业化工作有机结合的科研体系。

面向国家重大需求，是使命也是挑战。上硅所不仅要追踪学科前沿，还要在工程化、产业化道路上尽可能走得更远。这对上硅所开拓发展空间提出了更急迫的要求。

以锗酸铋研制为例，若想将小试制备的晶体批量用于高能物理、医学成像乃至国家重大工程等领域的大型设备上，必须建有完整的中试平台。20世纪80年代，诺贝尔物理学奖获得者丁肇中曾向上硅所时任所长严东生提出，希望能为正在建设的欧洲正负电子对撞机提供优质大尺寸的锗酸铋晶体。彼时的锗酸铋晶体就诞生于所属开发实验基地（现为中试基地）。

对于光学部件、涂层等材料，虽然生产规模较小，但尺寸是衡量其技术水平的一项重要标准。要生产出大尺寸构件，制备的仪器也要足够大。简而言之，即地方够宽敞，研究人员才能施展拳脚。

"市中心不能满足研究需求，我们就往嘉定移。"宋力昕说。从2001年获得中国科学院批复起，上硅所嘉定园区从图纸一点点变成现实。2015年夏天，眼看嘉定园区落成在即，宋力昕"手握"从江苏省苏州市太仓市政府争取来的经费和200亩土地，走进了中国科学院院长办公会的会议室。

嘉定园区虽有以人工晶体、功能陶瓷和结构陶瓷等为主要方向的中试基地，但其他领域仍以基础研究为主。若要实现国家重大工程材料的小批量制备、新材料的产业化中试，还需要更大空间。

听罢宋力昕的汇报，中国科学院院长白春礼问了3个关键问题：钱够不够？要不要编制？有没有拆迁？"地方给支持、不涉及拆迁……"面对院领导的疑问，宋力昕迅速作答，这些答案在他心中已酝酿许久。

2015年11月，江苏省太仓市，上硅所新园区开工仪式在此举行。转眼到了2019年，上硅所苏州研究院已有碳化硅陶瓷和陶瓷基复合材料实验室入驻。如今，新园区一旦有楼落成，便会有等候多时的课题组进驻其中。

建设太仓园区是上硅所开拓发展空间、建设开放型综合科技创新平台的重要举措。届时，国际上首条100安·时以上大容量钠镍电池批量化制备平台将在太仓园区建设，重点解决"卡脖子"问题的先进陶瓷基础设施群将在此安营扎寨，以先进材料为核心的器件升级瓶颈问题也有望在新园区得以解决。

宋力昕在嘉定园区的办公室装修简朴，但墙上仅有的几张照片中有一张就是太仓园区建成后的效果图。讲完太仓园区的过往和未来，他摘掉眼镜，回头看了看效果图，眼中透着自豪与期待。

大课题，显担当

"平台好、装备足、团队强"，人力资源处处长贺天厚对上硅所的特色如是评价。上硅所有几个规模超过50人的大课题组。这些课题组是一支支科研能力突出的"特战队"，每每承担国家重大任务，他们总是冲锋在前、迎难而上，战必胜、攻必克。嘉定园区、长宁园区和太仓园区就像是为科研人员搭建的舞台，当胸怀抱负的他们来到这里时，上硅所的旗帜总能一次次舒展高扬。

上硅所结构陶瓷与复合材料工程研究中心研究员黄政仁，学生时期跟随中国工程院院士、著名材料学家江东亮研究碳化硅材料体系。成为课题组组长后，他又把这种材料体系用在了卫星的"眼睛"——空间光学部件上。

黄政仁将碳化硅材料的致密性"发挥到极致"：做出的空间光学部件平滑明亮，成像质量和刚性极佳。

2016年以来，上硅所研制出的100余个碳化硅光学部件，相继安装在"墨子号""天宫二号""高分五号"等卫星、空间实验室上。

衡量光学部件的优劣，尺寸是重要标准之一。想做出足够大的光学部件，不仅要有过硬的制备技术，还要协调好外部合作方的各种资源，如找到可靠的液压设备、合适的抛光工艺，整个过程十分磨人。

在这种时刻，方能体现国家级研究所的担当。用上硅所人的话说："大家是一个战壕出来的战友，不是利益相关的甲方乙方，这种关系不是靠金钱来衡量的。"

2017年度国家技术发明奖上硅所榜上有名，缘于结构陶瓷与复合材料工程研究中心为我国在轨运行的空间高分辨相机做了一个更轻的骨架。轻量化复合陶瓷材料制成的骨架确保空间相机在振动频繁、温差较大的恶劣环境下，仍能将系统波动控制在几微米内。

研究员王震是该项目的参与者。在他看来，只有对方法工艺、材料性能和结构了然于胸，才能对未来需求加以准确判断。

在中试生产一线的副研究员陈俊锋的眼中，上硅所历年来取得的各项科研成果，无论是晶体生长多坩埚下降法，还是空间光学部件材料选择新思路、热控涂层制备新工艺，无一不建立在长期的基础研究、应用开发和工程化实践基础之上。

"材料的用途是发散的，只有在前期的基础研究中把它的性能摸清楚，才知道将来怎么用。"上硅所特种无机涂层中心研究员于云说。

特种无机涂层中心热控组实验室

一种晶体从制备出来到规模化量产应用，一般需要几年甚至数十年时间。无论是锗酸铋晶体还是碳化硅晶体，都遵循这一规律。上硅所人工晶体研究中心副主任刘学超说："这就像没有出口的高速公路，需要不停地往前走。"

前人栽树，后人乘凉。上硅所要想不断发展，除了继承传统，仍须持续创新、砥砺前行，特别是探索如何把基础研究和工程应用结合得更加紧密。

大团队，拼实力

在上硅所领导班子看来，要更好地发挥基础研究的作用，以需求为牵引、找准用力方向拓展应用是关键。本着这样的思路，上硅所近年来加强了学科重组和调整步伐，透明陶瓷研究中心和无机材料基因科学创新中心（以下简称科学创新中心）应运而生。

透明陶瓷研究中心组建之前，透明陶瓷的研究分散在结构陶瓷与复合材料工程研究中心及高性能陶瓷和超微结构国家重点实验室等部门。2000年前后，随着陶瓷金卤灯用半透明氧化铝、激光陶瓷的兴起，透明陶瓷逐渐成为业内热门研究方向。此后，上硅所在透明陶瓷领域取得了一系列成果，但研究力量相对分散的问题也开始显现。

"如果不形成一个大团队，我们怎么跟国际一流团队去竞争？"透明陶瓷研究中心主任王士维表示，基于这样的想法，在上硅所的组织下，所内研究透明陶瓷的科研队伍聚到了一起。2016年1月，透明陶瓷研究中心正式成立。在这里，研究人员可以尽量减少重复性的工作，事半功倍地做研究。"把分散的力量整合到一起，把透明陶瓷作为一个重点学科来推动，更有利于透明陶瓷的发展。"王士维说。

随着中国科学院院级和研究所层面的支持经费迅速到位，加之原本就有的研究积累，这支年轻的科研特战队很快就取得了成果。2017年9月，透明陶瓷研究中心研制出了基于多种不同材料的透明陶瓷。其中，采用真空烧结方法制备的钇铝石榴石透明陶瓷直径达到235毫米，是国际上公开报道的最大尺寸。利用胶态成型和热等静压烧结工艺制备出了氧化钇、镁铝尖晶石、亚微米晶氧化铝等透明陶瓷材料及复杂形状制品，光学透过性能优异，部分制品在国家重大工程及国民经济领域获得实际应用。

无疑，透明陶瓷研究中心是以需求带动学科发展的典型案例，而无机材料基因科学创新中心也是如此。它的成立，对材料开发而言更是如虎添翼。通过模型化计算复原出材料反应的微观过程，就好比经验丰富的育种家解开了作物的基因密码，使材料研发成本和周期大大缩减。

2011年，还在美国南伊利诺伊大学任教的刘建军通过中国科学院"百人计划"回国，成为上硅所计算材料学研究的中流砥柱。2013年初，上硅所集成计算材料研究中心正式成立，江东亮任主任。以此为前身，上硅所无机材料基因科学创新中心于2015年1月成立。

在这里，无论是研究晶体、陶瓷还是新能源，只要有需求，任何课题组都可以跟无机材料基因科学创新中心开展项目合作，所里为此每年投入150万元予以支持。

当材料基因组学遇上具体的应用需求，能碰撞出多少火花？刘建军课题组与温兆银课题组的合作便是一个典型案例。

温兆银1987年进入上硅所工作，在固态离子学和化学电源领域深耕多年。经验丰富的他曾在研究锂空气电池化学反应过程中过电位高的问题时遇到过瓶颈。找到合适的催化剂是降低过高电位的关键。若用传统实验手段，则需要相当长的试错时间。"材料基因组学通过材料设计、模拟，缩短了这一过程。"刘建军表示。

通过计算模拟，刘建军课题组可以为电子的动态反应过程"画像"，只要与实验表征结果相吻合，就有望摸清其内在机制。事实上，这是领域内科学家都希望攻克的难题。谁先取得突破，谁就能在下一代动力电源技术应用中拔得头筹。

原本登天般困难的问题终于有了突破口。刘建军和温兆银两个团队合作5年有余，先后筛选出氧化钴、碳化钛等催化剂，并探明其中几种高催化活性催化剂的反应机制，将锂空气电池的机制研究推向新高度。

大格局，创未来

如果说科学创新中心是上硅所为科研人员搭建的一个协同创新平台，那么真金白银的成果转化奖励，则是对课题组辛勤付出最充分的肯定。

2017 年，温兆银团队的钠镍安全电池技术以 5500 万元现金和价值 500 万元的技术作价入股的形式实现转移转化。目前，拥有完全自主知识产权的高集成度、自动化、批量化生产线已在上海嘉定建成并进入全面调试阶段。

按上硅所的成果转化管理办法，个人在技术转让与许可所获收益中的奖励比重最高可达 52.5%。极具力度的政策激发了科研人员的创新潜力和成果转化积极性。温兆银团队的成果转化案例也让上硅所领导班子期望的"冒出更多获奖大户"成为现实。

不过温兆银深知，科研人员做成果转化，就像在悬崖上走钢索，其中的风险与付出，局外人常常无法体会。

2005 年，温兆银接到上海市电力公司的电话。当时日本已实现大容量储能钠硫电池产业化，中国企业也想与国内研究机构寻求合作，而这恰恰是温兆银本来的研究方向。但当时中国的技术与日本的技术相比差距很大。

"我觉得我们应该拼一下。"放下电话，温兆银开始了十年如一日的"修行"。在他的课题组，诞生出国内外最大容量的单体钠硫电池及我国第一条 2 兆瓦钠硫电池中试线，实现了中国 2010 年上海世界博览会 100 千瓦 /800 千瓦·时钠硫电池储能站的并网运行，使我国成为继日本之后第二个掌握大容量储能钠硫电池成套技术的国家。

中国科学院原副院长施尔畏曾评价，要从传统科研模式中解放出来，像支持自己的课题组一样支持科研人员在公司工作，抓好这件事，使之成为研究所与企业合作的典范。

让钠硫电池真正进入市场，温兆银的"修行"还在继续。常在上硅所新建大楼穿梭的他，所到之处是一条又一条"缩小版"生产线。无论是电极材料组装、电池性能检测还是产业化设备要件生产，都能在这里实现。

"只要有好的科研设想，很快就能在工程化放大平台进行验证，这是上硅所的优势。"研究员刘宇表示。2008年，经温兆银引荐，刘宇通过中国科学院"百人计划"回国。如今他正带领课题组努力实现新型水系储能电池技术的研制与工程化。

刘宇在产业化路上不是没吃过苦头。但好的实验技术一旦出现，他依旧首先选择进行成果转化，进入企业孵化模式。

"到企业参与成果转化真的有可能失败，但作为年轻人，更应该敢做、敢拼。"刘宇课题组成员张娜和贺健，如今都与上硅所签订了离岗创业协议。在他们看来，只有经历过实战，才能对市场有更深刻的认知。为了鼓励科研人员放手创业，上硅所给了这帮年轻人停薪留职的待遇，3年后他们可以再选择留所或去企业。

贺健坦言，原本老师就曾提醒过创业压力之重，然而真正做时，"压力还要更大"。贺健曾因在产品交货前夕发现缺陷而失眠，因为"生产线跟科学实验不一样，即便发现错误，停下生产线做修正也需要时间"。为了保证产品质量，订单不得不延期。

也正是因为这种精神，刘宇带领的创业团队获得了不少合作者的信任。这种看似"吃力不讨好"的事，上硅所坚持在做的不止这一件。

上硅所还有这样一个课题组：他们研究的陶瓷材料具备超轻、极耐高温的特性，将其纺成丝后，可作为高性能隔热材料和增强材料。

但由于这项技术涉及的学科众多、难度过高，所以国内相关研究一直没有起色。在上硅所专门成立课题组前，最初的核心设备是副研究员康庄在实验室的一个角落里搭起来的。上硅所领导班子得知康庄做出了产品雏形，很快便决定单独设组支持。不仅在太仓园区留好实验室和生产线，还请来所里研究陶瓷的老前辈传授经验。为了让其安心攻关，上硅所承诺3年不考核课题组成员。

"研究所存在的价值就是为国家发展起到支撑作用，必须考虑国家需求。国家重大的材料问题能否解决，是评判一个一流研究所的标准。"在宋力昕看来，上硅所作为老牌研究所，其定位和发展一定要遵循独立的价值观。对企业，研究者要长久生存，就要给企业带来好处；对研究者，要让他们的工作真正对社会产生贡献，有发自内心的成就感。

对上硅所人而言，这里有宽阔的施展舞台，但这个舞台不是用来追热点、跟潮流的，而是为了更加心无旁骛地把一件事做好。当"传统价值观"碰上"改革新机遇"，用科研人员的话说，就像数十年历史的锗酸铋晶体遇到了现代新技法，"性能会有根本改善"。

（任芳言撰文；原文刊发在《中国科学报》2019年7月19日第4版，有删改）

"理"当益壮

——中国科学院理化技术研究所改革纪实

作为中国科学院打出来的一张面向社会和国家需求的"特色牌",中国科学院理化技术研究所(以下简称理化所)借助研究所分类改革的契机,围绕"学科-领域-重点服务项目"这一链条,深入聚焦改革体制机制"痛点",通过组建"大兵团作战"体系、加大引进与培养力度、探索成果转移转化新模式、统筹资源配置等方式不断释放创新活力。

自2015年理化所首批进入中国科学院特色研究所建设试点以来,从激光显示到大型低温制冷系统,从生物明胶到深海浮力材料……产生的诸多科技成果,或填补了一项项国内技术空白,或引领与重塑了一些产业的发展格局,诠释着科技"国家队"的实力与担当。

未来,理化所的使命定位不会变,团结一心的文化不会变,踏实工作的精神不会变,将继续把科研作为第一要务,脚踏实地"练内功",以此为基础推动原创性的高水平成果,持续引领行业发展。

指尖轻触遥控按键,色彩绚丽的画面瞬间在白色墙壁上"绽放",连带着整个房间灵动起来。视线寻着光源走,可以看到其"发射装置"是一个约莫小型打印机大小的"黑匣子"。

"这是家庭激光电视。它的播放画面是100英寸[①],市场价格是同尺寸

[①] 1英寸≈2.54厘米。

液晶显示器的 1/10。"2019 年 7 月中旬，在理化所的办公室里，中国工程院院士许祖彦向《中国科学报》记者介绍。

RGB 三色纯激光电视机

近几年，理化所激光显示研究团队攻克了一系列难关，开发出国内首台三基色 LD 激光显示样机。基于该技术生产的家庭激光电视、影院放映机、特种影像设备、工程投影机等激光显示产品的销售收入已达两亿元。

"从黑白显示到彩色显示再到液晶显示，我们都是以技术引进为主。希望激光电视能圆'中国人看中国电视'的中国梦！"深耕激光研究半个多世纪的许祖彦正在把梦想变成现实。

梦想的实现得益于改革机遇。自 2015 年首批进入中国科学院特色研究所建设试点以来，理化所赢得了若干"改革的红利"——从激光显示到大型低温制冷系统，从生物明胶到深海浮力材料……由北京中关村东路的这个"弹丸之地"产生的一项项颠覆性技术和开创性成果，或领跑国际科技前沿，或填补国内产业空白，诠释着科技"国家队"的实力与担当。

凝目标

2019 年 6 月，理化所刚刚度过第 20 个生日。这个组建于中国科学院知识创新工程实施期间的研究所，在诞生之初就被赋予特殊的职责与使命：从事科技成果转化前期的研究工作，推动科技成果转化。

以如此定位建立研究所在当时的环境下并不多见。在迎接知识经济时代的背景下，作为中国科学院打出来的一张面向社会和国家需求的"特色牌"，理化所的科研还要具备一定的"高度"，即需要对国民经济有重大影响、具有市场前景，或是要对接国家战略需求。

立足于这一定位，理化所逐渐巩固和发展了四大优势学科，包括光化学、制冷与低温、人工晶体和激光物理，并推动这些学科在国内外占有一席之地。

正因为如此，2015年，中国科学院院长白春礼到理化所视察时指出："理化所经过十余年的融合发展，形成了团结合作、协同创新的优秀文化，打造了自己的核心竞争力和优势特色，是研究所整合的成功范例。"

这也为理化所推进特色研究所建设埋下了伏笔。"现在回头看，这段描述对于理化所而言相当准确。"理化所所长张丽萍说。

改革是为了促进发展，但重点是该往哪个方向发展？通过梳理学科领域的"家底儿"，张丽萍和所领导班子确定了理化所特色研究所建设的定位和5个重点服务项目。特别之处在于，这些项目均指向对行业有引领作用或显著影响的重大成果产出。

"面向国民经济主战场，围绕我国制造业的转型升级，为国家战略需求和国民经济发展提供一系列高质量科技供给。"论证会上，张丽萍把理化所的"特色使命"带到了专家组面前。这一定位得到了在场专家的认同。

自进入特色研究所建设试点以来，理化所围绕"学科-领域-重点服务项目"这一链条，通过统筹人财物资源配置，资源首先向这些重点任务倾斜。据统计，特色研究所重点领域方向争取到的经费占理化所全所经费的86.50%，有效保障了成果产出。

组兵团

2017年冬天，我国首个全国产化液氦温区大型低温制冷机在理化所位于河北廊坊的所区组装试运行。这个庞大的系统占地200多平方米，远远超过了当初设计图中的规模。"我们也能做这样的东西了，这是从来没有过的事。"回顾彼时情景，理化所低温工程与系统应用研究中心主任龚领会的话语里难掩自豪。

所谓液氦温区大型低温制冷机，是指制冷温度在 4.5 开（–268.65℃）附近、制冷量为几百乃至万瓦以上的一种大型低温制冷系统。近年来，我国已运行和在建的大科学装置越来越多，对稳定、高效的大型低温制冷系统需求急剧增加。

"但我国在这方面却处于被'卡脖子'的困境中，相关设备只能以高价从林德、法液空两家公司进口。"龚领会告诉《中国科学报》记者。

通过特色任务布局，理化所希望以此带动整个行业装备的跨越发展。在 2015 年突破液氢温区（–253.15℃）低温制冷技术的基础上，该所低温工程团队 2017 年研制的 250 瓦 @4.5 开氦制冷机，填补了我国液氦温区大型低温制冷机制造技术空白。研究团队还在压缩机、滤油器、低温阀门等方面实现一系列技术突破，在低温产业链上取得了集成性创新成果。

全国产化 250 瓦 @4.5 开氦制冷机

伴随着首台国产化氦制冷机及配套设备的研制成功，理化所成立了北京中科富海低温科技有限公司，推动成果产业化。理化所已与中国科学院近代物理研究所、高能物理研究所和惠州工程职业学院等签署了定制应用协议。2017 年底，韩国国家核聚变研究所的订单还让国际制冷机市场上首次有了中国的身影。

"只要你的技术质量好、服务好，就一定会受到市场的青睐。"龚领会说。

然而，改革伴随着阵痛。在特色研究所建设初期，理化所的发展也曾遇到瓶颈，问题的核心指向体制机制改革。首当其冲的是大任务承接问题。

"传统的一个研究员带几个人的小 PI（课题组长）体制不适合开展这类科技活动，我们就下决心做大团队的整合。"张丽萍说。通过把原来 40 余个"类 PI 制"课题组整合成 17 个面向重大战略目标的研究中心，理化所形成了合力做大事的"大兵团作战体系"。

　　"一开始整合时很多课题组也不愿意，但最后大家发现合在一起可以让利益最大化。通过所层面承接大任务以后，课题组不用像过去那样为了到处找任务而发愁，可谓水到渠成了。"理化所人事处处长任俊说。

　　大团队整合极大便利了各方面资源的统筹调控，促使大家围绕一个共同目标开展研究，更利于重大成果产出。任俊说，譬如龚领会所在的低温工程与系统应用研究中心，就是由原来做基础研究、工程应用、系统集成方向的单个课题组整合而成。

　　2019 年 7 月中旬，低温工程与系统应用研究中心正在争取进一步的支持。"下一步的研究目标是日产 3 吨的工业级制氢的大样机示范。"龚领会希望经过连续攻关，使我国的低温工程完全不再被西方国家"卡脖子"。

拓产业

　　"作为中国科学院的研究人员，首先要敢于创新，做'从 0 到 1'的工作。"理化所生物材料与应用技术研究中心研究员郭燕川的话道出了很多理化所人的心声。他与团队开展的生物酶法骨明胶生产技术正是这样的研究。

　　明胶最初是感光胶片的材料之一，随着数码相机的到来，传统明胶行业逐渐走向萎缩。同时，传统明胶行业采用的酸碱法污染严重。作为全球第一大明胶生产国，我国明胶全行业每年产生高碱浓度、难处理污水 5000 万吨以上，这使得传统明胶行业面临深刻变革。

　　在这一背景下，理化所明胶团队采用新的生物工艺，使吨胶生产节水 200 吨以上（约 50%），固体废弃物从 2~3 吨降至 100 千克以内，并使其生产周期从 70 天缩短至 3 天，产品优质率也得到了大幅提升。

在此基础上，理化所在宁夏、内蒙古、安徽等地启动建设了年产3000吨以上的酶法明胶生产线。理化所还在非洲建立了第一条相关工业化生产线，用科技支撑"一带一路"倡议。

从技术突破到成果转化，这一产业创新链的"最后一公里"一直有着"死亡之谷"之称，实现跨越的艰难程度不言而喻。为让激光显示、大型低温制冷、生物明胶等技术取得产业成功，理化所做了大量探索，构建了以重大产出为导向的全过程成果培育策划体系，实现了从技术培育、孵化到产业化的"一条龙"服务。

理化所产业策划部部长张彦奇把这个体系比喻成"养孩子"。"要把闺女嫁出去，还得让闺女把日子过好。"他说，"无论是我们自己成立的公司还是合作伙伴，在技术方面，我们都会从头到尾管到底，协助它不断解决完善各种问题，一直到具备自我发展、良性循环的能力。"

为解决中试孵化资金"断链"的瓶颈问题，理化所成立了创业投资及资产管理公司——中科先行（北京）资产管理有限公司（以下简称中科先行）。"通过中科先行，我们以750万元的自有资金撬动了6亿元以上的社会资本，投入开展技术转化的企业中。"张彦奇介绍。

此外，理化所还实行知识产权全过程管理，在任务立项前就进行专利价值分析并完成专利布局规划，充分利用地方政府优惠政策，扶持、培育和转化项目，同时完善政策制度和激励奖励机制，激发科研人员活力。

特色研究所建设4年来，理化所仅千万元以上的成果转移转化就实现了十余项，其中亿元级的转化也有四五项。例如，理化所研制的撬装式天然气液化装置应用于山西、陕西、河南、湖北等地的多家单位，实现经济效益近5亿元；正在推进10万吨级PBAT/PBS全生物降解塑料生产线……

问渠那得清如许？为有源头活水来。"需要说明的是，这些成果都有着长时间的积累，一般至少经历了10年以上的基础科研工作，借助中国科学院研究所分类改革的契机，它们才更快地实现应用和产业化。"张丽萍说，"对于理化所来说，科研仍是第一要务。只有专心科研，才能做出原创性的高水平成果，真正引领行业发展。"

世界首台商用液态金属桌面电子电路打印机及经其打印制成的透明柔性功能电子器件

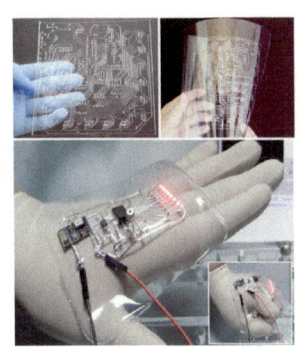

聚才智

人才是实现重大产出的核心要素。根据学科建设需要，整建制引进团队是理化所人才引进工作的一大亮点。

特色研究所建设以来，理化所在2008年引进许祖彦激光物理研究团队的基础上，进一步引进毕勇、张文平、房涛等专业化人才，在激光显示方向从技术研究到产业推广组建了全链条攻关队伍。

2015年，理化所还整建制引进了中国科学院院士江雷领衔的仿生界面团队，进一步促进学科间的交叉，培育新的增长点。2019年第二季度，该方向在研项目达50余项，在仿生超浸润界面材料、仿生纳米孔道、仿生粘附界面材料等方面开展的研究取得了一系列突破性成果。

"由此可见，四类机构改革对研究所不断往前发展起到了推动作用。"张丽萍说。关于人才引进的"秘诀"，她认为，这是用人单位和人才间的双向选择，说明理化所的特殊定位和相对灵活的体制机制，能够促进他们的科技创新更快出成果。

对于优秀的青年人才，理化所出台了破格聘用制度。例如，仿生材料与界面科学研究中心的吴雨辰和激光物理与技术研究中心的陈中正由助理研究员直接被评为研究员。"我们还有一些大胆举措。"张丽萍说，每年的所长基金"不封顶"，只要有好的项目、好的人才，都会随时予以支持。

为了稳定和吸引人才，理化所还在职称评定、薪酬待遇、住房保障、子女教育方面出台了一系列举措。例如，考虑到基础、高技术等不同研究类型，将以往"大锅烩"的职称评定方式改为在学科内部进行初评，再进行全所统一评价；将职工工资结构中固定工资的比例提高至近70%，让他们潜心科研；拿出所有可用住房提供给优秀人才使用，解决其后顾之忧。

在人才培养方面，理化所多学科交叉的背景使其在中国科学院独具特色。2016年，理化所在中国科学院大学牵头成立了国内外第一个未来技术学院，首批启动了10个研究方向，招收和培养博士研究生。

"未来技术学院的目标是成为国内外有重要影响的、培养从事未来核心技术研发领军人才的摇篮和基地。"张丽萍说。鉴于理化所在产业化方面的丰富经验与优势，未来技术学院还将大力开展产教融合工作，通过与华大基因等企业合作，培养未来产业化人才。

谋新篇

2017年3月23日，搭载着深海浮力材料的"万泉号"深渊着陆器顺利返航。这标志着我国突破万米级浮力材料的研发技术，且该材料性能已达到国际先进水平。

而这之前，"广为人知的'蛟龙号'是我国第一台自主设计、集成研制的载人潜水器，但它所用的浮力材料及构件也不得不依赖进口。"理化所油气开发及节能环保新材料研发中心主任张敬杰说，"为了打破这种被动局面，我们一定要研制出自己的先进固体浮力材料。"

理化所研究团队克服了缺文献、少设备的困境，制成的浮力材料顺利通过海试并实现量产。2017年，浮力材料跟随"万泉号"7次挺近万米深渊，最大下潜深度达到10 901米，单次坐底时间最长超过30个小时，为我国进军深渊科考强国提供了重要的物质基础。

得益于体制机制改革，理化所在各学科领域的自主创新成果绝不仅限于特色研究所建设试点之初所设定的5个重点服务项目——从超分子光化学研究、太阳能光化学转换领域的原始创新到仿生超浸润界面材料研究领跑国际，从高低温复合式肿瘤微创技术实现临床应用到推动我国成为维生素 D3 最大生产和出口国……

"4 年特色研究所的建设，我们自认为还是非常成功的。"张丽萍说。近几年，理化所始终坚持面向国家重大战略需求和国民经济发展，产生了一批具有国际领先水平的科研成果；始终坚持问题导向，大力推动体制机制改革，形成了有利于成果转移转化的完整制度体系，承担国家科技任务的能力稳步提升，承担企业、地方任务的能力明显增强。

关于建设特色研究所的经验，张丽萍表示，除了倡导家园文化，让大家围绕一个共同的目标奋斗之外，还要有定力。因为一项重大成果产出绝不是一蹴而就的结果，往往需要十年磨一剑。无论外部环境如何改变，重要的是"咬定青山不放松"，要选准目标坚持不懈地做下去。

"下一步，我们要按照中国科学院党组的要求进一步加快改革，谋划发展。但无论如何调整，理化所的使命定位不会变，团结一心的文化不会变，踏实工作的精神不会变。"张丽萍说，"无论怎么改，研究所还是要练内功和脚踏实地地求发展，关键是要有核心竞争力、有自己的看家本事，这样才能够持续发展。"

（冯丽妃撰文；原文刊发在《中国科学报》2019 年 9 月 6 日第 4 版，有删改）

把重大产出写进"健康中国"

——中国科学院上海营养与健康研究所改革纪实

2016年11月起,作为中国科学院上海生命科学研究院(以下简称上海生科院)深化改革中的"第四机构",一个面向"健康中国"战略、实施"关口前移"的特色研究所——中国科学院上海营养与健康研究所(以下简称营养与健康所)成立,成为此次改革的关键之笔。

在以"整合"为思路的改革中,营养与健康所提出"围绕'健康中国'战略,打造精准营养与慢病防控研究机构,支撑健康产业发展"的战略定位。在管理上,研究所实现了一层管理;在学科布局上,则明确了"慢病防控与健康促进、精准营养与食品安全、生物医学大数据与健康智库"等三大方向。这实现了与原上海生科院内三个卓越创新中心错位发展、生物学与基础医学交叉。

如今,围绕上述定位和布局,以问题和任务为导向、灵活机动的"首席课题组长"(principle investigator,PI)任务团队制度正在推进。"营养、健康、大数据""慢病干预方案、健康促进手段、营养健康标准"……勾画着未来的发展蓝图,科学家信心满满。

2019年5月,中国科学院生命与健康领域一个面向"健康中国"战略、实施"关口前移"的特色研究所已整装待发——营养与健康所正式获得中央机构编制委员会办公室批复,成为独立的事业法人。

这个历经3年"大刀阔斧"式整合而成的研究所,既是中国科学院深化上海生科院改革的关键之笔，更是中国科学院贯彻落实《国务院关于实施健康中国行动的意见》的"率先行动"。

"未来，我们将把'营养健康标准、健康促进手段、慢病干预方案'等重大产出'写'在祖国大地上。"上海生科院原副院长、现营养与健康所负责人、中国科学院院士李林告诉《中国科学报》记者。

"第四机构"如何破局

2015年起，中国科学院在实施"率先行动"计划中，启动了深化上海生科院改革。在这场顺应生命与健康科学发展规律和内在发展需要的深化改革中，上海生科院的学科布局划分为分子细胞、脑科学、分子植物、人口健康等4个重点领域。

2016年11月起，中国科学院分子细胞科学卓越创新中心、脑科学与智能技术卓越创新中心、分子植物科学卓越创新中心等3家卓越创新中心，以及上海生科院人口健康领域实体科研机构（现营养与健康所）同步开始以中国科学院内"计划单列"的形式运行。人口健康领域实体科研机构常被简称为"第四机构"。

李林告诉《中国科学报》记者："人口健康领域涉及的研究方向更复杂，相关单元也更多，改革的难度自然更大"，"'第四机构'的改革走向，事关整场深化改革的成败，是将改革进行到底的不可或缺的一环"。

"第四机构"的整合涉及"三所一院两中心"，包括中国科学院知识创新工程期间新建共建的营养科学研究所、上海生科院/上海交通大学医学院健康科学研究所（以下简称健康所）、中国科学院-马普学会计算生物学伙伴研究所、中国科学院-第二军医大学转化医学研究院，以及从中国科学院上海分院划转的中国科学院上海生命科学信息中心（前身为中国科学院上海文献情报中心）、中国科学院上海实验动物中心等。

对标中国科学院"率先行动"计划，"第四机构"到底该建设何种类型的四类机构，一场自主探索之路拉开帷幕。就在"第四机构"广大科技人员困惑迷茫、翘首以盼的时候，2017年底，中国科学院领导指点迷津，"第四机构"明确了以特色研究所为发展方向。

李林同时告诉《中国科学报》记者，在深化上海生科院改革紧锣密鼓的组织实施中，"第四机构"科学家潜心致研，丝毫不懈怠。例如，2016年原营养科学研究所翟琦巍研究员与合作者发现精子RNA可作为记忆载体将获得性性状跨代遗传，为研究肥胖等代谢疾病的遗传机制开辟了新方向，该研究成果在《科学》上发表，并入选2016年度中国科学十大进展。

有了不少成果作为"华丽转身"的基础，科研人员感到信心满满："第四机构"未来可期。

"整合"焕新生

时隔一年，2018年底，中国科学院院长办公会议决定，"第四机构"正式冠以"中国科学院上海营养与健康研究所"的名称，并启动筹建特色研究所。

"第四机构"的领导班子分析认为，破除"一级法人、两级管理"的管理壁障，建立"一级管理"的管理运行架构，是营养与健康所改革的第一步。

在"一层管理"运行架构构筑中，许多管理人员的岗位进行了调整——原来的所领导不再继续任职，管理处室的主任、处长变成主管，未竞聘上管理岗位的转岗后以尽其才……

原健康所常务副所长孔祥银就是其中之一。2014年前后他开始执掌健康所，两年后重回科研一线，担任营养与健康所学术委员会副主任、中国科学院肿瘤与微环境重点实验室主任。"我有了更多的时间和精力可以投入在科研上。"他表示，"未来，我们课题组将继续在人类重大疾病发生的遗传学、表观遗传学基础，疾病相关基因的功能研究，以及生物信息学等方向上重点开展研究。"

"这是一个重塑的过程。"李林说，"大家都看到了这次改革对研究所是一次很好的发展机会，我们应齐心协力地配合改革。"

在科技布局等重构上，营养与健康所领导团队一致认为："第四机构"的整合，不是否定一切、重新另起炉灶，而是将"三所一院两中心"过去多年来厚植起来的优势，进一步整合、凝练、聚焦，使其焕发新生，彰显特色和不可替代性。

创建于 2003 年的原营养科学研究所以代谢组学为突破口，从分子、细胞、动物、人体到人群，开展以预防为中心、与营养相关的疾病研究。依托其建设的两个中国科学院重点实验室（营养与代谢重点实验室、食品安全重点实验室）在改革中整合为新的中国科学院营养代谢与食品安全重点实验室，进一步凝练和整合了研究方向，更加有利于重大成果产出。

胚胎遗传学研究

原健康所由上海生科院与上海交通大学医学院共建，中国科学院肿瘤与微环境重点实验室依托其建设，中国科学院与第二军医大学共建的转化医学研究院也有部分研究组依托其建设，这两个非法人研究机构，与多家医院建立的合作关系，为营养与健康所开展临床转化研究奠定了良好的基础。

成立于 2005 年的中国科学院-马普学会计算生物学伙伴研究所则致力于理论与实验相结合的计算生物学研究，聚焦密集型生物数据的全新计算工具及算法的开发，其目标是实现以优美的数学语言解读生命的奥秘。中国科学院计算生物学重点实验室依托其建设。

中国科学院上海生命科学信息中心是以信息服务支撑系统创新的重要

部署，已具备一定的服务中国科学院、国家有关部门及地方政府战略研究和学科发展决策的能力，其整合后成为营养与健康所的智库建设单元。

整合改革后，营养与健康所在管理上实现了一层管理，在学科布局上，则明确了"慢病防控与健康促进、精准营养与食品安全、生物医学大数据与健康智库"等三大方向。"实现了与原上海生科院内三个卓越创新中心错位发展、生物学与基础医学交叉。"李林表示。

"全链条"服务人口健康

"三所一院两中心"整合重组为营养与健康所后，找到准确的定位便成为当务之急。

就在中国科学院启动深化上海生科院改革之初，科学家拿到了一组令人感到沉重的数据。类似数据在日前发布的《国务院关于实施健康中国行动的意见》中也有披露：我国心脑血管疾病、癌症、慢性呼吸系统疾病、糖尿病等慢性非传染性疾病导致的死亡人数占总死亡人数的88%，导致的疾病负担占疾病总负担的70%以上。重大慢病防控与老龄健康促进已成为"健康中国"战略面临的重大挑战。

面对这一不争的事实，科学家分析，当前，我国相关领域研究机构似乎少了点什么。"群体营养类研究机构和食品营养类研究机构侧重于政策研究、食品加工、市场监管等方面，而疾病类研究机构则侧重于疾病控制、公共卫生、药物研发等方面。"李林介绍道。

很显然，以中国人群健康促进为立足点，从致病机理到营养与健康促进的关口前移的系统性布局，是现有研究机构中尚未覆盖的空白，这恰恰是营养与健康所最能主动作为的地方。

基于这样的认识，营养与健康所提出"围绕'健康中国'战略，打造精准营养与慢病防控研究机构，支撑健康产业发展"的战略定位。

"营养、健康、大数据""慢病干预方案、健康促进手段、营养健康标准"……在研究所举行的一次全体会议上，营养与健康所研究员潘巍峻第一次听到李林提纲挈领地勾画出研究所的发展蓝图，感到振奋不已。

"科学上我们要去攻克世界难题，研究成果也应当在应用上是有生命力的。"潘巍峻研究员告诉《中国科学报》记者，"做到顶天又立地。"

2018年11月20日，潘巍峻带领研究团队在国际上首次高清晰解析了体内造血干细胞归巢的完整动态过程，研究成果发表在《自然》上。

活体观察造血干细胞归巢

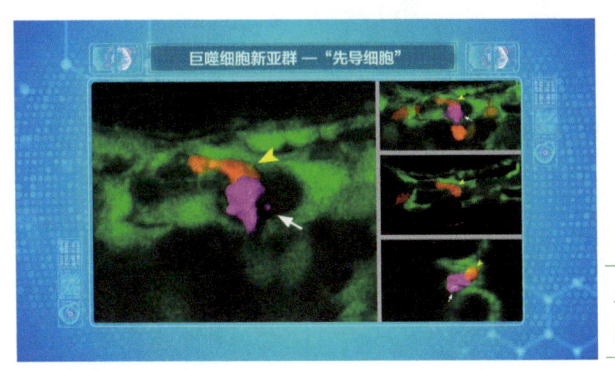

先导细胞引导造血干细胞归巢进入血管微环境

过去6年来，潘巍峻一直和"造血干细胞归巢"这个问题"死磕"。他先后在耶鲁大学、美国国立卫生研究院学习世界上最前沿的理念和技术。

为观察造血干细胞归巢的全过程，他带领课题组利用斑马鱼这一模式动物，在优化活体成像技术的基础上，进一步整合活体免疫荧光标记、遗传调控和图形重构计算等方法，首创了一套全新的可以完整解析体内造血干细胞归巢全过程的研究体系。

论文在《自然》上发表后,临床医生也感到十分振奋。复旦大学附属华山医院血液科主任医师陈彤表示:"这一发现预示着我们今后在临床进行造血干细胞移植的时候,可以靶向、定向地诱导造血干细胞的归巢,有望极大提高我们以后造血干细胞移植的成功率。"

当前,在营养与健康所,像这样打通基础科学与临床应用的研究正在布局。李林表示,在特色研究所筹建期,我们将抢抓国家目前正在组织实施的主动健康、食品安全、慢病防控等重点研发计划任务机遇,进一步修炼内功,积极谋划牵头融"营养、大数据、健康"为一体的重大项目,为国家"科技创新2030—重大项目"相关任务的组织实施时刻做好准备。

"首席 PI"瞄准大任务

"PI 制"是多年来国内外科研组织管理模式上通用的一项制度。但是,当国家重大需求对科学界协作提出更高要求时,"PI 制"就显示出了局限性。

营养与健康所转型发展的关键改革举措之一,就是创造性地提出打造以问题和任务为导向、灵活机动的"首席 PI"任务团队制度。

科学家也认同,应当在现有"PI 制"的基础上,以一些方向或任务来凝聚大家,构建"首席 PI"任务团队制。

"围绕重大任务的'首席 PI'能让多个研究团队相互配合,一起去解决重大科学问题。"孔祥银强调,要让这一制度充分发挥作用,则需要有一套合适的、区别于卓越创新中心的评价体系。

"不能再以数论文数、数影响因子去评价科研工作。"孔祥银向《中国科学报》记者表示,在面向国民经济主战场的定位下,科研评估体系建设成为营养与健康所推进"首席 PI"制度接下来要布局的关键。

营养与健康所按照特色研究所建设方案设计的三大特色方向和五个重点任务,形成了纵横交错的"首席 PI"任务团队。纵向上有中国精准营养计划、生物医学大数据平台建设、生命健康科技智库建设 3 个任务团队;

横向上通过企业、临床医院资源搭建了6个任务团队。这几个以3个中国科学院重点实验室为后盾的"首席PI"任务团队，贯穿于"基础研究、技术开发、示范应用"全链条。

此外，为推进研究成果尽快落地转化，营养与健康所还组建了一支强有力的产业化队伍。例如，湖州精准营养基地布局了21人的产业化经营人才和团队，致力于研究成果的转移转化，支撑健康产业发展。

从2018年底筹建起，营养与健康所在筹建特色研究所的过程中，以发挥"整合优势"的思路，实现了在规划、布局和管理上的"三统一"，从体制上解决了营养、数据、健康三者的链条断裂问题。

把重大产出写进"健康中国"，营养与健康所的改革与发展仍在路上。

（甘晓撰文；原文刊发在《中国科学报》2019年8月30日第4版，有删改）

后 记

  为庆祝中华人民共和国成立 70 周年和中国科学院建院 70 周年，总结中国科学院"率先行动"计划实施以来的改革进展和创新成就，从 2019 年 4 月开始，《中国科学报》开设"率先改革进行时"专栏，聚焦研究所分类改革这一"率先行动"计划提出的重大改革发展举措，选派 20 余名骨干记者进行系统和深入采访，陆续推出了一系列以可读性、纪实性为特色的深度报道，涵盖了 38 个四类机构（创新研究院 7 个、卓越创新中心 13 个、大科学研究中心 3 个、特色研究所 15 个）。这些报道既有对研究所分类改革战略考量的宏大叙事，又有对四类机构建设具体实践的生动记录；既有对大批一线科研人员的深度访谈，又有大量第一手文献资料的采集和梳理；既有对改革历程的历史回顾，又有对改革进程的分析与展望，是对研究所分类改革进展和阶段性成果的一次全景式扫描和系统总结。

  这些报道刊发后，引起中国科学院众多科研院所乃至全国科技界的关注，得到广泛好评和鼓励。为集中反映中国科学院研究所分类改革的进展和阶段性成果，交流和推广改革经验，为深化科技体制改革和建设现代科研院所治理体系提供借鉴和参考，根据部分科研院所和广大读者建议，我们将这 38 篇纪实报道汇编成册，作为中国科学院研究所分类改革的典型案例汇编和经验总结交流，也以此向中国科学院建院 70 周年献礼。

这组以研究所分类改革为主题的专题报道及本书的汇编，是中国科学报社根据中国科学院党组部署开展的一项重要工作。白春礼院长多次对这项工作表示关心和肯定，张涛副院长和汪克强副秘书长给予悉心指导，发展规划局负责策划和组织协调，前沿科学与教育局、重大科技任务局、科技促进发展局、条件保障与财务局、人事局等院机关有关部门和科学出版社也给予了积极支持。在采访过程中，还得到许多四类机构负责人和科研、管理人员的积极配合和大力支持。

研究所分类改革是新时代中国科学院全面深化改革的突破口和着力点，由于情况复杂、涉及面广，开展相关专栏报道和汇编对我们来说是一项新的挑战。在这里，向所有关心、指导、支持和参与这项工作的领导、科研人员、同事和广大读者，一并表示衷心地感谢！同时，囿于能力和水平，书中可能还存在一些疏漏和瑕疵，恳请读者批评指正。

编　者

2019 年 9 月

附：编写组（以姓名笔画为序）

丁　佳　卜　叶　马文涛　王　方　王　雪　王之康　甘　晓

叶海华　冯丽妃　吕连清　朱子峡　任芳言　刘晓东　刘峰松

花梨舒　李云龙　李晨阳　杨永峰　吴园涛　何　静　辛　雨

沈春蕾　张　林　张　楠　陆　琦　陈欢欢　周俊旭　郑金武

孟　阳　赵　彦　胡珉琦　秦志伟　倪思洁　徐建辉　高雅丽

郭道富　唐　琳　黄晨光　韩天琪　韩扬眉　程唯珈　谢鹏云

蔡长塔　潘　韬